高等院校计算机教材系列

PROGRAMMING IN JAVA THIRD EDITION

Java程序设计教程
第3版

施霞萍 王瑾德 史建成 马可幸 张欢欢 编著

机械工业出版社
China Machine Press

本书以程序设计初学者为对象，以程序设计的基本概念为起点，由浅入深、循序渐进地介绍 Java 程序设计语言的基本概念、方法和应用。内容包括结构化程序设计、面向对象程序设计、图形用户界面开发、异常处理机制、多线程程序设计、输入输出流以及 Java 在网络和多媒体技术中的应用。本书把概念和方法与详细的程序代码紧密地连接起来，并结合图示进行解析，使读者易学易用。针对每章的学习还配有实验和思考练习。

本书面向程序设计零基础的读者，即使没有教师指导，读者也可以自学本书的大部分内容。本书可以作为高等学校各专业学生学习 Java 程序设计语言的教材和参考书，是上海市高等学校计算机二级考试的指定参考书。

封底无防伪标均为盗版
版权所有，侵权必究
本书法律顾问：北京大成律师事务所　韩光 / 邹晓东

图书在版编目（CIP）数据

Java 程序设计教程 / 施霞萍等编著 . —3 版 . —北京：机械工业出版社，2012.11（2019.6 重印）
（高等院校计算机教材系列）

ISBN 978-7-111-40083-7

Ⅰ. J…　Ⅱ. 施…　Ⅲ. JAVA 语言 – 程序设计 – 高等学校 – 教材　Ⅳ. TP312

中国版本图书馆 CIP 数据核字（2012）第 243732 号

机械工业出版社（北京市西城区百万庄大街 22 号　邮政编码　100037）
责任编辑：佘　洁
北京市荣盛彩色印刷有限公司印刷
2019 年 6 月第 3 版第 6 次印刷
185mm×260mm • 18.5 印张
标准书号：ISBN 978-7-111-40083-7
定价：36.00 元

凡购本书，如有缺页、倒页、脱页，由本社发行部调换
客服热线：（010）88378991；88361066
购书热线：（010）68326294；88376949；68995259
投稿热线：（010）88379604
读者信箱：hzjsj@hzbook.com

前　　言

　　面向对象技术被认为是程序设计方法学的革命性突破，它已经被逐步应用于计算机应用开发的各个领域，并成为主流趋势。而 Java 程序设计语言正是面向对象技术成功应用在程序设计中的著名典范。Java 语言及编程技术是随着互联网应用的发展而被推广使用的，是目前国内外广泛应用的程序设计语言，其特有的性质使得它有别于以往其他程序设计语言。

　　为推动 Java 程序设计语言的学习和应用，并为配合《上海市高等学校计算机等级考试（二级）》Java 程序设计考试科目的设置，在上海市教育委员会高教处、上海市教育考试院的组织领导下，由多位具有多年丰富教学经验的教师集体编著了本书的第 1、2 版。多年来，本书的第 1、2 版受到了广大读者的欢迎，为此我们在前两版的基础上，重新对相关的内容进行选择、补充和修改，使本书的内容更加丰富实用，学习更加方便。第 3 版与前两版最大的不同是加强了对本书内容重要知识点的归纳和总结，提供了更加系统和完整的实验练习。同时与本书配套的《Java 程序设计习题精析与实验指导》一书，不仅为读者提供了大量的习题和实验，并对样例进行了详细的讲解，其题型和样例都紧密配合上海市高等学校计算机等级考试，内容包括重点复习、习题解析、实验指导、练习题、综合练习等部分。

　　本书坚持在上海市高等学校计算机等级考试的 Java 程序设计考试大纲的指导框架下，以初学者为起点，由浅入深、循序渐进地介绍 Java 程序设计语言及应用的基本概念和基本方法。在内容上力争主次分明，避免繁琐细节的罗列，希望在有限的篇幅中让读者比较完整地掌握 Java 程序设计的思想和方法。

　　全书共分 11 章，前 3 章涵盖了 Java 语言在结构化程序设计中的基本方法和应用。如果你是一个没有学过任何程序设计语言的初学者，通过前 3 章的学习，你将学习所有程序设计语言所共有的概念和知识，同时还将学会最新的 Java 程序设计开发平台的应用。第 4 章全面讨论了面向对象程序设计的思想方法以及在 Java 语言中的实现，通过这部分的学习，你将对面向对象程序设计的思想在 Java 中的应用有比较完整的认识。第 5 章介绍了小应用程序和用 AWT、Swing 组件进行图形用户界面设计的方法，这部分的学习将使你获得专业化图形用户界面的设计能力。第 6、7、8 章分别介绍了 Java 特有的错误处理机制、多线程程序设计以及输入输出流的实现方法，掌握 Java 所具有的这些性能将为你设计出完整、实用的程序提供保证。第 9、10 章讨论了 Java 在网络和多媒体方面的应用，这既是 Java 综合应用的举例，也是 Java 实用性的体现，这将进一步提高你学习 Java 的兴趣。最后一章是实验练习，它是为配合各章的学习而设置的。学习程序设计语言，仅仅看书是不够的，一定要自己动手实践，所以你在使用本书时千万不要忘了上机练习这一步骤。每一章都有本章概要和思考练习。在最后的附录中提供了 2012 年上海市高等学校计算机等级考试——Java 程序设计考试大纲以及样题，便于你学习参考。

　　如果选用本书作为教材，可根据教学时数和学生基础有选择地使用各个章节。如果已学过其他程序设计语言，可以将前 3 章的内容简化，而加强后面章节的学习。本书建议教学时数为 72～80 学时。除教材外，我们提供教材中所有的程序代码和讲义。本书思考练习的部分答案见附录 1，实验练习的参考答案见配套教材。例题程序代码和讲义可以通过登录华章网站（www.hzbook.com）下载。

本书第 3 版由施霞萍、王瑾德、史建成、马可幸、张欢欢编著，由施霞萍通审、修改定稿。机械工业出版社华章分社的多位同志对本书的出版给予了充分的重视和周到的安排，使得本书得以在短时间内完成出版。本书在写作前的酝酿和整个写作过程中，得到了上海市教育委员会高教处和上海市教育考试院相关领导的指导和支持，为本书的定位和内容的选择提供了方向。为此对一切曾经鼓励、支持和帮助过我们的组织、领导、朋友，表示真挚的感谢。

尽管作者都有 10 年以上的大学教龄并积累了许多程序设计方面的教学经验，但由于时间仓促和水平有限，书中难免有不妥之处，竭诚欢迎读者多提宝贵意见。电子邮箱：sxp@dhu.edu.cn。

施霞萍

2012 年 10 月

教 学 建 议

1. 适用对象

财经、理工、医学、农林等专业学生。

2. 建议学时数

72～80 学时，其中实验课至少为 32 学时。

教学内容	80 学时教学分配			72 学时教学分配		
	课堂教学	实验教学	课外作业	课堂教学	实验教学	课外作业
第 1 章　Java 程序设计概述	2	2		2	2	
第 2 章　Java 程序设计的基本概念	2	2	1	2	2	1
第 3 章　Java 的结构化程序设计	8	8	4	4	4	2
第 4 章　Java 的面向对象程序设计	8	8	4	8	8	4
第 5 章　Java 的图形用户界面	6	6	3	6	6	3
第 6 章　Java 的异常处理	2	2	1	2	2	1
第 7 章　Java 的多线程程序设计	4	4	2	4	4	2
第 8 章　Java 的输入输出流	4	4	2	4	4	2
第 9 章　Java 的网络应用	2	2	1	2	2	1
第 10 章　Java 的多媒体应用	2	2	1	2	2	1
合计	80		19	72		17

3. 实验环境建议

（1）硬件环境

CPU：Pentium III 550 MGHz 以上

内存：128 MB 以上

硬盘：20 GB 以上

（2）软件环境

操作系统：Windows 2000 及以上

编程环境：Eclipse Helios

Java 运行环境（JRE）：JDK Java SE 6 Update 23

目 录

前　言
教学建议

第 1 章　Java 程序设计概述 ·················· 1
　1.1　Java 与程序 ································· 1
　　1.1.1　概述 ··· 1
　　1.1.2　Java 的发展 ······························· 2
　1.2　Java 语言的特点 ························· 3
　1.3　Java 程序介绍 ······························ 4
　　1.3.1　Java 虚拟机 ······························· 4
　　1.3.2　Java 开发工具 ··························· 4
　　1.3.3　Java 的 API 类库与 API 文档 ··· 5
　　1.3.4　Java 资源的获取、安装 ············ 6
　　1.3.5　Eclipse 应用平台简介 ··············· 9
　1.4　Java 程序结构及开发过程概述 ··· 11
　　1.4.1　Java 程序结构 ·························· 11
　　1.4.2　最简单的 Java 程序 ················· 13
　　1.4.3　Java 程序的开发过程 ·············· 14
　1.5　本章概要 ····································· 20
　1.6　思考练习 ····································· 21

第 2 章　Java 程序设计的基本概念 ········ 22
　2.1　数据类型与标识符 ···················· 22
　　2.1.1　数据类型 ·································· 22
　　2.1.2　标识符 ····································· 22
　2.2　常量 ·· 23
　　2.2.1　整型常量值 ······························ 23
　　2.2.2　实型常量值 ······························ 24
　　2.2.3　字符型和字符串常量值 ··········· 24
　　2.2.4　布尔型常量值 ·························· 24
　　2.2.5　常量的定义和使用 ·················· 24
　2.3　变量 ·· 26

　　2.3.1　变量概述 ·································· 26
　　2.3.2　变量的定义及赋值 ·················· 27
　　2.3.3　变量的作用域 ·························· 28
　　2.3.4　变量的默认值 ·························· 28
　2.4　运算符与表达式 ························ 29
　　2.4.1　赋值运算符与赋值表达式 ······· 29
　　2.4.2　算术运算符与算术表达式 ······· 29
　　2.4.3　关系运算符与关系表达式 ······· 31
　　2.4.4　逻辑运算符与逻辑表达式 ······· 32
　　2.4.5　复合赋值运算符 ······················ 33
　　2.4.6　其他运算符 ······························ 34
　　2.4.7　运算符的优先级与结合性 ······· 34
　2.5　数据类型的转换 ························ 35
　2.6　本章概要 ···································· 37
　2.7　思考练习 ···································· 37

第 3 章　Java 的结构化程序设计 ··········· 39
　3.1　顺序结构及基本语句 ················ 39
　　3.1.1　赋值语句 ·································· 39
　　3.1.2　输入语句 ·································· 40
　3.2　选择结构语句 ···························· 41
　　3.2.1　if 语句 ······································ 42
　　3.2.2　if-else 语句 ······························· 43
　　3.2.3　if-else if 语句 ··························· 44
　　3.2.4　if 语句的嵌套 ·························· 45
　　3.2.5　switch 语句 ······························ 46
　3.3　循环结构语句 ···························· 48
　　3.3.1　for 语句 ··································· 48
　　3.3.2　while 语句 ······························· 49
　　3.3.3　do-while 语句 ·························· 50
　　3.3.4　循环结构语句的嵌套 ·············· 51
　3.4　转移语句 ···································· 52

3.4.1 break 语句 ······ 52
3.4.2 continue 语句 ······ 53
3.5 数组 ······ 54
　3.5.1 一维数组的声明与引用 ······ 55
　3.5.2 数组的赋值 ······ 56
　3.5.3 一维数组程序举例 ······ 56
　3.5.4 二维数组的声明及引用 ······ 58
　3.5.5 数组的复制 ······ 60
　3.5.6 字符串处理 ······ 60
3.6 方法 ······ 64
　3.6.1 Java 的程序模块化 ······ 64
　3.6.2 方法的定义及调用 ······ 64
　3.6.3 参数的传递 ······ 65
　3.6.4 作用域 ······ 66
　3.6.5 return 语句 ······ 67
　3.6.6 方法的嵌套调用 ······ 68
　3.6.7 递归 ······ 69
3.7 本章概要 ······ 70
3.8 思考练习 ······ 70

第 4 章 Java 的面向对象程序设计 ······ 72
4.1 面向对象程序设计概述 ······ 72
　4.1.1 面向对象程序设计的目的 ······ 72
　4.1.2 类和对象 ······ 72
　4.1.3 面向对象程序设计的核心技术 ······ 72
　4.1.4 Java 的面向对象技术 ······ 73
4.2 类的创建 ······ 73
　4.2.1 类的声明格式 ······ 73
　4.2.2 成员变量 ······ 74
　4.2.3 成员方法 ······ 74
4.3 对象的创建和使用 ······ 76
　4.3.1 创建对象 ······ 76
　4.3.2 构造方法和对象的初始化 ······ 76
　4.3.3 对象的使用 ······ 78
　4.3.4 对象的销毁 ······ 79
4.4 类的封装 ······ 80
　4.4.1 封装的目的 ······ 80
　4.4.2 访问权限的设置 ······ 80
　4.4.3 类成员（静态成员）······ 82
4.5 类的继承 ······ 85
　4.5.1 继承的基本概念 ······ 85
　4.5.2 子类的创建 ······ 85
　4.5.3 null、this、super 对象运算符 ······ 87
　4.5.4 最终类和抽象类 ······ 89
4.6 类的多态性 ······ 90
　4.6.1 方法的重载 ······ 90
　4.6.2 方法的覆盖 ······ 92
　4.6.3 前期绑定和后期绑定 ······ 93
4.7 接口 ······ 93
　4.7.1 接口的声明 ······ 93
　4.7.2 接口的实现 ······ 94
4.8 包 ······ 95
　4.8.1 Java 的类和包 ······ 95
　4.8.2 引用 Java 定义的包 ······ 96
　4.8.3 自定义包 ······ 97
　4.8.4 包和访问权限 ······ 99
4.9 本章概要 ······ 99
4.10 思考练习 ······ 99

第 5 章 Java 的图形用户界面 ······ 101
5.1 Applet 概述 ······ 101
　5.1.1 一个简单的 Applet 例子 ······ 101
　5.1.2 Applet 的安全模型 ······ 102
　5.1.3 java.applet.Applet 类与其他类的关系 ······ 102
　5.1.4 Applet 的生命周期 ······ 103
5.2 java.awt 与图形用户界面 ······ 105
　5.2.1 标签和文本域 ······ 105
　5.2.2 Java 中的事件处理机制 ······ 107
　5.2.3 按钮 ······ 113
　5.2.4 布局 ······ 114
　5.2.5 面板 ······ 116
　5.2.6 文本区域 ······ 118
　5.2.7 复选框和单选钮 ······ 118

5.2.8 下拉列表	120
5.2.9 列表	122
5.2.10 窗口与菜单	125
5.2.11 对话框	135
5.3 Swing	137
5.3.1 Swing 的特点	137
5.3.2 Swing 类的继承关系	138
5.3.3 Swing 中的容器	139
5.3.4 Swing 中的常用组件	150
5.3.5 Swing 中的事件	161
5.4 二维图形设计	163
5.4.1 二维图形的坐标系统	163
5.4.2 字体	163
5.4.3 颜色	164
5.4.4 绘图	164
5.4.5 Timer 与 TimerTask 类	167
5.5 本章概要	170
5.6 思考练习	170

第 6 章 Java 的异常处理 172

6.1 异常和异常对象	172
6.2 异常的捕获与处理	173
6.3 try 语句的嵌套	175
6.4 throw 语句	177
6.5 throws 语句	179
6.6 使用异常处理的准则	179
6.7 本章概要	180
6.8 思考练习	180

第 7 章 Java 的多线程程序设计 181

7.1 线程的概念	181
7.1.1 进程和线程	181
7.1.2 线程和多任务	181
7.1.3 Java 对多线程的支持	181
7.2 线程的创建	181
7.2.1 Runnable 接口	182
7.2.2 Thread 类	182
7.2.3 创建线程的方法	182

7.3 线程的状态与控制	184
7.3.1 线程的状态	184
7.3.2 对线程状态的控制	185
7.4 线程的优先级和调度	188
7.4.1 线程的优先级	188
7.4.2 线程的调度	188
7.5 线程组	188
7.5.1 线程组概述	188
7.5.2 ThreadGroup 类	188
7.6 线程的同步	189
7.6.1 线程的同步机制	189
7.6.2 共享数据的互斥锁定	191
7.6.3 数据传送时的同步控制	193
7.6.4 死锁	195
7.7 本章概要	197
7.8 思考练习	197

第 8 章 Java 的输入输出流 198

8.1 流的基本概念	198
8.1.1 输入输出流与缓冲流	198
8.1.2 Java 的标准输入输出	198
8.1.3 java.io 包中的数据流	199
8.2 字节流	200
8.2.1 InputStream 和 OutputStream 类	200
8.2.2 文件字节流与文件的读写	201
8.3 字符流	203
8.3.1 Reader 和 Writer 类	203
8.3.2 文件字符流与文件的读写	204
8.3.3 字符缓冲流与文件的读写	205
8.4 文件类与文件的操作	206
8.4.1 文件类 File	206
8.4.2 文件过滤器	207
8.4.3 文件对话框与文件的操作	209
8.5 文件的随机读写	213
8.5.1 RandomAccessFile 类	213
8.5.2 RandomAccessFile 的构造方法	213

8.5.3 RandomAccessFile 的方法 ········ 213
8.6 DataInputStream 和 DataOutputStream 与文件的操作 ········ 214
　8.6.1 数据流 DataInputStream 和 DataOutputStream 类 ········ 214
　8.6.2 使用 DataInputStream 和 DataOutputStream 类对文件操作 ········ 215
8.7 本章概要 ········ 216
8.8 思考练习 ········ 216

第 9 章　Java 的网络应用 ········ 218
9.1 网络的基本概念 ········ 218
　9.1.1 IP 地址和端口号 ········ 218
　9.1.2 URL ········ 219
　9.1.3 TCP 与 UDP ········ 219
　9.1.4 Socket ········ 220
9.2 URL 的使用 ········ 220
　9.2.1 使用 URL 的方法 ········ 220
　9.2.2 应用举例 ········ 222
9.3 Socket 的应用 ········ 227
　9.3.1 TCP 套接字通信基本步骤 ········ 227
　9.3.2 服务器端程序设计举例 ········ 229
　9.3.3 客户端程序设计举例 ········ 231
9.4 网络安全管理 ········ 233
　9.4.1 Java 的安全特性 ········ 234
　9.4.2 缓存溢出 ········ 234
　9.4.3 竞争状态 ········ 235
　9.4.4 建立安全性策略 ········ 236
　9.4.5 安全基本原则 ········ 238

9.5 本章概要 ········ 238
9.6 思考练习 ········ 238

第 10 章　Java 的多媒体应用 ········ 240
10.1 图像显示 ········ 240
10.2 动画实现 ········ 242
10.3 声音播放 ········ 246
10.4 本章概要 ········ 249
10.5 思考练习 ········ 249

第 11 章　实验练习 ········ 251
实验一　Java 程序的开发过程与开发环境 ········ 251
实验二　Java 程序设计的基本概念 ········ 251
实验三　Java 的结构化程序设计 ········ 253
实验四　Java 的面向对象程序设计 ········ 256
实验五　Java 的图形用户界面 ········ 258
实验六　Java 的异常处理 ········ 264
实验七　Java 的多线程程序设计 ········ 266
实验八　Java 的输入输出流 ········ 266
实验九　Java 的网络应用 ········ 270
实验十　Java 的多媒体应用 ········ 271

附录 1　部分参考答案 ········ 273
附录 2　2012 年上海市高等学校计算机等级考试（二级）——《Java 程序设计》考试大纲 ········ 275
附录 3　上海市高等学校计算机等级考试试卷（二级）——《Java 程序设计》（样卷） ········ 279

参考文献 ········ 286

第 1 章　Java 程序设计概述

1.1　Java 与程序

1.1.1　概述

程序设计是伴随着电子计算机的出现而产生的一门技术。简单地说，程序设计就是根据提出的任务，把计算机正确完成该任务而做的工作写成一种能让计算机直接或间接接受的语句的过程，整个任务所对应的一系列语句的集合即被称为一段程序。随着计算机科学的飞速发展，程序设计的方式和水平也在不断地改善与提高。作为计算机软件的一部分，程序设计所用的语言（被称为程序设计语言）与计算机硬件的发展一样，也有几个发展阶段。

1. 机器语言和汇编语言

在计算机问世的初期，人们直接使用计算机能够识别的二进制代码按一定的规则进行程序编写工作。这种用二进制代码表示的规则就是"机器语言"。由于机器语言表示形式不直观，语义单一，因而给编写程序带来很大的麻烦，阻碍了计算机的广泛应用。为此，软件设计者们用一些简单而又形象的符号来替代每一条具体的机器语言，这就形成了"符号语言"，也就是"汇编语言"。但计算机无法直接识别"符号语言"，所以从汇编语言到机器语言，中间要有一个翻译过程，这一过程由翻译程序——"汇编程序"来完成。机器语言和汇编语言是与具体的计算机（确切地说是与计算机指令系统）相关的，是为特定的机器服务的，所以被称为面向机器的语言。

2. 高级语言

人们在汇编语言的基础上，设想能否不考虑具体的机器，用一些接近于自然语言和数学公式的符号来描述自己的解题意图，以便通过各类机器对应的翻译程序就可以在各类机器上运行。这便出现了各种高级语言。20 世纪 80 年代初期，国内外比较通用的计算机语言有十几种，常见的且普遍应用的有 BASIC、FORTRAN、ALGOL、COBOL、PL/1、PASCAL 以及 C 等。在支持 16 位应用程序的 DOS 操作系统下，用上述的计算机语言编写的程序都是按事先设计的流程运行的，因而这些计算机语言被称为面向过程的程序设计语言。与汇编程序作用一样，利用高级语言编写的程序必须被翻译成机器语言才能由计算机执行，完成这一任务的程序称为"语言处理程序"。

"语言处理程序"分为两大类：解释程序和编译程序。解释程序逐句地接收所输入的用程序语言编写的程序（源程序），然后逐句翻译解释并执行源程序，大家所熟知的 BASIC 和 APL 等会话型语言就是采用解释方法运行的。编译程序（有些书上也把它称为编译系统）是把用高级语言编写的面向过程的源程序翻译成目标程序的一种语言处理程序（目标程序即为机器语言构成的程序）。20 世纪 80 年代后期曾经广泛应用的 FORTRAN、PL/1 以及 PASCAL、C 等语言皆采用编译方式实现。

3. 面向对象的程序设计语言

20 世纪 90 年代，Windows 操作系统以其新颖的图形用户界面、卓越的多任务操作系统性能和高层次的软件开发平台而迅速风靡全球。在与用户的交流过程中,面向过程的程序设计语言的用户界面便显得有些"不合时宜",随着计算机网络的诞生和发展,面向对象的程序设计语言应运而生。面向对象的程序设计是近年来出现的程序设计技术,它以一种全新的设计和构造软件的思维方法,开拓了程序设计方法史上的新世纪。Java 程序设计语言便是其中的佼佼者。

Java 是美国 Sun Microsystems 公司于 1995 年 5 月正式发布的程序设计语言,它的前身是 Sun Microsystems 公司为智能消费类家用电器研究而开发的项目一部分,但该项目的开发过程却并不顺利,直到 1993 年 Web 开始在 Internet 上盛行,开发小组试着将这一技术转移到 Web 网络上,没想到这一举动使 Java 在 Internet 上获得了空前的成功,使它成为 Web 世界富有创造性的工具。时至今日,尽管 Web 开发人员仍然在利用 Java 使站点更生动、活泼,但它已远远超过了 Web 技术的范围。

1.1.2 Java 的发展

Java 的发展过程如表 1-1 所示。

表 1-1 Java 语言的发展历史

时间	描述
1991 年	Sun Microsystems 公司进军消费电子产品(IA)市场
1991 年 4 月	Sun 成立 "Green" 小组,以 C++ 为基础开发新的程序设计语言,并将其命名为 Oak
1992 年 10 月	Green 小组升级为 First Person 公司,他们将 Oak 的技术转移到 Web 上,并把 Oak 改名为 Java
1993—1994 年	Web 开始在 Internet 上流行,使 Java 得以迅速发展并获得成功
1995 年 5 月	Sun Microsystems 公司正式发布 Java 与 HotJava 产品
1995 年 10 月	Netscape 与 Sun Microsystems 合作,在 Netscape Navigator 中支持 Java
1995 年 12 月	微软(Microsoft)IE 加入支持 Java 的行列
1996 年 2 月	Java Beta 测试版结束,Java 1.0 版正式诞生
1997 年 2 月	Java 发展至 1.1 版。第一个 Java 开发包 JDK(Java Development Kit)发布
1998 年 12 月	Java 升级至 1.2 版
2000 年 5 月	Java 升级至 1.3 版
2002 年 6 月	Java 升级至 1.4 版
2004 年 9 月	Java 升级至 1.5 版,此时其名称改为 Java 5.0 版
2006 年 12 月	Java 升级至 1.6 版,此时其名称改为 Java 6.0 版

严格地说,在 2010 年 Java 7.0 版也已问世,并且我们相信:它的版本仍将不断地更新。Java 的早期版本称为 JDK,1.2 版之后改名为 Java 2,Java 2 平台的发布被称为 Java 发展史的新里程碑,目前流行的很多 Java 教程包括本书都是基于 Java 2 技术的。

1999 年下半年,Sun Microsystems 公司重新组织 Java 平台的集成方法,即重新划分 Java 的应用平台,并将 Java 企业级应用平台作为发展方向。因此,现在 Java 的大家庭中已有三个主要成员:

1)Java ME——即 Java Micro Edition,用于嵌入式 Java 消费电子平台。无线通信、手机、PDA 等小型电子装置都可采用其作为开发工具及应用平台。

2)Java SE——即 Java(Software Development Kit)Standard Edition,是 Java 最通行的版本,是用于工作站、PC 的 Java 标准平台,因此也是本书应用程序的使用版本。

3)Java EE——即 Java Enterprise Edition(可扩展的企业应用 Java 平台),它提供了企业

e-Business 架构及 Web Services 服务，其深受广大企业用户欢迎之处是其开放的标准和优越的跨平台能力。

1.2 Java 语言的特点

Java 程序设计语言是新一代语言的代表，它强调了面向对象的特性，可以用来开发不同种类的软件，它具有支持图形化的用户界面、支持网络以及数据库连接等复杂的功能，Java 语言的主要特点如下：

1. 易于学习

Java 语言很简单，但这里所说的简单，主要是针对于熟悉类似 C++ 语言的程序设计人员来说的，因为它的语法与 C++ 非常相似，但是它摒弃了 C++ 中许多低级、困难、容易混淆、容易出错或不经常使用的功能，例如运算符重载、指针运算、程序的预处理、结构、多重继承以及其他一系列内容，这样便使其比其他许多编程语言更易于学习。利用 Java 语言还能够编制出非常复杂的系统，且运行时占用很少的内存资源。

2. 高效率的执行方式

用 Java 语言编辑的源程序的执行方法是采用先经过编译器编译、再利用解释器解释的方式来运行的。它综合了解释性语言与编译语言的众多优点，使其执行效率较以往的程序设计语言有了大幅度的提高。

3. 与平台无关性

Java 源程序经过编译器编译，会被转换成一种我们称之为"字节码（byte-codes）"的目标程序。"字节码"的最大特点是可以跨平台运行，即程序设计人员们常说的"编写一次，到处运行"，正是这一特性使得 Java 得到迅速普及。

4. 分布式

所谓分布式主要是指数据分布和操作分布两层意思，数据分布是指数据可以分散在网络中不同的主机上，操作分布是指把一个任务分散在不同的主机上进行处理。Java 从诞生起就与网络联系在一起，它强调网络特性，内置 TCP/IP、HTTP、FTP 协议类库，支持远程方法调用，便于开发网上应用系统。

5. 安全性

Java 平台采用了域管理方式的安全模型，无论是本地代码还是远程代码都可以通过配置的策略，设定可访问的资源域。当 Java 字节码进入专门处理该内容的程序（即后面所说的解释器）时，首先必须经过字节码校验器的检查，然后 Java 解释器将决定程序中类的内存布局，随后，类装载器负责把来自网络的类装载到单独的内存区域，避免应用程序之间相互干扰破坏。最后，客户端用户还可以限制从网络上装载的类只能访问某些文件系统。上述几种机制结合起来，使得 Java 成为安全的编程语言。

6. 可靠性

Java 程序设计语言要求显式的方法声明，保证了编译器可以发现方法调用错误；Java 不支持指针，杜绝了对内存的非法访问；Java 的垃圾自动收集机制，防止了程序员可能忘记释放原来分配的内存或者释放了其他正在使用的内存而引起的系统严重出错……这些措施保证了 Java 程序的可靠性。

7. 多线程

Java 的多线程机制使应用程序中的线程能够并发执行，且其同步机制保证了对共享数据的正确操作。通过使用多线程，程序设计者可以分别用不同的线程完成特定的行为，而不需要采用全局的事件循环机制，这样就很容易在网络上实现实时交互行为。

8. 丰富的 API（Application Program Interface）类库

Java 开发工具包中的类库包罗万象，应有尽有，程序员的开发工作可以在一个更高的层次上展开，这也是 Java 受欢迎的重要原因之一。Java 同时为用户提供了详尽的 API 文档说明。

1.3 Java 程序介绍

1.3.1 Java 虚拟机

前面已经说过，Java 语言编辑的源程序的执行方法是先经过编译器编译，再利用解释器解释的方式来运行的。Java 程序的开发及运行周期如图 1-1 所示。

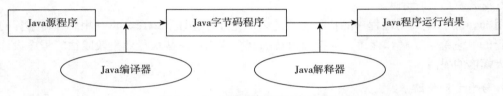

图 1-1　Java 程序的开发及运行周期

基于 Java 运行的平台无关性特点，我们可以直观地理解：在我们的常规计算机运行环境中，一定存在多种类型的 Java 解释程序以帮助我们运行 Java 程序。任何一种可以运行 Java 程序（即可以担任 Java 解释器）的软件都可以称为 Java 虚拟机（Java Virtual Machine，JVM），因此，诸如浏览器与 Java 的一部分开发工具等皆可看做 JVM。当然我们可以把 Java 的字节码看成是 JVM 所运行的机器码。

1.3.2 Java 开发工具

为了正确且顺利地创建、运行和调试 Java 程序，我们不仅仅需要解释器，还需要编译器和其他一系列工具，它们都由一系列程序文件（软件）组成。这些文件的集合称为 Java 开发工具。

1.2 节中介绍过：任何支持编写 Java 程序的环境都会为编写程序的人员提供很多的帮助内容，从这层意义上说，再用"编写"程序这样的词汇便不很妥当了，因此，我们用"开发"两字来代替"编写"是极具现实意义的，随着学习的进一步深入，大家对这一点一定会有更深的体会。由 Java 的开发工具所组成的帮助用户开发 Java 程序的环境称为 Java 的集成开发环境（IDE）。

在 Java 所有的开发工具中，最基本的称为开发工具包（Software Development Kit），简称 SDK，有些参考书称此开发工具包为 JDK。它是由 Sun Microsystems 公司所开发的一套 Java 程序开发软件，该软件中包含一个叫做 JRE 的子软件，称为 Java 的运行环境，因为当前运用很普遍的 Java 程序开发工具——Eclipse 的运行仅需要 JRE 的支持，JRE 可以在 Sun 公司的网站上单独下载。

Java 开发工具包可以在很多网站上免费下载，比较权威的下载可从 http://www.oracle.com/

technetwork/java/javase/downloads/index.html（如图 1-2 所示）获得，这是因为在 2010 年 Oracle 公司收购了 Sun 公司，但该公司继续为用户提供 Java 开发工具包的下载服务。

图 1-2　Oracle 公司 Java 开发工具包下载页面

若要安装 Java 开发环境，必须在它的下层安装支持该环境的操作系统，Java 产品面向的主流平台有 Solaris、Macintosh、Windows 以及 UNIX 等。由于在大家学习的过程中，所接触的大多是 Windows 操作系统，因此我们向大家介绍的 Java 集成开发环境都以 Windows 作为其操作系统。

1.3.3　Java 的 API 类库与 API 文档

在开发 Java 程序时，需要设计和构造类集合。当程序运行时，对象从那些类进行实例化，并按照需要使用。如果你先前使用过其他程序设计语言进行程序设计，那么你一定知道需要得到类似该程序设计语言的操作手册之类的工具，因为它们可以帮助你获得很多系统支持的、可以直接在你的程序中调用的小程序，例如标准函数等，一切工作并不需要你都从零开始。作为 Java 程序员，其主要任务就是创建正确的类集合，以完成程序需要完成的工作。非常幸运的是，任何 Java 开发工具包中都会给出一套标准的类库，这些类为执行大部分的编程任务提供了方法和接口。类库被组织成许多包，每个包又包含一些子包和多个类，形成树型结构的类层次，其中包括核心包 java、扩展包 javax 和 org 等。

下面简单介绍一些重要的包及其类：

1）java.lang——这个包包含了一些形成语言核心的类，提供了类似 Character、Integer 和 Double 这样的封装类。它还提供了系统标准类，如 String 和 StringBuffer。Java 编辑器总是自动装载这个包。因而一般不必显式导入 java.lang 中的任何类。这个包中的许多类在本书的其他章节都还将叙述。

2）java.applet——这个包提供了创建 Java Applet 的途径，Java Applet 运行在 Web 浏览器下，

通常通过 Internet 下载。

3）java.awt——它是由许多组成 Java 的抽象视窗工具（AWT）的类所组成的包，它提供了基于类的图形用户界面，可以为 Java Applet 和应用程序编程提供视窗、按钮、对话框及其他控件。

4）java.net——这个包提供了网络、套接字处理器和 Internet 实用工具类。

5）java.io——这个包中的类提供了输入输出服务，用于读出和写入文件数据，进行键盘输入和打印输出。

6）java.util——这个包包含为任务设置的实用程序类和集合框架类，每一个 Java 应用程序和 Java Applet 可能至少会用到这个包中的一个类。另外它还提供了 Collection 接口和它的实现容器类，如 List 和 Set。

7）java.rmi——远程方法启用包，在这个包中的类提供了通过远程接口控制的分布式代码的支持。通过该包中的类，可以创建 Java 应用程序，使它的不同部分在不同的系统中一起运行。

8）java.sql——这个包提供了结构化查询语言数据库字段类型和方法的实现。根据系统的不同，这个包的类可能会通过一个特定的数据库系统实现，或者默认时通过 ODBC（开放数据库连接）标准的直接映射实现。

Java 的 API 文档是告诉你上述内容的使用方法的文档，是 Java 程序开发的最好帮手，当你开始从事 Java 程序开发而需要某些工具时，Oracle 公司的网站 http://download.oracle.com/javase/6/docs/api/ 下提供了所有有关 API 类库的信息及链接，API 文档内容主要包括：类层次结构、类及其一般目的的说明、成员变量表、构造函数表、方法表、变量详细说明表及每一个变量使用目的的详细描述、构造方法的详细说明及进一步的描述等。为了方便使用，我们通常建议大家将该网页地址放置到浏览器的收藏夹中，以随时查阅。它在浏览器下的界面形式如图 1-3 所示。

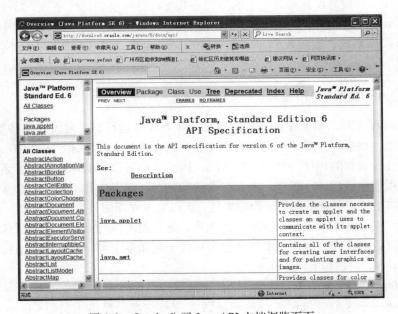

图 1-3　Oracle 公司 Java API 文档浏览页面

1.3.4　Java 资源的获取、安装

开发 Java 应用程序必须以安装 Java 程序开发工具为前提，支持 Java 程序运行的平台除了前面介绍过的 SDK 之外，还有很多其他软件环境，比如 Borland 公司的产品 Jbuilder，同样是一

个技术相当细腻的产品，支持很多控件，使用Jbuilder编写的Java软件完全可以脱离该平台运行。Jbuilder的个人版和企业版均可以在Borland公司的网站下载安装。由于Jbuilder支持许多的技术，因此该软件在运行时将占用相当多的计算机资源。而我们下面将向大家介绍的是当前较流行，相对比较方便、快捷、功能齐全的Java集成开发环境平台软件——Eclipse。

Eclipse是一个综合开发环境（Integrated Development Environment，IDE），是一个功能完整且成熟的软件，由IBM公司于2001年首次推出。大家可以在其官方网站http://www.eclipse.org免费下载该软件的压缩文件，释放到文件夹即可使用。在这里我们介绍的是Eclipse IDE for Java Developers版本。本书中的所有程序都是用这个版本的工具测试的。

Eclipse是一个开放源代码、基于Java的可扩展开发平台。"开放源代码"的意思是使用者能够取得软件的原始码，并可适当修改和传播这个软件。有人非常形象地将Eclipse比喻成软件开发者的"打铁铺"，它备有火炉、铁砧与铁锤，就像铁匠会用现有的工具打造新的工具，程序员也能用Eclipse打造新工具来开发软件——这些新工具可扩充Eclipse的功能。

就Eclipse本身而言，它只是一个框架和一组称为平台核心的服务程序，用于通过插件和组件构建开发环境。平台核心的任务是让每样东西都动起来，并加载所需的外挂程序。当启动Eclipse时，先执行的就是这个服务程序，再由这个程序加载其他外挂程序。Eclipse附带了一个包括Java开发工具（Java Development Tools，JDT）的标准插件集。但Eclipse提供下载的压缩包中并不包含Java运行环境，因此如果要使用Eclipse来开发Java程序，需要用户自己另行安装JRE，并且在操作系统的环境变量中指明JRE中bin的路径。在这里，我们将向大家推荐的Java运行环境为"Java SE Runtime Environment 6u24"版。下面将详细向大家介绍如何从网上获取并安装Java开发工具。

1. 下载JRE

在浏览器窗口的地址栏中输入Oracle公司的网址：http://www.oracle.com/technetwork/java/javase/downloads/index.html 得到如图1-2所示的下载页面。按住该窗体右侧滚动条的滑块往下拉，得到如图1-4所示的页面。

图1-4　JRE下载页面（一）

单击窗口右下角的"Download JRE"按钮，进入如图 1-5 所示的页面。

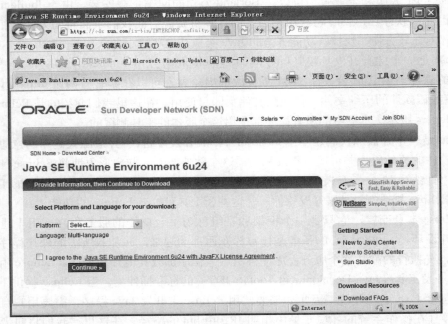

图 1-5　JRE 下载页面（二）

在"Platform"对应的下拉列表框中选择对应的操作系统名称 Windows（在此假设大家所使用的操作系统都为 32 位的 Windows 版本），单击并选中"I agree to the Java SE Runtime Environment 6u24 with JavaFX License Agreement"复选框，单击"Continue"按钮（如图 1-6 所示）。

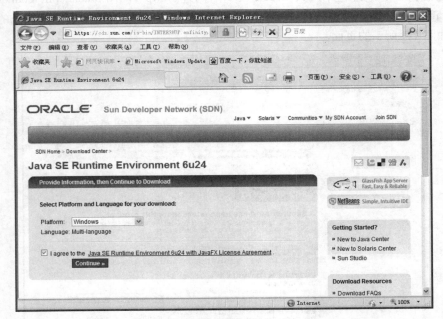

图 1-6　JRE 下载页面（三）

在接着出现的窗体中单击"jre-6u24-windows-i586.exe"项目完成 JRE 的下载，下载完毕后,你就获得了JRE6u24版的安装程序文件。JRE的安装相当简单:只需双击已下载的"jre-6u24-windows-i586.exe"程序文件,如果你是第一次安装Java程序开发环境,不用更改安装路径,直接单击其"安装"按钮即可完成安装。

2. 下载Eclipse

打开http://www.eclipse.org网页,单击"Downloads Eclipse"按钮,对Eclipse进行下载,其文件名应为"eclipse-java-helios-SR1-win32.zip",将下载的文件直接解压至Eclipse目录(可以为任何逻辑盘),由于Eclipse是绿色软件,因此直接运行其中的Eclipse.exe,即可启动Eclipse工作平台。

1.3.5　Eclipse应用平台简介

在确保你的机器已安装了JRE之后,第一次打开Eclipse时,首先看到的是下面的运行屏幕(如图1-7所示)。

图1-7　Eclipse运行屏幕

稍等片刻,就进入了如图1-8所示的Eclipse欢迎界面。

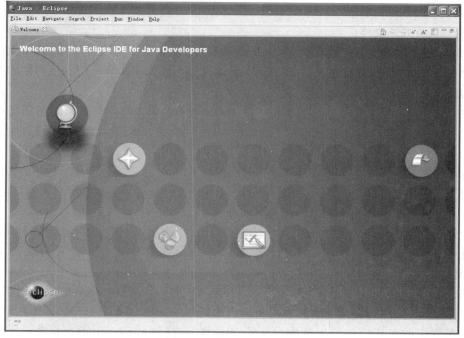

图1-8　Eclipse欢迎界面

单击该窗体"Welcome"选项卡旁边的关闭按钮,就进入了如图1-9所示的Eclipse工作平台。

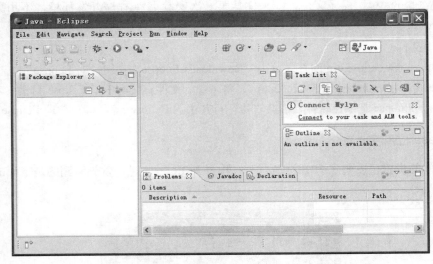

图1-9　Eclipse工作平台

这是操作Eclipse时会碰到的基本图形接口,工作平台是启动Eclipse后出现的主要窗口,工作平台的作用很简单:它只负责如何找到项目与资源(如档案与数据夹),而不承担编辑、执行、除错等职责,若有它不能做的工作,它把该工作转移给其他组件,例如JDT。

Eclipse工作平台由几个称为视图(view)的窗格组成,下面是几个主要的视图窗口:
- Package Explorer视图:Package Explorer视图允许我们创建、选择和删除项目。
- 编辑器区域:Package Explorer右上侧的窗格是编辑器区域。取决于Package Explorer中选定的文档类型,一个适当的编辑器窗口将在这里打开。如果Eclipse没有注册用于某特定文档类型(例如,Windows系统上的.doc文件)的适当编辑器,Eclipse将设法使用外部编辑器来打开该文档。
- Outline视图:编辑器区域右侧的Outline视图显示编辑器中文档的大纲;这个大纲的准确性取决于编辑器和文档的类型;对于Java源文件,该大纲将显示所有已声明的类、属性和方法。
- 选项卡视图:选项卡视图(Problems、Javadoc和Declaration)收集我们正在操作的项目的信息,可以是Eclipse生成的信息,比如编译错误,也可以是我们手动添加的任务。

Eclipse工作平台的大多数其他特性,比如菜单和工具栏,都与我们熟悉的其他应用程序类似。Eclipse还附带了一个完美的帮助系统,其中包括Eclipse工作平台以及所包括的插件(比如Java开发工具)的用户指南。应至少浏览一遍这个帮助系统,这样可以看到有哪些可用的选项,同时也可以更好地理解Eclipse的工作流程。

一般情况下,Eclipse会自动找到已安装的JRE,如果没有找到,或者运行Eclipse的计算机上同时安装了多个版本的Java,则可以手动设置JRE路径,设置方法如下:单击Eclipse窗口的菜单"Window"中的"Preferences"项,在弹出的"Preferences"对话框的左边的路径窗口中单击"Java"扩展项,在其扩展分支中选择"Installed JREs",单击其右边的"Add..."按钮,在接下来弹出的对话框中选择"Standard VM"项,单击"Next"按钮,在接着弹出的对话框中根据具体安装的JRE路径进行如图1-10所示的设置。设置完毕的 JRE 路径窗口如图 1-11 所示。

虽然在本书中，主要将 Eclipse 当做 Java IDE 来使用，但 Eclipse 的目标不仅限于此。Eclipse 还包括插件开发环境（Plug-in Development Environment，PDE），这个组件主要针对希望扩展 Eclipse 的软件开发人员，因为它允许构建与 Eclipse 环境无缝集成的工具。由于 Eclipse 中的每样东西都是插件，对于给 Eclipse 提供插件以及给用户提供一致和统一的集成开发环境而言，所有工具开发人员都具有同等的发挥场所。

这种平等和一致性并不仅限于 Java 开发工具。尽管 Eclipse 是使用 Java 语言开发的，但它的用途并不限于 Java 语言。例如，支持诸如 C/C++、PHP、ActionScript 和 JavaScript 等编程语言的插件已经可用。Eclipse 框架还可作为与软件开发无关的其他应用程序类型的基础，比如内容管理系统。

图 1-10　JRE 路径设置（一）

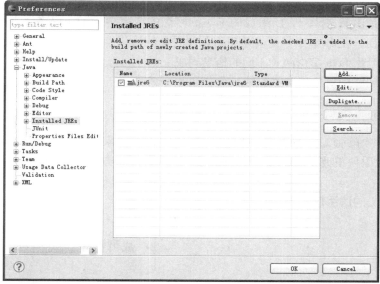

图 1-11　JRE 路径设置（二）

基于 Eclipse 应用程序的典型例子是 IBM 的 WebSphere Studio Workbench，它构成了 IBM Java 开发工具系列的基础。例如，WebSphere Studio Application Developer 添加了对 JSP、servlet、EJB、XML、Web 服务和数据库访问的支持。

1.4　Java 程序结构及开发过程概述

1.4.1　Java 程序结构

1. 源程序文件的构成

要编写 Java 程序，首先应该知道 Java 程序文件中必须包括什么内容。Java 程序的源程序文件结构如下：

- package 语句，0～1 句，必须放在文件开始，作用是把当前文件放入所指向的包中。
- import 语句，0～多句，必须放在所有类定义之前，用来引入标准类或已有类。
- public classDefinition，0～1 句，文件名必须与类的类名完全相同。
- classDefinition，0～多句，类定义的个数不受限制。
- interfaceDefinition，0～多句，接口定义的个数不受限制。

Java 程序的源代码文件要求包含三个要素：

1）以 package 开始的包声明语句，此句为可选，若有，只能有一个 package 语句且只能是源程序文件的第一个语句；若没有，此文件将放到默认的当前目录下。

2）以 import 开始的类引入声明语句，数量可以是任意个。

3）classDefinition 和 interfaceDefinition 分别代表类和接口的定义。由 public 开始的类定义只能有一个，且要求源程序文件名必须与 public 类名相同，Java 语言对字符的大小写敏感，因此文件名相同意味着字母大小写也完全相同。如果源程序文件中有主方法 main()，它应放在 public 类中。

这三个要素在程序中必须严格按上述顺序出现。

2. 类的构成

Java 程序都是由类（class）所组成的，类的概念的产生是为了让程序语言更能清楚地表达出现实事物的本性。在 Java 中，类就是用于创建对象的模板，它包含了特定对象集合的所有特性及行为功能，因此 Java 类由两种不同的信息构成：属性和行为。

属性由一系列区别对象的数据组成，它们可用于确定属于类的对象的外观、状态和其他性质。在 Java 程序中，属性往往以类的成员变量形式出现。

行为指类对象对它们本身和其他对象所可以完成的事情，可以用于修改对象的属性，接收来自其他对象的信息和向其他要求它们执行任务的对象发送信息。在 Java 程序中，行为往往以一段代码块的形式出现，Java 称这段代码块为"方法"（method）。统称为类的成员方法。

Java 中类定义的语法形式为：

```
修饰符   class   <类名> [extend <父类名>] {

type 类变量 1;
type 类变量 2;
...                                        成员变量

修饰符   type <类方法名 1>（参数列表）{
        type 局部变量；
        方法体
}
修饰符   type <类方法名 2>（参数列表）{
        type 局部变量；                      成员方法
        方法体
}
...
}
```

其中 class 是 Java 的关键字，表明其后定义的是一个**类**。class 前面的修饰符用来限定所定义的类的使用方式。类名是用户为该类起的名字，它应该是一个合法的标识符。紧接着类定义语句的大括号之间的内容称为**类主体**。type 指的是变量或方法的数据类型。类主体由**成员变量**和**成员方法**两部分组成。

3. 注释语句的添加

在开发 Java 程序的过程中，一般来说，在 Java 语言的源文件的任何地方都可以加注释语句，一个好的程序应该在其需要的地方适当地加上一些注释，以便于其他人阅读并理解程序。

注释语句有三种格式：

1) "// 注释内容" 用于注释一行语句。
2) "/* 注释内容 */" 用于注释一行或多行语句。
3) "/** 注释内容 */" 用于注释一行或多行语句且注释语句中的内容可以通过使用 Javadoc 生成 API 文档，实现文档与程序同步实现的功能。

1.4.2 最简单的 Java 程序

本节首先介绍一个最简单的 Java 应用程序。

例 1.4.1 简单的 Java 应用程序，它的功能是在屏幕上输出如下内容："Let us begin to study Java！"。

程序清单如下：

```
public class BegintoLearn{
    public static void main(String args[]){
        System.out.println("Let us begin to study Java !");
    }
}
```

上面的程序定义了一个 public 类 BegintoLearn，这个类的源程序文件名为 BegintoLearn.java，BegintoLearn 类的范围由一对左、右大括号包含，public 是 Java 的关键字，用来表示该类为公有，也就是在整个程序里都可以访问到它。在完整的 Java 程序里，至少需要有一个类。一般情况下，一个独立的 Java 程序只能有一个 public 类，因此该源程序的文件名必须与 public 类的名称一致，其他的类都为 non-public 类（若是在源程序文件中没有一个类是 public 类，则该源程序文件名就可以不必与其中的任何类名称相同）。类主体由许多语句组成，语句一般有两种类型——简单语句和复合语句，对简单语句来说，习惯约定一个语句书写一行，语句必须以分号"；"来表示结束；而复合语句则是由左、右大括号括起来的一组简单语句的集合。复合语句将在以后的内容中进一步介绍。

BegintoLearn 类中没有定义成员变量，但有一个成员方法，或者称为**方法**，那就是 main() 方法。

public static void main(String args[]) 语句是本程序的起始点，在 Java 中称为 main() 方法，它是一个系统专用的方法，有时我们往往把含有 main() 方法的类代码块简称为主程序。每一个独立的 Java 应用程序必须要有 main() 方法才能运行。这个语句中除了前面介绍过的 public 关键字之外，还包含了 static 和 void 两个关键字，句中的 static 含义是它所修饰的方法是静态的。一般来说，static 可用于修饰成员方法，也可用于修饰成员变量，使用 static 修饰的成员变量又称为类变量，这是一种独立于任何方法之外的变量，可供其类中的所有方法调用；void 的含义是它所定义的方法没有返回值。

System.out.println("Let us begin to study Java！") 语句的作用是在程序运行时在显示器上输出双引号内的文字。System.out 是指标准输出，通常指连接计算机的设备，如打印机、显示器等。println 的含义是输出一行，意义是将后面双引号中的文字内容打印在标准输出设备——显示器上，并且在输出文字内容"Let us begin to study Java！"后换行。如果把 println 改成 print，则该语句的下一个语句的输出会紧接在"Let us begin to study Java!"的后面。

在 Java 源程序中，由于各种类（class）、方法（method）、复合语句以及各种对象中内容都是用左、右大括号包含的，在书写过程中左、右大括号的正确匹配是相当重要的，因此我们提倡把源程序的书写格式进行适当的缩进，这样既可避免出错，又便于别人阅读你的程序。

以上所有提到但未及解释的概念，都将在后面的章节中详细为大家介绍。

1.4.3 Java 程序的开发过程

Java 程序分为两大类型：Java Application（Java 应用程序）与应用在 www 上的 Java Applet（Java 小应用程序）。

Java Application 是指可以在 Java 平台上独立运行的一种程序，这类程序在被执行的过程中，程序员必须为程序指定开始执行的起始点，这种起始点被称为程序入口，Java 应用程序主要以 main() 方法作为程序入口（在前一节的程序举例中已介绍过）。

使用 Eclipse 开发 Java 程序，所应进行的先期工作是：首先在磁盘上（任何逻辑盘都可以，在此我们假设为 D 盘）创建一个文件夹 MyJava，在 Eclipse 第一次运行时，会弹出如图 1-12 所示的对话框。

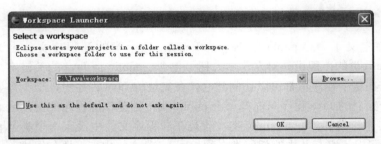

图 1-12　建立用户工作区（一）

该对话框用于帮助建立用户工作区，以存放我们所学习的 Java 程序，在"Workspace："文本框中删除现有的内容，输入"D:\MyJava"，单击"OK"按钮便建立了我们自己的工作区（如图 1-13 所示）。

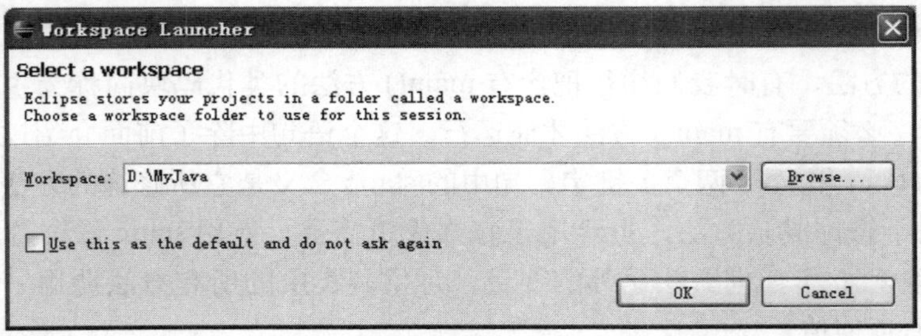

图 1-13　建立用户工作区（二）

要开发 Java 程序，我们还要在 Package Explorer 中创建一个项目。Eclipse 在最高层级使用"项目"，为程序员管理 Java 的文件资源，在 Eclipse 项目内的所有数据信息均是以独立、与平台无关的方式存在的。

创建项目的步骤是：右键单击 Package Explorer 视图，然后选择 New，在其子菜单项中选择"Java Project"，在提示项目名称时输入"MyJava1"，此时可以看到：程序文件的默认保存位置就是你所建立的文件夹的所在地（如图 1-14 所示），然后单击"Finish"按钮。

图 1-14　创建 Java 项目

Java Application 的开发一般须经过如下过程：

1. 编辑源程序

源程序的编辑可以在 Eclipse 的文本编辑区中进行，也可以在 Windows 下的记事本以及其他诸如 Edit 之类的文本编辑器中进行。

2. 编译源程序

Java 源程序的编译工作是由 Java IDE 中的 Java 编译器完成的。Java 编译器获取 Java 应用程序的源代码，把它编译成符合 Java 虚拟机规范的字节码文件（扩展名为 class 的文件），此文件也是 Java 虚拟机上的可执行文件。

3. 运行 Java 程序

Java 程序，由 Java IDE 中的 Java 解释器加载执行。

例 1.4.2　开发第一个 Java 应用程序。

为试验一下 Java 综合开发环境，我们将创建并运行一个"Hello, Java"应用程序。使用 Java 的 Package Explorer 视图，右键单击"MyJava1"项目，选择"New → Class"，在随后出现的对话框中，键入"Hello"作为类名称。在"Which method stubs would you like to create?"下选中"public static void main(String[] args)"复选框，勾选掉"Inherited abstract methods"前面的复选项，然后单击"Finish"按钮。如图 1-15 所示。

这样将在编辑器区域创建一个包含 Hello 类和空的 main() 方法的 .java 文件，然后向该方法如实地添加如下代码（注意：如果系统表示程序有错，可以先忽略过去），如图 1-16 所示。

```
for (i=0;i<=4;i++)
    System.out.println("Hello Java!");
```

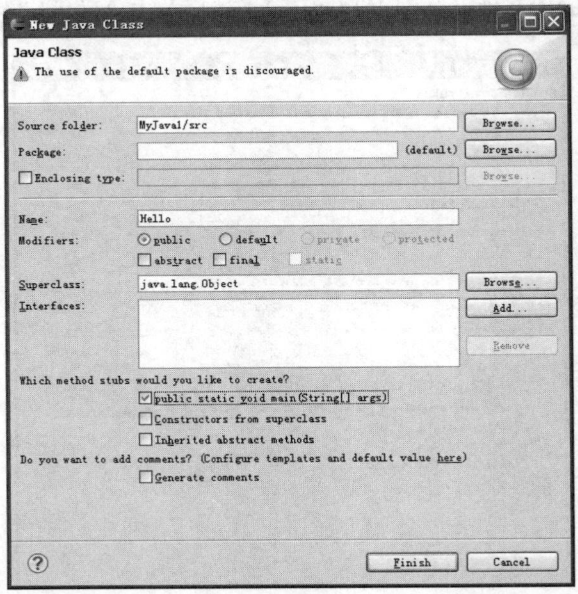

图 1-15　在 Java 透视图中创建新类

你会在键入时注意到 Eclipse 编辑器的一些特性，包括语法检查和代码自动完成。当键入开括号或双引号时，Eclipse 会自动提供配对的符号，并将光标置于符号对之内。

输入完毕后，单击工具栏上的"保存"按钮保存文件，如若文件中有错误内容，错误信息将在 Problems 视窗中显示。

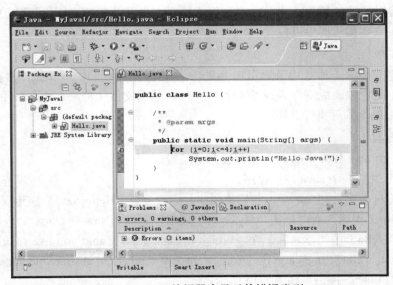

图 1-16　Java 编辑器中显示的错误类型

在其他情况下，你可以通过按 Ctrl+Space 组合键来调用代码自动完成功能。代码自动完成提供了上下文敏感的建议列表，你可通过键盘或鼠标从列表中选择。这些建议可以是针对某个特定对象的方法列表，也可以是基于不同的关键字（比如 for 或 while）来展开的代码片断。

语法检查依赖增量编译。当你保存代码时，它就在后台接受编译和语法检查。默认情况下，语法错误将以红色下划线显示，一个带白"×"的红点将出现在左边沿；其他错误在编辑器的左边沿通过灯泡状的图标来指示。这些就是编辑器或许能为你修复的问题，即所谓的"快速修复"特性。

上面的代码例子在 for 语句的左边有一个灯泡状图标，因为 i 的声明被省略了。用鼠标指向该图标将调出建议的修复列表。在此例中，它将指出程序中每一错误的可能性，如图 1-17 所示。

图 1-17　指出出错类型

用鼠标指向被标出的变量 i，将调出建议的修复列表。在此例中，它将提供"创建一个类字段 'i'"、"一个局部变量 'i'"或"一个方法参数 'i'"的建议；单击其中的每一个建议都会显示将要生成的代码。图 1-18 显示了该建议列表和建议创建一个局部变量之后生成的代码。

图 1-18　快速修复建议

修改程序出错的部分，再单击"保存"按钮。一旦代码无错误地编译完成，Problems 视窗中显示的信息将清空。现在你就能够从 Eclipse 菜单上选择 Run 来执行该程序（注意：这里不存在单独的编译步骤，因为编译是在你保存代码时进行的。如果代码没有语法错误，它就可以运行了）。此时，一个新的选项卡式"Console"将出现在下面的窗格（控制台）中，其中显示了程序运行结果的输出，如图 1-19 所示。

图 1-19　程序的输出

例 1.4.3　开发第一个 Java Applet。

Java 小应用程序的开发过程基本与上面的例子类似：一开始直接在 MyJava1 中创建类，创建类的时候（如图 1-20 所示），要注意必须把 "Which method stubs would you like to create?" 问题下面的所有复选框中的钩都取消。在类名框中输入类的名字为 JApp，单击 "Finish" 按钮。

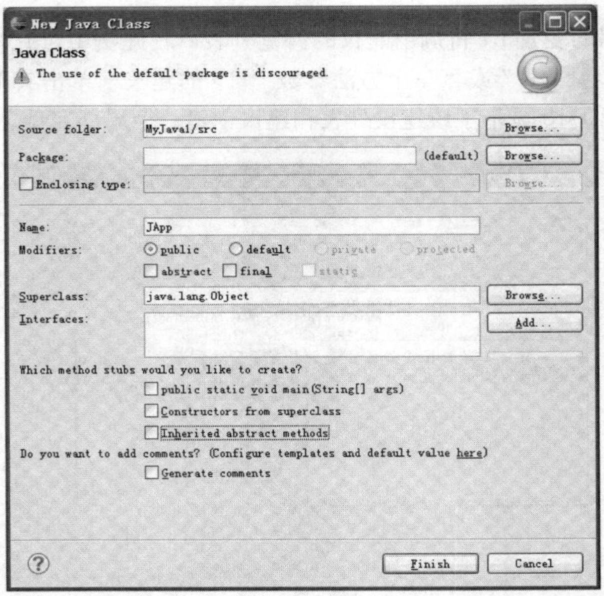

图 1-20　在 Java 透视图中创建 Applet 新类

在程序编辑窗口输入如下程序源码，如图 1-21 所示。

```
import java.applet.Applet;
import java.awt.Graphics;
public class JApp extends Applet{
    public void init() {
        System.out.println("Prepare Start......");
```

```
    }
    public void start() {
        System.out.println("Start Program......");
    }
    public void stop() {
        System.out.println("End!yeah!!!");
    }
    public void paint(Graphics g) {
        g.drawString("Hello!    Java!!!",60,60);
    }
}
```

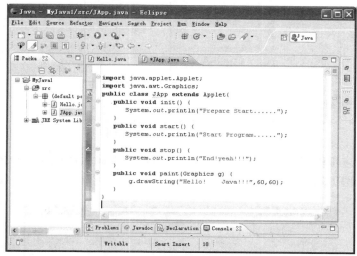

图 1-21　Applet 程序编辑窗口

输入完毕保存文件。如果程序没有差错的话就可以运行程序了，运行该程序的方法很简单：把鼠标指针移到程序编辑区窗口后单击右键，在弹出的快捷菜单中选择"Run As"菜单项，然后在紧接着出现的子菜单上选择"Java Applet"项目，如图 1-22 所示。

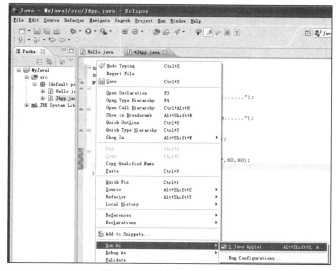

图 1-22　运行 Java Applet

Java Applet 程序运行结果如图 1-23 所示。

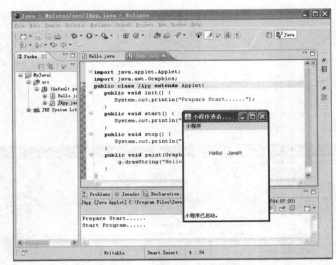

图 1-23　Java Applet 运行结果

当我们关闭小应用程序查看器窗口后，程序将最后（即 stop(){…}）部分的执行结果在输出窗口进行输出，如图 1-24 所示，此时程序运行完毕。

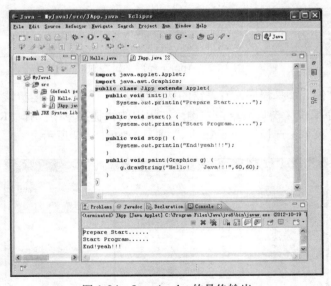

图 1-24　Java Applet 的最终输出

Java Applet 则必须搭配浏览器来运行，它没有程序入口。由于 Java Applet 的编写方式与 Java Application 类似，因此大家只要熟悉 Java Application 的编写方式，很快就能学会编写 Java Applet。我们将从第 5 章开始着重介绍 Java Applet。

1.5　本章概要

1. Java 是美国 Sun Microsystems 公司于 1995 年 5 月正式发布的、采用面向对象技术的、能够跨平台使用的程序设计语言。

2. Java 分为标准版（Java SE）、企业版（Java EE）和精简版（Java ME）三个版本，分别被应用于不同的领域。

3. Java 拥有很多优秀的特点，使它在今后的发展中拥有巨大空间。

4. Java 语言源程序的执行方法是必须先经过编译器编译，再利用解释器解释的方式来运行。

5. Java 虚拟机的基本概念。

6. Java 字节码的基本概念。

7. Java 开发工具包（Software Development Kit）简介。

8. Java 开发工具资源检索——API 文档。

9. Java 程序的结构，包括源程序文件的成分和类的成分。

10. Java 程序的开发过程。

11. Java 资源的获取、安装与使用。

12. Eclipse 集成开发环境的使用。

1.6 思考练习

一、思考题

1. 简述 Java 的发展过程。
2. 什么是软件？
3. 源程序是什么？
4. 编译是做什么的？
5. 什么是 Java 的字节码？它的最大好处是什么？
6. 机器语言程序、高级语言程序以及可表示成 Java 字节码程序之间的区别是什么？
7. 试简述 Java SE、Java ME 与 Java EE 的区别。
8. 练习使用浏览器查看 Java API 文档。

二、填空题

1. Java 源程序文件的扩展名是_____；Java 源程序经编译后生成 Java 字节码文件，其扩展名是_____。

2. Java 程序可分为_____和_____两大类。

3. 开发与运行 Java 程序需要经过的三个主要步骤为_____、_____和_____。

4. 在 Java 程序中定义的类有两种成员：_____、_____。

5. 在 Java 语言中，将源代码翻译成_____时产生的错误称为编译错误，而将程序在运行中产生的错误称为运行错误。

第 2 章　Java 程序设计的基本概念

Java 程序按照实现功能的不同、解决问题的不同，可以是很长的程序段，也可能只是很短的一部分。但程序代码的基本单元是语句。在这一章，我们将向大家介绍构成 Java 语句的基本要素。

2.1 数据类型与标识符

2.1.1 数据类型

程序语句是由语句元素和相应的语义概念组成的，而不同类型的数据则是语句元素的最基本部分。在此我们先从 Java 语言的数据类型概念开始我们的学习。什么是数据类型？我们都知道计算机可以用来存储各种信息，比如可以存储 3.14、1200 等有大小区别的数据，也可以存储如"张华"（某人的姓名）、"学习 Java 程序设计"（想法）的文字内容。因此计算机在存储信息时先要确定存储信息的种类，这就是数据类型。表 2-1 列出了 Java 语言能够处理的数据类型。

表 2-1　Java 语言的数据类型

类型分类	类型名称	在程序中使用的名称
基本数据类型	布尔型（Boolean）	布尔型：boolean
	字符型（Char）	字符型：char
	整数型（Integer）	字节型：byte
		短整型：short
		整型：int
		长整型：long
	实（浮点）型（Float）	单精度型：float
		双精度型：double
复合数据类型	类（Class）	类：class
	接口（Interface）	接口：interface
	数组（Array）	

如上表所述，Java 的数据类型可分为两大类：基本数据类型和复合数据类型，基本数据类型共有 8 种，分为四小类，分别是布尔型、字符型、整数型和实型（浮点型）。复合数据类型包括数组、类和接口。可能有人会产生疑问：为什么整数型有四种类型？事实上我们选择数据类型不仅因为数据有不同种类，选择合适的数据类型还具有节省存储空间之功效，因为不同的整数类型所占用的存储空间是不同的。不同数据类型占用存储空间的大小见后面的小节。

在本章中我们主要介绍基本数据类型，复合数据类型将在后面的章节中介绍。

2.1.2 标识符

在 Java 中，广义地用于定义各种对象名称的字符串集合称为标识符，标识符一般分为**用户**

自定义标识符和**系统专用标识符**两种。

1. 用户自定义标识符

用户自定义标识符一般是用来命名常量、变量、方法和类等的名字。

用户自定义标识符命名规则如下：

- 以字母、下划线"_"或"$"作为开头字符，但数字不能作为标识符的开头字符。
- 标识符中间不能使用空格。
- 不能使用 Java 的操作符，如"＋"、"－"、"*"、"/"等。
- 不能使用 Java 的关键字。
- 严格区分大小写，即 my_var 和 My_var 被认为是两个不同的标识符。

下面是合法与非法标识符的对照：

合法的标识符	非法的标识符
helloFriend	hello Friend+ Friend
$HelloFriend	hello&Friend
my_Friend	Void main
Jim	1jack

2. 系统专用标识符

系统专用标识符又称**关键字**，是 Java 编译程序本身所规定使用的专用词，它们有特定的语法含义。

Java 所提供的主要关键字如下：

```
abstract      boolean      break         byte          case
catch         char         class         const         false
continue      default      do            double        else
extends       final        finally             float        for
goto          if           import        implements    int
instanceof    interface    long          native        new
null          package      private       protected     public
return        short        static        synchronized  super
this          throw        throws        transient     true
try           void         volatile      while
```

我们不能更改或重复定义关键字，也不能将 Java 关键字用做用户自定义标识符。

2.2 常量

在程序的整个运行过程中，其值保持不变的量称为常量。我们要注意常量和常量值是不同的概念。常量值是常量的具体和直观的表现形式；常量是形式化的表现。在程序中我们既可以直接使用常量值也可以使用常量。我们已经知道存放在计算机内的数据有不同的数据类型，因此在 Java 程序设计语言中，常量也有多种数据类型。我们先看一下常量值的不同表示形式。

2.2.1 整型常量值

Java 的整型常量值有三种形式：

1）十进制数形式，如 54、–67、0。

2）八进制数形式，Java 中的八进制常量值的表示以 0 开头，如 0125 表示十进制数 85，–013 表示十进制数 –11。

3）十六进制数形式，Java 中的十六进制常量值的表示以 0x 或 0X 开头，如 0x100 表示十进制数 256，–0X16 表示十进制数 –22。

整型（int）常量默认在内存中占 32 位，具有整数类型的值，当运算过程中所需值超过 32 位长度时，可以将它定义为长整型（long），长整型类型要在数字后面加 L 或 l，如 697L 表示一个长整型常量值，它在内存中占 64 位。

2.2.2 实型常量值

Java 的实型常量值有两种形式：

1）十进制数形式，由数字和小数点组成，且必须有小数点，如 12.34、–98.0。

2）科学记数法形式，如 1.75e5 或 326E3，其中 e 或 E 之前必须有数字，且 e 或 E 之后的数字必须为整数。

Java 实型常量默认在内存中占 64 位，是双精度（double）类型的值。如果需要节省运行时的系统资源、运算时的数据值取值范围并不大且运算精度要求也并不太高，可以把它表示为单精度（float）类型的数值，单精度类型常量值一般要在该常数后面加 F 或 f，如 69.7f 表示一个 float 型实数，它在内存中占 32 位（这取决于系统的版本高低）。

2.2.3 字符型和字符串常量值

Java 的字符型常量值是用单引号引起来的一个字符，如 'e'、'E'，需要特别注意的是，单引号和双引号在此不可混用，双引号是用来表示字符串的，"H"、"d" 等都是表示单个字符的字符串。

除了以上所述形式的字符常量值之外，Java 还允许使用一种特殊形式的字符常量值来表示一些难以用一般字符表示的字符，这种特殊形式的字符是以一个 "\" 开头的字符序列，称为转义字符。注意：以上用来表示字符和字符串的单引号和双引号都必须是英语输入环境下输入的符号。表 2-2 列出了 Java 中常用的转义字符及其所表示的意义。

表 2-2 Java 常用转义字符

转义字符	意 义
\ddd	1 到 3 位八进制数所表示的字符
\uxxxx	1 到 4 位十六进制数所表示的字符
\'	单引号字符
\"	双引号字符
\\	反斜杠字符
\r	回车
\n	换行
\f	走纸换页
\b	退格
\t	横向跳格

2.2.4 布尔型常量值

Java 的布尔型常量值只有两个：false（假）和 true（真）。

2.2.5 常量的定义和使用

常量不同于常量值，它可以在程序中用符号来代替常量值使用。因此在使用前必须先定义，定义常量的格式如下：

```
final type <常量名>=<常量值> [,<常量名>=<常量值>]
```

其中 type 是数据类型名，参见表 2-1。常量名的命名规则就是标识符的命名规则。如果是同种数据类型的常量可以同时定义，常量与常量之间用逗号分隔。"[……]"表示该项可选。

常量命名约定：一般常量名都用大写字母表示，如果由多个单词组成常量名，单词之间用下划线连接。约定与定义是不同的，约定是广大使用者通过大量的实践所约定俗成的形式，不遵守不会影响程序的运行，但会影响与别人的交流，影响程序的可读性。而定义则不然，会直接影响程序的运行。要成为一个合格的程序员，大家必须熟悉这些约定。

下面通过一个利用已知圆半径值（R）计算圆面积（$S=\pi R^2$）的例题向大家介绍一下常量的使用。

例 2.2.1 常量的使用。

```java
public class CircleArea{
    public static void main(String args[]){
        final int R=3;                              // 声明 R 为整型常数，并赋值为 3
        System.out.println("The circle area is \n"+(3.14*R*R));
    }
}
```

程序经编译运行后所得结果如图 2-1 所示。

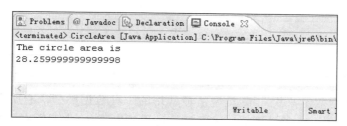

图 2-1　例 2.2.1 运行结果

从上例可以看到：程序中常数"3.14"作为常量值使用；而半径值"3"则被定义成常量（R）来使用。"\n"是转义字符，指示程序运行至该处时，将内容换行后继续输出。

在计算机进行数学处理的过程中，如果一个数超出了计算机的表达范围，称为"溢出"。如果超过最大值，称为"上溢"，如果超过最小值，称为"下溢"。

Java 语言在简单数据类型包装类中提供了四个特殊符号常量，用来表示整型的最大值和最小值常量，如表 2-3 所示。

表 2-3　Java 整型最大值和最小值常量

	最大值	最小值
int 型	Integer.MAX_VALUE	Integer.MIN_VALUE
long 型	Long.MAX_VALUE	Long.MIN_VALUE

浮点数在操作过程中不会因溢出而导致异常处理，如果下溢，则结果为 0.0；如果上溢，结果为正或负无穷大。表 2-4 列出 Java 简单数据类型包装类中提供的几个表示最大、最小值的实型常量以及其他几个溢出的实型特殊符号常量。

表 2-4 Java 特殊实型常量

	单精度型	双精度型
最大值	Float.MAX_VALUE	Double.MAX_VALUE
最小值	Float.MIN_VALUE	Double.MIN_VALUE
正无穷大	Float.POSITIVE_INFINTY	Double.POSITIVE_INFINTY
负无穷大	Float.NEGATIVE_INFINTY	Double.NEGATIVE_INFINTY
0/0 不定型	Float.NaN	Double.NaN

2.3 变量

2.3.1 变量概述

变量是程序中的基本存储单元，与常量类似，变量也可分为多种类型。

1. 整型变量

Java 中可使用的整型变量有四种类型，它们分别是：byte、short、int 和 long。各种整型变量所占内存的位数及其表示范围如表 2-5 所示。

表 2-5 整型变量所占内存的位数及取值范围

变量类型	所占内存位数	取值范围
byte	8	$-2^7 \sim 2^7-1$
short	16	$-2^{15} \sim 2^{15}-1$
int	32	$-2^{31} \sim 2^{31}-1$
long	64	$-2^{63} \sim 2^{63}-1$

对于 Java 的整型变量来说，int 类型是最常用的一种数据类型，它所表示的数据范围足够大而且适合于 32 位、64 位处理器，一旦计算过程超出了 int 类型所表示的范围，便应使用 long 类型。

由于不同的机器对于多字节数据的存储方式各不相同，有些可能从低字节向高字节存储，有些则可能从高字节向低字节存储，所以在进行网络协议或文件格式分析这样的工作时，为了解决不同机器上的字节顺序存储问题，用 byte 类型来表示数据是合适的。但若是用于计算，由于其表示的数据范围很小，则容易造成溢出。

由于 short 类型限制数据的存储为先高字节后低字节，因此在某些机器上会引起出错，故很少使用。Java 不提供任何无符号整数类型。

2. 实型变量

实型变量类型有 float 和 double 两种，各种实型变量所占内存的位数及其表示范围如表 2-6 所示。

表 2-6 实型变量所占内存的位数及取值范围

变量类型	所占内存位数	取值范围
float	32	$-3.4e+38 \sim 3.4e+38$
double	64	$-1.7e+308 \sim 1.7e+308$

使用实型变量进行运算时，双精度类型（double）比单精度类型（float）具有更高的精度和更大的表示范围，因而被经常使用。但在运算精度要求不太高的情况下，使用 float 类型则有速度快、占用存储空间小的优点，因此也是值得考虑的。

3. 字符变量

字符变量的类型为 char，它在内存中占 16 位，其取值范围为 0 ～ 65 535。

Java 中的字符数据集属于 Unicode 字符集，是 16 位无符号型数据，例如 0x0061 表示字符 'a'，也就是十进制数 97。

4. 布尔型变量

Java 的布尔型变量的取值范围只有两个值：false（假）和 true（真），在内存中占 1 位。

布尔型变量又称为逻辑型变量，一般用于逻辑测试，在程序流程控制中的使用率相当高。

2.3.2 变量的定义及赋值

Java 程序是用变量名来引用变量数值的。因此对 Java 的变量名的命名方式进行规范相当重要。

Java 规定：变量在使用之前，必须先定义（也称为声明），变量定义形式如下：

type < 变量名 > [=< 变量初值 >][,< 变量名 >[=< 变量初值 >]];

其中 type 为变量数据类型名。多个同类型变量可以同时定义，中间用逗号分隔。

变量名定义约定：变量名以小写字母开头（而类名是以大写字母开头的），如果变量名包含了多个单词，除了第一个单词以外，后面每个单词的第一个字母大写，如 isVisible。而下划线（_）可以处于变量的任何地方，但是一般它只用在标识符常量中分离单词。总之，变量名不宜太简单，但也不宜过长。

变量一旦经过定义，便可进行赋值，变量的赋值方式一般有两种：

1）在定义的同时进行赋值，如定义式。
2）在接下去的程序体中进行赋值。

变量赋值的形式如下：

< 变量名 > = < 变量值 > ;

下面例题描述了变量的定义及赋值方式。

例 2.3.1　变量的定义示例。

```
class DefiMyVar{
  public static void main(String[] args){
    int i=100;                          //定义整型变量并赋值
    System.out.println(i*i);
    long l=i;                           //定义长整型变量并赋值
    System.out.println(l);
    float f=9988f;                      //定义单精度型变量并赋值
    System.out.println(f);
    double d=56.77d;                    //定义双精度型变量并赋值
    System.out.println(d);
    char c='m';                         //定义字符型变量并赋值
    System.out.println(c);
    boolean t=false;                    //定义布尔型变量并赋值
    System.out.println(t);
  }
}
```

此程序运行结果如图 2-2 所示。

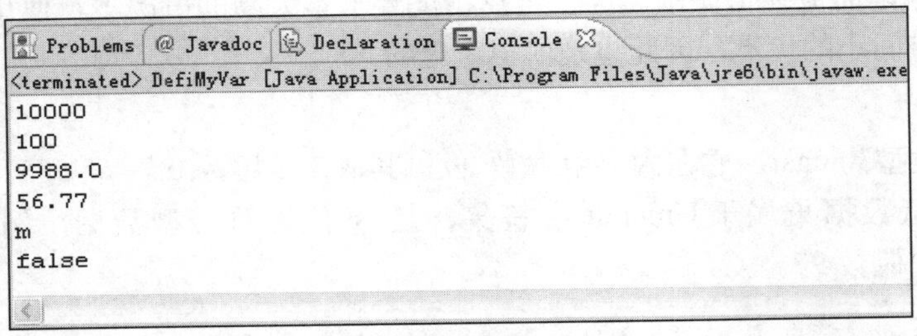

```
10000
100
9988.0
56.77
m
false
```

图 2-2　例 2.3.1 运行结果

2.3.3　变量的作用域

变量的定义不但包括变量名和变量类型，同时还包括它的作用域，变量的作用域指明可以访问该变量的程序代码的范围。按作用域来分，变量可分为以下几种：局部变量、成员变量、方法参数和异常处理参数。

局部变量定义在方法中或方法内的一个代码块中，其作用域为它所在的代码块。局部变量必须初始化。

例如，在方法中定义变量：

```
public  void  ittee (){
    int   a=0 ;
    …
}
```

变量 a 的作用域为界定方法体的两个大括号 {} 之间的区域。

在方法内的一个代码块中定义变量：

```
public  void  ittee (){
  int   a=0 ;
  for (int   i=0 ; i<10 ; i++)
   {    …    }
    …
}
```

变量 i 的作用域为 for 循环所确定的两个大括号 {}（加波浪线部分）之间的区域。

成员变量定义在类里面，而不在类里面的某个方法中，其作用域为整个类。关于类成员变量的概念将在第 4 章向大家做进一步介绍。

方法参数用于将方法外的数据传递给方法，其作用域就是方法的方法体。关于方法参数的概念将在第 3 章向大家做进一步介绍。

异常处理参数将数据传递给异常处理代码，其作用域是异常处理部分。关于异常处理参数的概念将在第 6 章向大家做进一步介绍。

2.3.4　变量的默认值

我们在定义有些类型变量时若不赋予变量初值，Java 会给予变量一个默认值。表 2-7 列出了各种不同数据类型的默认值。

表 2-7 Java 基本数据类型的默认值

数据类型	默认值	数据类型	默认值
byte	0	float	0.0f
short	0	double	0.0d
int	0	char	\u0000
long	0L	boolean	false

Java 对基本数据类型变量赋予默认值的工作方式确实为程序员编写程序带来不少的便利，但是如果过于依赖系统给予变量的初值，反而不容易检测到是否已经给予变量应有的值，这个问题需要引起大家注意。同时还应注意：Java 对基本数据类型变量赋予默认值不适用于局部变量，局部变量必须自行赋初值。

2.4 运算符与表达式

Java 语言有着相当广泛的运算功能。所谓运算，就是通过某些运算符将一个或多个运算对象连接起来，组成一个符合 Java 语法的式子，这个式子被称为表达式，系统经过对表达式的处理，产生一定的结果。其中，运算对象必须属于某种确定的数据类型。对大多数的运算符来说，运算符的前后都需要有运算对象，这种运算符称为二元运算符。但也有些运算符，它的运算对象只有一个，例如，对一个数进行取负值（-）的运算，这种运算符便称为一元运算符。Java 的运算符主要有以下几类：赋值运算符、算术运算符、关系运算符、逻辑运算符、复合赋值运算符等。下面分别做介绍。

2.4.1 赋值运算符与赋值表达式

当需要为各种不同的变量赋值时，就必须使用赋值运算符"="，这里的"="不是"等于"的意思，而是"赋值"的意思，例如：

```
a1=3;
```

这个语句的作用是将整数 3 赋值给变量 a1，使变量 a1 此时拥有值为 3。再看下面的语句：

```
a1=a1+1;
```

大家知道，这种表示方法在数学上是行不通的，但作为赋值语句，在以后的程序设计中是会经常用到的。这个语句的功能是：把 a1 加 1 后的结果再赋值给变量 a1 存放，若执行此语句前 a1 的值为 3，则本语句执行后，a1 的值将变为 4。

有时我们经常使用这样的语句：

```
j = i =3;
```

对于这种语句，系统的处理方式是：首先将整数 3 赋值给变量 i，然后将（i=3）这部分内容转换成赋值表达式，这个表达式的值（运算结果）也是 3，最后再将表达式（i=3）的值赋值给 j，因此，此时变量 j 的值为 3。

2.4.2 算术运算符与算术表达式

算术运算符大多用于数学运算，如表 2-8 所示。

表 2-8　算术运算符

对象数	名称	运算符	运算规则	运算对象	表达式实例	运行结果
一元	正	+	取原值	整型（或）实型	+3	+3
	负	−	取负值		−4	−4
二元	加	+	加法		4+5	9
	减	−	减法		8−5	3
	乘	*	乘法		4*9	36
	除	/	除法		7.0 / 2	3.5
	模	%	整除取余	整型	8 % 3	2

例 2.4.1　算术运算符在程序中的使用。

```
public class MathOperator{
    public static void main(String args[]){
        int a=13;                                    // 声明 int 变量 a, 并赋值为 13
        int b=4;                                     // 声明 int 变量 b, 并赋值为 4
        System.out.println("a="+a+",b="+b);          // 输出 a 与 b 的值
        System.out.println("a+b="+(a+b));            // 输出 a+b 的值
        System.out.println("a-b="+(a-b));            // 输出 a-b 的值
        System.out.println("a*b="+(a*b));            // 输出 a*b 的值
        System.out.println("a/b="+(a/b));            // 输出 a/b 的值
        System.out.println("a/b="+((float)a/b));     // 输出 (float)a/b 的实型数值
        System.out.println(a+"%"+b+"="+(a%b));       // 输出 a%b 的值
        System.out.println(b+"%"+a+"="+(b%a));       // 输出 b%a 的值
    }
}
```

本程序的运行结果如图 2-3 所示。

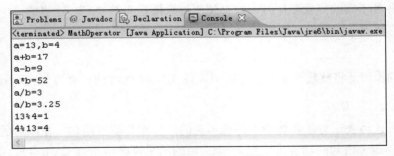

图 2-3　例 2.4.1 运行结果

如果要进行加 1 或者减 1 的运算，可以使用一种快捷运算符，又称为递增和递减运算符："++"和"−−"。

前面已经说过：如果在程序中定义了变量 i，在程序运行时想让它的值增 1，可使用语句：

`i = i + 1;`

也可以使用下面的语句：

`i++;`

这两句语句的意义是相同的。

递增运算符是一元运算符，它可以放在运算对象的后面（i++），也可以放在运算对象的前

面（++i）。必须注意的是，这两者所代表的意义是不一样的，i++ 的执行原则是先引用，后增 1。递增（递减）运算符运算和执行原则如表 2-9 所示。

表 2-9　递增（递减）运算符

对象数	名称	运算符	运算规则	运算对象
一元	增 1（前置）	++	先加 1，后使用	整型、字符型
	增 1（后置）	++	先使用，后加 1	
	减 1（前置）	--	先减 1，后使用	
	减 1（后置）	--	先使用，后减 1	

例如，对如下的语句块：

```
int i=3;
System.out.println(i++);
System.out.println(i);
```

此时的输出结果如图 2-4 所示。

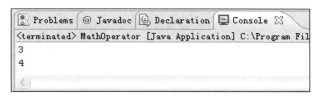

图 2-4　i++ 运行结果

先输出 i 的值为 3，待第一次输出结束后，i 才增值为 4。

++i 的执行原则则相反：是先增 1，后引用。如对如下的语句块：

```
int i=3;
System.out.println(++i);
System.out.println(i);
```

此时的输出结果如图 2-5 所示，i 先增值为 4，然后再输出一次结果，i 的值为 4。

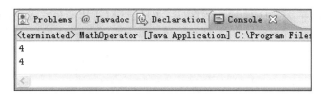

图 2-5　++i 运行结果

2.4.3　关系运算符与关系表达式

关系运算实际上是"比较运算"，将两个值进行比较，判断比较的结果是否符合给定的条件，Java 的关系运算符都是二元运算符，由 Java 关系运算符组成的关系表达式的计算结果为布尔类型（即逻辑型），具体的关系运算符及执行原则如表 2-10 所示。

在 Java 中，任何数据类型的数据（包括基本数据类型和复合数据类型）都可以通过"＝＝"与"！＝"来比较表达式的结果是否成立。

表 2-10　关系运算符

名称	运算符	运算规则	运算对象	表达式实例	运行结果
小于	<	满足则为真，不满足则为假	整型（或）实型（或）字符型等	2<3	true
小于或等于	<=			6<=6	true
大于	>			'a'>'b'	false
大于或等于	>=			7.8>=5.6	true
等于	==			9==9	true
不等于	!=			8!=8	false

关系运算符经常与逻辑运算符一起使用，作为程序流控制语句的判断条件。

2.4.4　逻辑运算符与逻辑表达式

逻辑运算符经常用来连接关系表达式，对关系表达式的值进行逻辑运算，因此逻辑运算符的运算对象必须是逻辑型数据，其逻辑表达式的运行结果也是逻辑型数据。Java 的逻辑运算符有三种，具体表示与运算规则如表 2-11 与表 2-12 所示。

表 2-11　逻辑运算符使用说明

对象数	名称	运算符	运算规则	运算对象
一元	逻辑非	!	参看表 2-12	逻辑型
二元	逻辑与	&&		
	逻辑或	||		

表 2-12　逻辑运算符运算规则

对象1（a）	对象2（b）	!a	a&&b	a||b
false	false	true	false	false
false	true	true	false	true
true	false	false	false	true
true	true	false	true	true

逻辑表达式往往用于表示比较复杂的条件，例如要判别某一年（year）是否是闰年，闰年的判别条件是：能被 4 整除但不能被 100 整除，或者能被 400 整除。

可以用一个逻辑表达式来表示：

`(year % 4==0 && year % 100 !=0) || year % 400 == 0`

当 year 为某一整数值时，上述表达式值为 true，则 year 年为闰年，否则为非闰年。

例 2.4.2　关系运算符与逻辑运算符在程序中的使用。

```
public class Cloperation{
    public  static void main(String args[]){
        int a=58;
        Boolean k=((a>0) && (a<100));
        System.out.println(k);
    }
}
```

根据关系运算符与逻辑运算符的运算规则，本程序的运行结果为 true。

在 Java 中，运算符 && 和 || 的运算规则遵循一种在电工学中称为"短路"的执行方式，即在逻辑表达式的求解中，并不是所有的逻辑运算符都被执行，只是在必须执行下一个逻辑运算符才能求出表达式的结果时，才执行该运算符。例如：

1）a&&b&&c：如果 a 非真，则不再判别 b 和 c，直接输出表达式的值为 false；若 a 为真，则判别 b，若 b 非真，则不再判别 c，直接输出表达式的值为 false；当 a、b 同时为真时，才判别 c 的真假。

2）a||b||c：如果 a 为真，则不再判别 b 和 c，直接输出表达式的值为 true；若 a 非真，则判别 b，若 b 为真，则不再判别 c，直接输出表达式的值为 true；当 a、b 同时非真时，才判别 c 的真假。

2.4.5 复合赋值运算符

复合赋值运算符是一种将算术运算符与赋值运算符相结合的运算符，这些运算符的说明及使用方式如表 2-13 所示。

表 2-13　复合赋值运算符

运算符	用法举例	说明	意义
+=	a+=b	a+b 的值存放到 a 中	a=a+b
-=	a-=b	a-b 的值存放到 a 中	a=a-b
*=	a*=b	a*b 的值存放到 a 中	a=a*b
/=	a/=b	a/b 的值存放到 a 中	a=a/b
%=	a%=b	a%b 的值存放到 a 中	a=a%b

例 2.4.3　复合赋值运算符在程序中的简单使用。

```java
public class CompOperating{
    public static void main(String args[]) {
        int a=5,b=8;
        System.out.println("Before calculate:   a="+a+", b="+b);
        a+=b;                                                            // 计算 a+=b 的值
        System.out.println("After += calculate:  a="+a+", b="+b);
        a-=b;                                                            // 计算 a-=b 的值
        System.out.println("After -= calculate:  a="+a+", b="+b);
        a*=b;                                                            // 计算 a*=b 的值
        System.out.println("After *= calculate:  a="+a+", b="+b);
        a/=b;                                                            // 计算 a/=b 的值
        System.out.println("After /= calculate:  a="+a+", b="+b);
    }
}
```

程序的运行结果如图 2-6 所示。

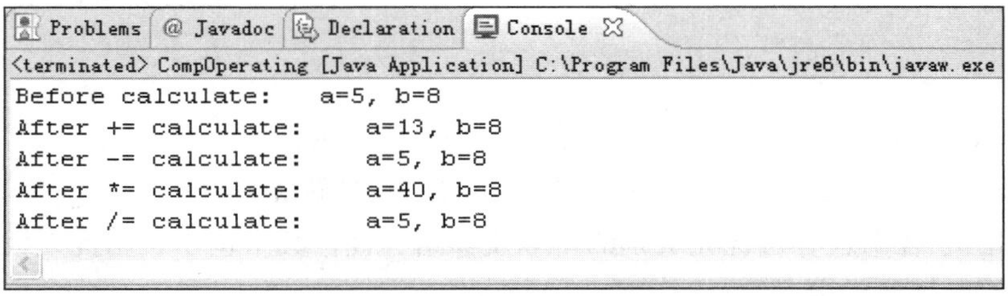

```
Before calculate:    a=5, b=8
After += calculate:  a=13, b=8
After -= calculate:  a=5, b=8
After *= calculate:  a=40, b=8
After /= calculate:  a=5, b=8
```

图 2-6　例 2.4.3 运行结果

2.4.6 其他运算符

1. 位运算符

位运算符用来对二进制位进行操作，其具体说明如表 2-14 所示。

表 2-14　Java 的位运算符

运算符	说明	用法举例
&	转换为二进制数进行与运算	1&1=1，1&0=0，0&1=0，0&0=0
|	转换为二进制数进行或运算	1|1=1，1|0=1，0|1=1，0|0=0
^	转换为二进制数进行异或运算	1^1=0，1^0=1，0^1=1，0^0=0
~	进行数值的相反数减 1 运算	~100=–100–1=–101
>>	向右移位	15>>1=7
<<	向左移位	15<<1=30

说明：对于位移运算符">>"与"<<"，假设现有数 15，其二进制值为 1111，向右移动后形式为 0111，故转换为十进制数为 7；向左移动后形式为 11110，故转换为十进制数为 30。它们被称为算术位移运算符。

2. 条件运算符

条件运算符是三元运算符，其使用的语法形式为：

```
<表达式> ? e1 : e2
```

其中表达式值的类型为逻辑型，若表达式的值为真，则返回 e1 的值；若表达式的值为非真，则返回 e2 的值。

设有下列代码语句：

```
int a = 3 , b = 6 , c ;
c = (a>b) ? 1 : 2 ;
```

则执行后 c 的值为 2。

2.4.7 运算符的优先级与结合性

Java 语言规定了运算符的优先级与结合性。优先级是指同一表达式中多个运算符被执行的次序，在表达式求值时，先按运算符的优先级别由高到低的次序执行，例如，算术运算符中采用"先乘除后加减"。如果一个运算对象两侧的运算符优先级别相同，则按规定的"结合方向"处理，称为运算符的"结合性"。Java 规定了各种运算符的结合性，如算术运算符的结合方向为"自左至右"，即先左后右。Java 中也有一些运算符的结合性是"自右至左"的。

例如，当"a=3；b=4"时：

1）若 k = a – 5 + b，则 k = 2（先计算 a–5，再计算 –2+b）。

2）若 k = a += b –= 2，则 k = 5（先计算 b –= 2，再计算 a += 2）。

表 2-15 列出了各个运算符优先级别的排列及其结合性，数字越小表示优先级别越高，初学者在使用运算符时请经常参考。

表 2-15 运算符的优先级与结合性

优先级	运算符	类	结合性
1	( )	括号运算符	自左至右
1	[ ]	方括号运算符	自左至右
2	!、+（正号）、-（负号）	一元运算符	自右至左
2	~	位运算符	自右至左
2	++、--	递增、递减运算符	自右至左
3	*、/、%	算术运算符	自左至右
4	+、-	算术运算符	自左至右
5	<<、>>	位左移、右移运算符	自左至右
6	>、>=、<、<=	关系运算符	自左至右
7	==、!=	关系运算符	自左至右
8	&	位运算符	自左至右
9	^	位运算符	自左至右
10	|	位运算符	自左至右
11	&&	逻辑运算符	自左至右
12	||	逻辑运算符	自左至右
13	?:	条件运算符	自右至左
14	=、+=、-=、*=、/=、%=	（复合）赋值运算符	自右至左

2.5 数据类型的转换

Java 中变量的数据类型在变量定义时就已确定，因此不能随意地转换成其他的数据类型，但 Java 允许它的用户有限度地进行数据类型转换处理。转换的方式可分为"自动类型转换"和"强制类型转换"两种。

整型、实型和字符型数据进行混合运算时，首先需要把不同类型的数据转化为同一类型，然后才能进行运算。转换时，系统将按照数据类型的表示范围由小到大的转换原则自动进行。数据类型的表示范围由小到大的顺序依次为：

小 ──────────────────────────────→ 大
byte ⟶ short ⟶ char ⟶ int ⟶ long ⟶ float ⟶ double

例 2.5.1 自动类型转换示例。

```
class TyChange{
  public static void main(String args[]){
    int    i=100;
    char   c1='a';
    byte   b=3;
    long   l=567L;
    float  f=1.89f;
    double d=2.1;
    int i1=i+c1;              //char 类型的变量 c1 自动转换为与 i 一致的 int 类型参加运算
    long l1=l-i1;             //int 类型的变量 i1 自动转换为与 l 一致的 long 类型参加运算
    float f1=b*f;             //byte 类型的变量 b 自动转换为与 f 一致的 float 类型参加运算
    double d1=d+f1/i1;        /*int 类型的变量 i1 自动转换为与 f1 一致的 float 类型，f1/i1 计
                                算结果为 float 类型，然后再转换为与 d 一致的 double 类型 */
    System.out.println("i1="+i1);
    System.out.println("l1="+l1);
```

```
    System.out.println("f1="+f1);
    System.out.println("d1="+d1);
  }
}
```

程序运行结果如图 2-7 所示。

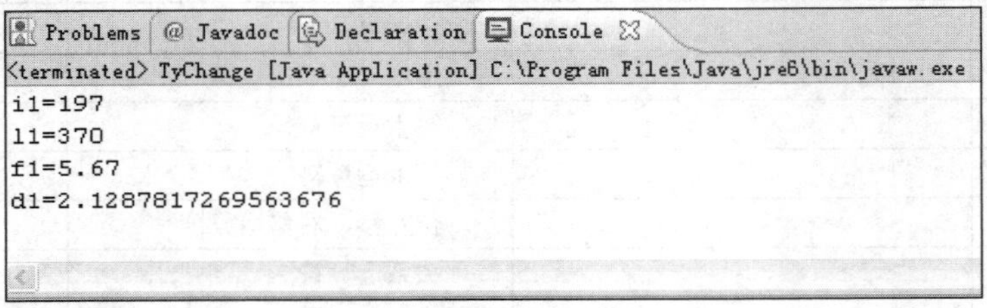

```
Problems  @ Javadoc  Declaration  Console
<terminated> TyChange [Java Application] C:\Program Files\Java\jre6\bin\javaw.exe
i1=197
l1=370
f1=5.67
d1=2.1287817269563676
```

图 2-7 例 2.5.1 运行结果

现在要请大家注意的是上述程序的第 6 行与第 7 行的两句赋值语句：long l=567L 和 float f=1.89f，在这两句语句的最后各加了一个数据类型符 L 和 f，为什么要加这两个符号呢？这是为了"告诉"编译器将该常数按程序员指定的数据类型（该两处分别为长整型与单精度型）进行处理，因为编译系统在处理类似"576"和"1.89"这样的"直接常数"时，有其默认的处理规则：对于整数一律按 int 类型处理；对于浮点数一律按 double 类型处理。对于第 6 行的语句，若是后面不加 L，编译器会将 576 按 int 类型处理，由于 576 属于 int 类型的处理范围，因而处理完毕后赋值给长整型变量 l，int 类型的数据到 long 类型的数据，系统可以进行自动转换，因此不会出错；但第 7 行的语句若是不加 f 的话，编译器就会将数据 1.89 按 double 类型处理，double 类型的数据要赋值给 float 类型的变量，系统不能进行自动转换，因此就会出现编译错误。

在程序设计过程中，如果在一个程序里使用了"直接常量"，编译器可以准确地知道要生成什么样的类型，一旦发生类型不匹配的情况，必须对编译器加以适当的"指导"，通过与直接常量搭配某些字符来增加一些信息，以保证编译正常通过，大家在编程时，也应对这一点加以注意。

表示范围大的数据类型要转换成表示范围小的数据类型，需要用到强制类型转换，强制类型转换的语法形式为：

(type) <变量名>

例如：

```
int   m=3 ;
byte  b = ( byte ) m ;    // 把 int 型变量 m 强制转换为 byte 型
```

这种转换方式可能会导致溢出或精度的下降，因此很少被使用。

有时当两个整数相除时，系统会把这种运算归为整数类型的运算，因而会自动截去小数部分，使运算结果保持为整数。这显然不是预期的结果，因此想要得到运算结果为实型数，就必须将两个整数中的一个（或两个）强制转换为实型，此时下面的三种写法均可行：

1）（float）a / b：将整数 a 强制转换成实型数，再与整数 b 相除。
2）a /（float）b：将整数 b 强制转换成实型数，再被整数 a 相除。
3）（float）a /（float）b：将整数 a 与 b 同时强制转换成实型数。

只要在变量前面加上欲转换的类型，运行时系统就会自动将这一行语句里的变量进行类型

Java 程序设计的基本概念

转换处理，但不会影响该变量原先定义的类型。请看下面的例题。

例 2.5.2 数据类型的强制转换。

```java
public class ChangeTest{
 public static void main(String args[]){
    int a=155;
    int b=9;
    float c,d;
    System.out.println("a="+a+",b="+b);      // 输出 a、b 的值
    c=(float)a/b;                            // 将 a 除以 b 的结果放在 c 中
    System.out.println("a/b="+c);            // 输出 c 的值
    d=a/b;                                   // 将 a 除以 b 的结果放在 d 中
    System.out.println("a/b="+d);            // 输出 d 的值
 }
}
```

程序运行结果如图 2-8 所示。

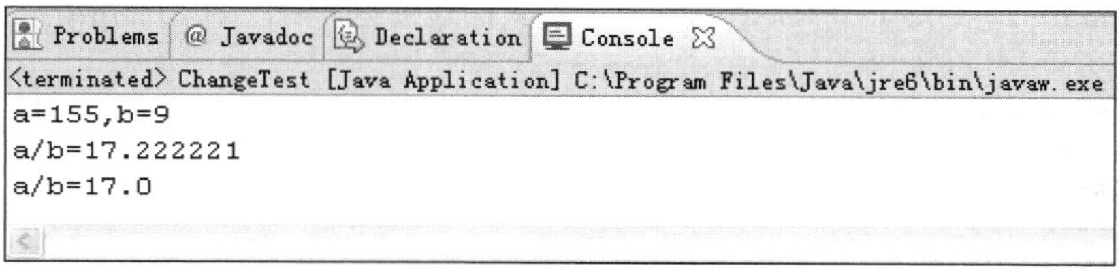

```
Problems  @ Javadoc  Declaration  Console
<terminated> ChangeTest [Java Application] C:\Program Files\Java\jre6\bin\javaw.exe
a=155,b=9
a/b=17.222221
a/b=17.0
```

图 2-8　例 2.5.2 运行结果

从上面的程序可以看到：将整型变量 a 强制转换成实型数据后除以 b 得到实型数据结果，而当第二次再用它除以 b 时，由于变量名前不再有强制转换符，故而系统仍旧作为整型数据处理，尽管赋值的变量 d 是实型的，但已是经过整型数据运算以后得到的结果。

2.6　本章概要

1. Java 的两大类数据类型及有关的取值范围。
2. 不同数据类型的常量和变量的定义与使用方式。
3. Java 的主要关键字和自定义标识符的命名规则。
4. 运算符与表达式的使用。
5. 不同类型数据的转换规则。

2.7　思考练习

一、思考题

1. Java 的数据类型中包含哪些基本数据类型，哪些复合数据类型？
2. Java 标识符的命名有什么规定？
3. 如何正确地定义变量？
4. 如何正确地为变量赋初值？
5. Java 的运算符大致分为哪些类型，其运算优先级别如何？
6. 当 Java 程序的表达式中有类型不符合的情况时，有哪些规则可以处理类型转换？

二、填空题

1. 定义初值为 10^{10} 的长整型变量 var 的语句是 ＿＿＿＿＿＿＿＿＿＿＿＿。

2. Java 的复合数据类型有_____种。
3. 在 Java 语言中，逻辑常量值除了 true 之外，另一个是_____。
4. 表达式 15+4*5–12 的运算结果是_____。
5. 表达式 (18–4)/7+6 的运算结果是_____。
6. 表达式 2>=5 的运算结果是_____。
7. 表达式 6<=6 的运算结果是_____。
8. 表达式 5>2 && 8<8 &&23<36 的运算结果是_____。
9. 表达式 56/9+3.6 的运算结果是_____。
10. 表达式 48%9+5*5 – 4 的运算结果是_____。
11. 表达式 9 – 7<0 || 11>8 的运算结果是_____。
12. 表达式 (3>2) ? 8 : 9 的运算结果是_____。
13. 表达式 9= =8 && 3<7 的运算结果是_____。
14. 假设 int m=2，float n=0.1f，经过下列表达式的连续运算后，m、n 的值为_____。

    m=9/8;
    m=45%8+4*5-4;
    m=36+36*2%m--;
    m*=5/m-1;
    n-=5*3.1;

15. 设 x、y、max、min 均为 int 型变量，x、y 已赋值。用三元条件运算符将 x 和 y 的较大值赋给变量 max、较小值赋给变量 min 的语句分别是_____和_____。
16. 当整型变量 n 的值不能被 7 除尽时，其值为 false 的 Java 语言表达式是_____。
17. 执行以下程序段后，x = _____，y =_____。

    int x = 5, y=5;
    y = ++x * --y;

第 3 章　Java 的结构化程序设计

结构化程序设计有三种基本程序流程结构：顺序（sequence）结构、选择（selection）结构和循环（loop）结构。若是在程序中没有给出特别的执行目标，系统默认自上而下一行一行地执行该程序，这类程序的结构就称为顺序结构。到目前为止，我们所编写的程序都是属于顺序结构的。但是事物的发展往往不会遵循早就设想好的轨迹进行，因此，所设计的程序还需要具有在不同的条件下处理不同问题，以及当需要进行一些相同的重复操作时省时省力地解决问题的能力。在本章中，我们将通过学习 Java 程序的基本流程结构，使我们编写出的程序具有这样的能力。

3.1　顺序结构及基本语句

顺序结构在我们所设计的程序中是最常使用到的结构流程，因为确实有很多程序基本上都是依照这种自上而下的流程来设计的。这种结构的流程图如图 3-1 所示。

顺序结构程序的执行过程是语言处理系统默认的、自然而然由上而下的执行过程，组成顺序结构的语句一般比较简单，但在程序设计的过程中往往是不可或缺的。除了大家已经十分熟悉的输出语句之外，我们还要向大家介绍两个经常使用的基本语句以及其他一些概念。

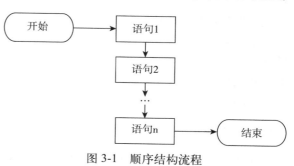

图 3-1　顺序结构流程

3.1.1　赋值语句

在第 2 章已经向大家介绍过了赋值语句，但我们认为在此还是有必要再详细介绍一下。赋值语句是程序设计语言中最简单的、被使用最多的甚至可以说是很富有艺术性的语句。在程序设计的过程中，赋值语句的使用是否妥当，往往能够部分反映一个程序员的编程功力。

赋值使用等号操作符 "="，它的意思是 "取得等号右边的值，把它复制给左边的变量"。右值可以是任何常数、已经有值的变量或者表达式。但左值必须是一个明确的、已声明的变量。也就是说，它必须有一个物理空间以存储等号右边的值。举例来说，将一个常数赋给一个变量：

```
a=2 ;
```

但是不能把任何内容赋给一个常数，即：

```
2=a ;
```

当将一个基本数据类型变量赋值给另一个同数据类型变量时，其意义是直接将一个存储空间的内容复制到了另一个存储空间。例如，对基本数据类型使用 a=b，那么 b 的内容就复制给 a。若接着修改了 a，那么 b 不会受影响。

例 3.1.1 赋值语句示例。

```
public class Exchange{
    public static void main(String args[]){
        int a,b,t;
        a=2;
        b=3;
        System.out.println("a="+a+"    "+"b="+b);
        t=a;
        a=b;
        b=t;
        System.out.print("a="+a+"    "+"b="+b);
    }
}
```

程序运行结果如图 3-2 所示。

这是一个将两个变量的值进行交换的程序，该程序的第 4、5 行完成对变量 a、b 赋初值的操作，第 7、8、9 行完成对变量 a、b 进行数据交换的操作。数据交换的原理是：先把变量 a 的值送到变量 t 中存放（第 7 行语句），再用变量 b 的值取代变量 a 的值（第 8 行语句），再以变量 a 的值（即现存放在 t 中的值）取代变量 b 的值（第 9 行语句）。三个赋值语句完成了变量数据交换的操作。其中 t 作为临时存放数据

图 3-2　例 3.1.1 运行结果

的变量，这样的技术手段在以后的程序设计中经常可以看到。当然在本程序中，不采用设置临时存放数据的变量的方法也可以达到数据交换的目的，如何进行程序设计，请各位读者自己动一下脑筋。

3.1.2　输入语句

在程序运行过程中，通过用户从键盘输入数据，既是程序本身的需要，又可以增加程序与用户之间的交流互动，使程序具有较高的灵活性。因此在这里要向大家介绍，如何设计让用户在程序运行时利用键盘输入数据的程序。但由于采用这样的方法只是针对于运行 Java Application，故真正程序中的使用并不多，毕竟大多数程序是运行在 Web 浏览器或专门的用户界面环境下，而这种运行环境有专门的用户输入方式。

在 Java 中提供用户键盘输入环境的程序由以下（黑体字部分）语句固定组合而成：

```
import java.io.*;
public class <类名>{
    public static void main(String args[]) throws IOException{
                               //该语句黑体部分的内容将在第 6 章中向大家做详细介绍

        BufferedReader buf;     //定义 buf 为 BufferedReader 类的对象变量
        String str;             //定义 str 为 String 类型的变量
        ...
        buf=new BufferedReader(new InputStreamReader(System.in)); //初始化 buf 对象
        str=buf.readLine();     //输入字符串至变量 str 存放
        ...
    }
}
```

在第 1 章中已向大家介绍过：Java 的类库中提供了很多供程序员编程时使用的类，BufferedReader 类便是其中之一，它与 InputStreamReader 类一起被封装于类库的 java.io 包中，因

此在使用这个类时需要在程序的开始部分使用 import 语句装载该类所在的包，在程序块中通过创建 BufferedReader 类对象，然后由该对象调用 BufferedReader 的 readLine() 方法完成接收用户输入数据的功能。

例 3.1.2　从键盘接收用户输入的字符串并输出该字符串。

```
import java.io.*;                                // 装载java.io类库里的所有类
public class InputStr{
    public static void main(String args[]) throws IOException{
        BufferedReader buf;
        String str;
        buf=new BufferedReader(new InputStreamReader(System.in));
        System.out.print("Input a string:");
        str=buf.readLine();                      // 将输入的文字指定给字符串变量str存放
        System.out.println("string="+str);       // 输出字符串
    }
}
```

程序的运行结果如图 3-3 所示。

应该注意的是：Java 把从键盘输入的数据一律看做是字符串，因此若要从键盘输入并让系统认可是数值型数据，必须经过转换。

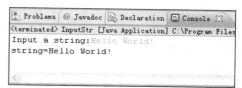

图 3-3　例 3.1.2 运行结果

例 3.1.3　由键盘输入整数示例。

```
import java.io.*;
public class InputNum{
    public static void main(String args[]) throws IOException{
        int num;
        String str;
        BufferedReader buf;
        buf=new BufferedReader(new InputStreamReader(System.in));
        System.out.print("Input an integer:");
        str=buf.readLine();                      // 将输入的文字指定给字符串变量str存放
        num=Integer.parseInt(str);               // 将str转成int类型后指定给num存放
        System.out.println("The integer is "+num);
    }
}
```

程序的运行结果如图 3-4 所示。

程序中 num=Integer.parseInt(str) 语句便是起到数据转换作用的语句，将字符串转换为 int 型的数值。若是想转换成其他类型的数值，则可利用表 3-1 中的方法。

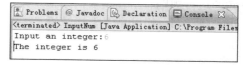

图 3-4　例 3.1.3 运行结果

表 3-1　字符串转换数值类型的方法

数据类型	转换的方法	数据类型	转换的方法
long	Long.parseLong()	byte	Byte.parseByte()
int	Integer.parseInt()	double	Double.parseDouble()
short	Short.parseShort()	float	Float.parseFloat()

3.2　选择结构语句

在学习、工作及日常生活中，常常要根据不同的现有条件来决定用什么方法（或手段）解决问题。假如某超市正在进行促销活动，规定凡购物总额达到 1000 元以上的顾客可享受九折优惠，在结账处就可以用这样的程序段解决问题：

```
if (sumcash>1000)              // sumcash 为应付款数
    sumcash= sumcash*0.9;
System.out.println("您应付款："+ sumcash+"元。");
```

这就是我们即将要向大家详细介绍的选择结构语句的设计与使用。

选择结构是根据假设的条件成立与否，来决定执行什么样语句的结构，它的作用是让程序更具有智能性。

3.2.1　if 语句

if 语句是最简单的选择结构语句，格式如下：

```
if (< 表达式 >) {
    语句块
}
```

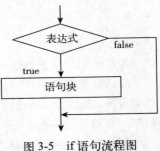

图 3-5　if 语句流程图

其中表达式的设置是很重要的，它返回逻辑（布尔）值，如果值为 true 则进入花括号部分的语句块处理；否则跳过该部分，执行下面的语句。如果 { 语句块 } 中只有一句语句，则左右花括号可以不写。if 语句又称为单分支结构语句，它的执行流程如图 3-5 所示。

例 3.2.1　使用 if 语句判别两数是否相等。

```
public class IfTest{
    public static void main(String args[]){
        int a=3;
        int b=3;
        if (a==b)
        System.out.println("a equals b ");
    }
}
```

程序运行结果如图 3-6 所示。

如果程序中变量 b 的赋值为 2，则根据 if 语句的运行规则将不输出任何结果。注意：该程序中表达式 (a==b) 中的关系运算符 "==" 不可以写成 "="。

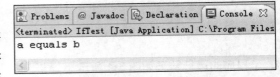

图 3-6　例 3.2.1 运行结果

例 3.2.2　if 语句的重复使用：从键盘输入三个数，将其按从小到大的顺序输出。

```
import java.io.*;
public class CompIf{
    public static void main(String args[]) throws IOException{
        int a,b,c,t;
        String str;
        BufferedReader buf;
        buf=new BufferedReader(new InputStreamReader(System.in));
        System.out.print("Input first number: ");
        str=buf.readLine();
        a=Integer.parseInt(str);
        System.out.print("Input second number: ");
        str=buf.readLine();
        b=Integer.parseInt(str);
        System.out.print("Input third number: ");
        str=buf.readLine();
```

```
        c=Integer.parseInt(str);
        if (a>b)
            {t=a;a=b;b=t;}
        if (a>c)
            {t=a;a=c;c=t;}
        if (b>c)
            {t=b;b=c;c=t;}            // 交换两个变量的值
        System.out.print(a+",");
        System.out.print(b+",");
        System.out.print(c);
    }
}
```

程序运行结果如图 3-7 所示。

3.2.2 if-else 语句

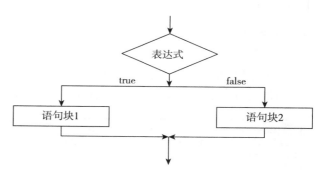

图 3-7　例 3.2.2 运行结果

if-else 语句的操作比 if 语句多了一步：如果表达式的值为假，则程序进入 else 部分的语句块（语句块 2）处理。故它又被称为双分支结构语句。

if-else 语句语法格式为：

```
if (< 表达式 >) {
    语句块 1
}
else{
    语句块 2
}
```

if-else 语句的执行流程如图 3-8 所示。

例 3.2.3　通过键盘输入两个整数，用 if-else 结构判别这两个数是否相等，并分别输出不同信息。

图 3-8　if-else 语句流程图

```
import java.io.*;
public class IfElseTest{
    public static void main(String args[]) throws IOException{
        int a,b;
        String str;
        BufferedReader buf;
        buf=new BufferedReader(new InputStreamReader(System.in));
        System.out.print("Input an integer: ");
        str=buf.readLine();
        a=Integer.parseInt(str);                // 将 str 转成 int 类型后指定给 a 存放
        System.out.print("Input another integer: ");
        str=buf.readLine();                     // 再次调用方法接收键盘数据
        b=Integer.parseInt(str);                // 将 str 转成 int 类型后指定给 b 存放
        if (a==b)
            System.out.println("a equals b ");
        else
            System.out.println("a doesn't equal b ");
    }
}
```

输入 45、56，程序运行结果如图 3-9 所示。

再次运行程序，输入 88、88，程序运行结果如图 3-10 所示。

例 3.2.4　输入一个年份，由程序判断该年是否为闰年。

```
import java.io.*;
```

```
public class LeapYear{
    public static void main(String args[]) throws IOException {
        int year;
        String str;
        BufferedReader buf;
        buf=new BufferedReader(new InputStreamReader(System.in));
        System.out.println("Input the year: ");
        str=buf.readLine();
        year=Integer.parseInt(str);
        if (year % 4 == 0 && year % 100 !=0 || year % 400 ==0)
            System.out.println("year "+year+" is a leap year. ");
        else
            System.out.println("year "+year+" is not a leap year. ");
    }
}
```

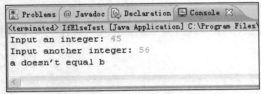

图 3-9　例 3.2.3 运行结果（一）

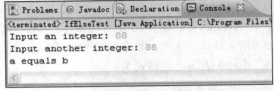

图 3-10　例 3.2.3 运行结果（二）

输入年份 2000，程序运行结果如图 3-11 所示。

再次运行程序，输入年份 2002，程序运行结果如图 3-12 所示。

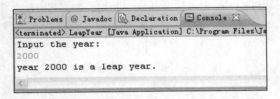

图 3-11　例 3.2.4 运行结果（一）

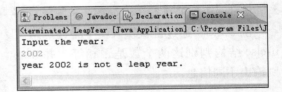

图 3-12　例 3.2.4 运行结果（二）

另外，第 2 章中讲过的三元条件运算符："＜表达式＞？e1：e2"有时可代替 if-else 结构，如 (x＞y)？x：y 将返回 x 和 y 中较大的值。

3.2.3　if-else if 语句

if-else if 语句用于处理多个分支的情况，因此又称多分支结构语句。其语法格式为：

```
if (<表达式1>) {
    语句块1
}
else if (<表达式2>){
    语句块2
}
    ...
else if (<表达式n>) {
    语句块n
}
[else {
    语句块n+1
}]
```

if-else if 语句的执行流程如图 3-13 所示。其中 else 部分为可选。else 总是与离它最近的 if 配对使用。

例 3.2.5 用 if-else if 语句实现下面的符号函数。

$$y = \begin{cases} -1 & x < 0 \\ 0 & x = 0 \\ 1 & x > 0 \end{cases}$$

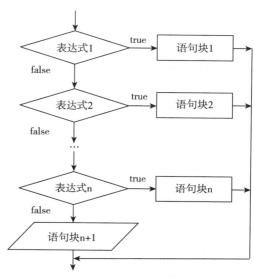

图 3-13 if-else if 语句流程图

```
import java.io.*;
public class SignClass{
    public static void main(String args[])
        throws IOException{
        double x;
        int y;
        String str;
        BufferedReader buf;
        buf=new  BufferedReader(new
            InputStreamReader(System.in));
        System.out.print("Input x is: ");
        str=buf.readLine();
        x=Double.parseDouble(str);
        if (x>0)
            y=1;
        else if (x==0)
            y=0;
        else
            y=-1;
        System.out.print("y="+y);
    }
}
```

输入 98，程序运行结果如图 3-14 所示。

再次运行程序，输入 0，运行结果如图 3-15 所示。

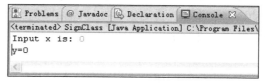

图 3-14 例 3.2.5 运行结果（一）   图 3-15 例 3.2.5 运行结果（二）

再次运行程序，输入 –12，运行结果如图 3-16 所示。

3.2.4 if 语句的嵌套

在 if 语句中又包含一个或多个 if 语句称为 if 语句嵌套，这是程序设计中经常使用的技术。例如，现在有三个整数 a、b、c，要判别它们能否构成三角形的三条边，则首先应判别这三个整数是否都大于零，然后再判别其任意两个数之和是否大于第三个数，其程序块为：

图 3-16 例 3.2.5 运行结果（三）

```
if (a>0) && (b>0) && (c>0) {
    if (a+b>c) && (a+c>b) && (b+c>a)
        System.out.println ("Yes");
    else
        System.out.println ("No");
```

```
}
else
   System.out.println ("No");
```

3.2.5 switch 语句

switch 语句是 Java 支持的另一种多分支结构语句,使用 switch 语句进行程序设计,将使程序的结构更简练,表达更为清晰。switch 语句语法结构如下:

```
switch (<表达式>) {
  case 数值1:{ 语句块1 }
     break;
  case 数值2:{ 语句块2 }
     break;
  ...
  case 数值n:{ 语句块n }
     break;
  [default: {
     语句块 n+1
  }]
}
```

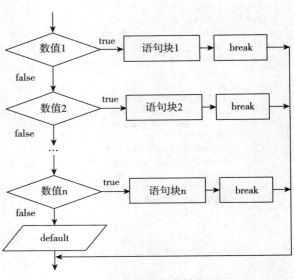

图 3-17 switch 语句流程图

switch 语句的流程图如图 3-17 所示。

说明:switch 后面的表达式只能返回如 int、byte、short 和 char 类型的值,多分支结构把表达式返回的值依次与每个 case 子句中的值相比较。如果遇到匹配的值,则执行该 case 后面的语句块。

case 子句中的数值 i 必须是常量,且对应于执行不同操作的 case 子句中的数值 i 应是不同的。

default 子句为可选。当表达式的值与任何 case 子句中的值都不匹配时,程序执行 default 后面的语句;当表达式的值与任何 case 子句中的值都不匹配且没有 default 子句,则程序将不执行任何操作,直接跳出 switch 语句。

break 语句的作用是当执行完一个 case 分支后,终止 switch 结构的执行。因为 case 子句只是起到一个标号的作用,用来查找入口并从此处开始执行。如果没有 break 语句,当程序执行完匹配的 case 子句块后,还会执行后面的 case 子句块,这是不允许的。因此应该在每一个 case 分支后,用 break 语句终止后面的 case 分支语句块的执行。当然也可以在需要时利用这一特点。

例 3.2.6 用 switch 语句处理表达式中的运算符,并输出运算结果。

```
public class OperatorClass{
   public static void main(String args[]){
      int a=80,b=9;
      char oper='/';

      switch (oper) {
         case '+':       // 输出 a+b
            System.out.println(a+"+"+b+"="+(a+b));
            break;
         case '-':       // 输出 a-b
            System.out.println(a+"-"+b+"="+(a-b));
            break;
         case '*':       // 输出 a*b
            System.out.println(a+"*"+b+"="+(a*b));
```

```
            break;
        case '/':       // 输出 a/b
            System.out.println(a+"/"+b+"="+((float)a/b));
            break;
        default:        // 输出字符串
            System.out.println("Unknown operator!! ");
        }
    }
}
```

程序运行结果如图 3-18 所示。

当多个相邻的 case 分支执行一组相同操作时，相同的程序段可只出现在其最后一个 case 分支中，相对应的 break 语句也只需在此最后一个 case 分支出现即可。

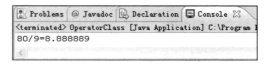

图 3-18 例 3.2.6 运行结果

例 3.2.7 使用 switch 语句与 if 语句的程序：由键盘输入年份与月份，由程序判别该年的那个月有多少天并输出。

```
import java.io.*;
class DayCounter {
    public static void main(String[] arguments) throws IOException{
        int year,month;
        String str;
        BufferedReader buf;
        buf=new BufferedReader(new InputStreamReader(System.in));
        System.out.print("Input year number: ");
        str=buf.readLine();
        year=Integer.parseInt(str);
        System.out.print("Input the month number: ");
        str=buf.readLine();
        month=Integer.parseInt(str);
        System.out.println(month + "/" + year + " has " + countDays(month, year) + " days. ");
    }

    static int countDays(int month, int year) {
        int count = -1;
        switch (month) {
            case 1:
            case 3:
            case 5:
            case 7:
            case 8:
            case 10:
            case 12:
                count = 31;
                break;
            case 4:
            case 6:
            case 9:
            case 11:
                count = 30;
                break;
            case 2:
                if (year % 4 == 0 && year%100!=0)|| (year%400==0)
                    count = 29;
                else
                    count = 28;
        }
        return count;
    }
}
```

输入年份 2010，月份 2，程序运行结果如图 3-19 所示。

再次运行程序，输入年份 2004，月份 2，运行结果如图 3-20 所示。

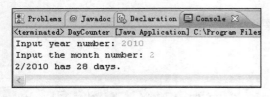

图 3-19 例 3.2.7 运行结果（一）

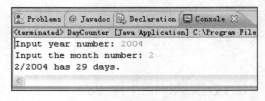

图 3-20 例 3.2.7 运行结果（二）

3.3 循环结构语句

在程序设计过程中，当满足一定条件的前提时需要反复执行一些相同的操作时，使用循环结构语句便是最好的选择了。Java 语言提供的循环结构语句包括 for 语句、while 语句和 do-while 语句。作为一个循环结构来说，应该包含如下内容：

1）赋初值部分：用于设置循环控制的一些初始条件。

2）循环体部分：需要反复执行的代码（块），当然也可以是一句单一的语句。

3）循环控制变量增减方式部分：用于更改循环控制状况。

4）判断条件（也称循环终止条件）部分：是一个返回逻辑（布尔）值的表达式，用于判断是否满足循环终止条件，以便及时结束循环。

3.3.1 for 语句

for 循环语句的使用适应于明确知道重复执行次数的情况，其语句格式如下：

```
for（赋初值；判断条件；循环控制变量增减方式）{
    （循环体）语句块；
}
```

for 循环的执行流程如图 3-21 所示。

1）第一次进入 for 循环时，对循环控制变量赋初值。

2）根据判断条件的内容检查是否要继续执行循环，如果判断条件为真，继续执行循环，如条件为假，则结束循环执行后面的语句。

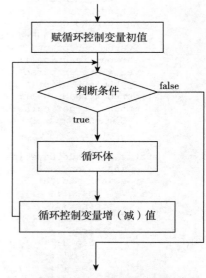

图 3-21 for 循环语句流程图

3）执行完循环体内的语句后，系统会根据循环控制变量增减方式，更改循环控制变量的值，再回到步骤 2 重新判断是否继续执行循环。

例 3.3.1 利用 for 循环语句计算从 1 累加到 100 的结果。

```
public class SumClass{
    public static void main(String args[]){
        int i, sum=0;
        for(i=1; i<=100; i++)
            sum+=i;                                        // 计算
        System.out.println("1+2+...+100="+sum);            // 输出结果
    }
}
```

程序运行结果如图 3-22 所示。

for 循环语句格式中的三项内容（赋初值；判断条件；循环控制变量增减方式）可以视不同情况省略一两个甚至全缺。例如在上面的例题（例 3.3.1）中，将程序改成：

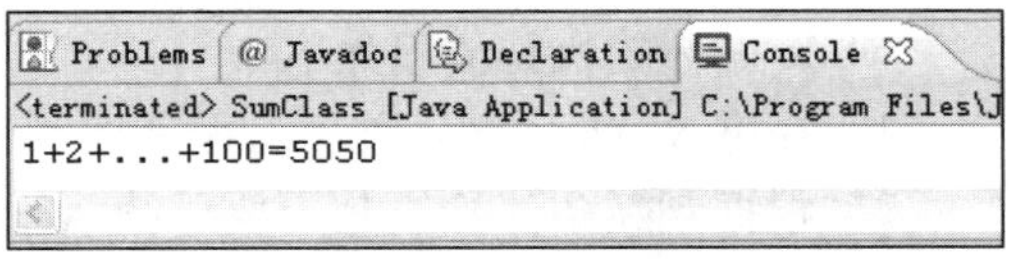

```
public class SumClass{
    public static void main(String args[]){
        int i=1,sum=0;
        for(;i<=100;i++)
            sum+=i;                              // 计算
        System.out.println("1+2+...+100="+sum);  // 输出结果
    }
}
```

图 3-22 例 3.3.1 运行结果

将得到与例 3.3.1 完全相同的输出结果。

例 3.3.2 利用 for 循环输出斐波那契序列的前 30 项数据，且每 10 个数据输出一行。

说明：斐波那契序列的第一项和第二项都是 1，后续各项是该项的前两项之和。

其运算公式为：

$F_1 = 1$ $(n = 1)$

$F_2 = 1$ $(n = 2)$

$F_n = F_{n-1} + F_{n-2}$ $(n \geq 3)$

程序如下：

```
public class Fibonacci{
    public static void main(String args[]){
        int m=1,n=1;
        System.out.print(m+" ");                 // 输出第一项
        for(int i=2;i<=30;i++){
            System.out.print(n+" ");             // 输出当前项
            if (i % 10==0 )                      // 控制输出格式
                System.out.print("\n");
            n=n+m;                               // 下一项为前两项之和
            m=n-m;                               // 求当前项并存入变量 m 中
        }
    }
}
```

程序运行结果如图 3-23 所示。

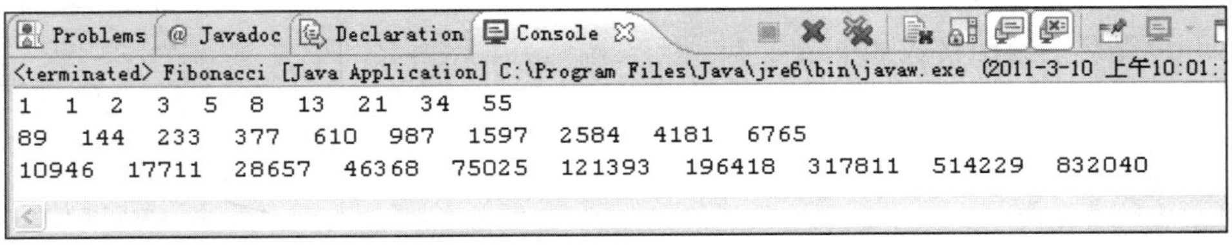

图 3-23 例 3.3.2 运行结果

3.3.2 while 语句

在不知道一个循环体会被重复执行多少次的情况下，可以选择使用 while 循环结构语句，while 语句的语法格式如下：

```
while (判断条件){
```

```
    （循环体）语句块；
     循环控制变量增（减）值；
}
```

while 循环的执行流程如下：

1）在进入 while 循环前，对循环控制变量赋初值。

2）根据判断条件检查是否要继续执行循环，如果判断条件为真，继续执行循环；若条件为假，则结束循环执行后面的语句。

3）执行完循环体后，系统会根据循环控制变量增减方式，更改循环控制变量的值，再回到步骤 2 重新判断是否继续执行循环。

while 循环的执行流程如图 3-24 所示。

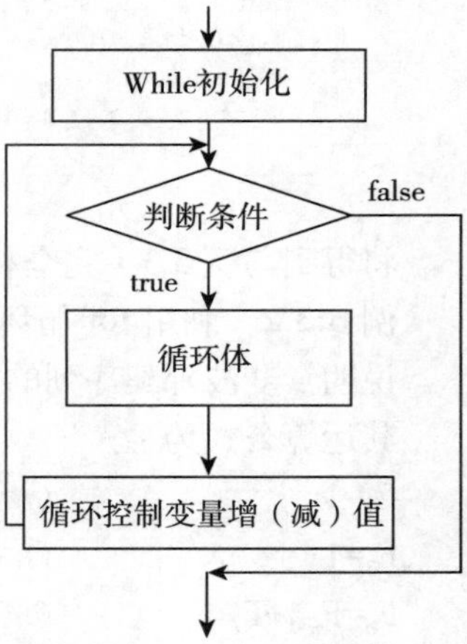

例 3.3.3 编程序计算当 n 为多大时下列不等式成立。

$$1+\frac{1}{2}+\frac{1}{3}+\cdots+\frac{1}{n} > 10$$

```java
public class Limit{
    public static void main(String args[]){
        int n=0;
        float sum=0;
        while (sum<=10) {
            n+=1;
            sum+=1.0/n;
        }
        System.out.print("N= "+ n);
    }
}
```

程序运行结果如图 3-25 所示。

3.3.3 do-while 语句

do-while 循环语句功能与 while 语句类似，但 do-while 语句的循环终止判断是在循环体之后执行，也就是说，它总是先执行一次循环体，然后判断条件表达式的值是否为真。若为真，则继续执行循环体；否则循环到此结束。与 do-while 语句不同的是，while 语句如果开始时判别表达式为假，则可能一次都不执行循环体而直接结束循环。

do-while 循环的语法格式如下：

```
do{
    （循环体）语句块；
     循环控制变量增（减）值；
} while（判断条件）
```

do-while 循环的执行流程如图 3-26 所示。

例 3.3.4 编程序计算 1 到 1 000 000 之间 10 的方幂的平方根（即计算 10^0、10^1、$10^2\cdots$的平方根）。

```java
public class SquareRoot{
    public static void main(String args[]){
        int n=0;
        long m=1;
```

图 3-24 while 循环语句流程图

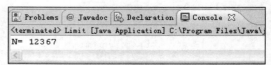

图 3-25 例 3.3.3 运行结果

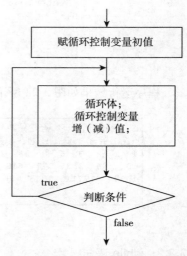

图 3-26 do-while 循环语句流程图

```
        do {
            System.out.println("n="+n+"\t"+"10^"+n+"\t"+" squareroot="+Math.pow (m,1.0/2));
            n=n+1;
            m*=10;
        }
        while (n<=6);
    }
}
```

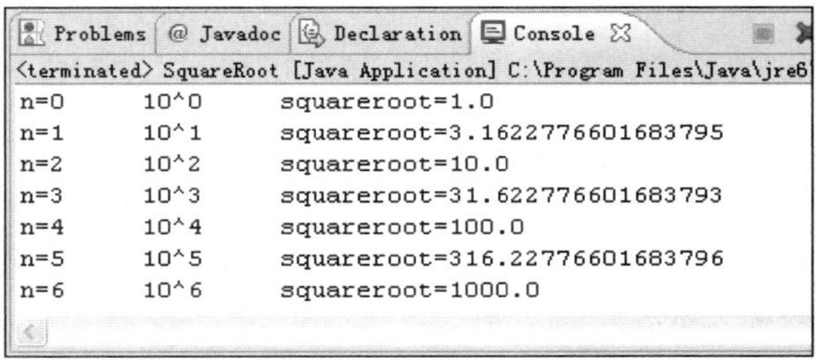

程序运行结果如图 3-27 所示。

本程序中使用的 pow(double a, double b) 方法封装于 java.lang 包中的 Math 类。该方法返回第一个参数 a 的第二个参数 b 次幂的值，即 a^b 的值。

图 3-27　例 3.3.4 运行结果

3.3.4　循环结构语句的嵌套

当循环语句的循环体中又出现循环语句时，称为循环嵌套，Java 语言支持循环嵌套，如 for 循环嵌套、while 循环嵌套，当然也可以使用混合嵌套。在 for 循环嵌套的程序设计中，输出九九乘法表是典型的示例。

例 3.3.5　输出九九乘法表。

```
public class MuiTable{
    public static void main(String args[]){
        int i, j;
        for (i=1;i<=9;i++){                        // 外层循环
            for (j=1;j<=9;j++)                     // 内层循环
                System.out.print(i+"*"+j+"="+(i*j)+"\t");
            System.out.println();
        }
    }
}
```

程序运行结果如图 3-28 所示。

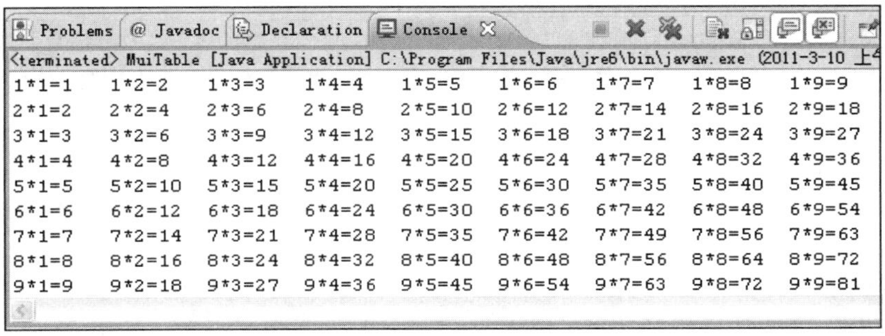

图 3-28　例 3.3.5 运行结果

在程序设计过程中，选择结构语句与循环结构语句互相嵌套使用也是相当常见的。

例 3.3.6　输出 1 到 100 之间的所有偶数，并控制每行输出 5 个偶数。

```
public class EvenNumber{
    public static void main(String args[]){
        int i,j;
        for (i=1;i<=100;i++){
```

```
            if (i %2 ==0 ){
                System.out.print(i+"   ");
                if (i % 10==0) System.out.println();
            }
        }
    }
}
```

程序运行结果如图 3-29 所示。

例 3.3.7 编一程序，从键盘输入一个自然数，判别其是否为素数（只能被 1 和其本身整除的自然数称为素数）。

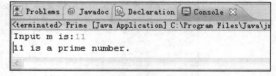

图 3-29 例 3.3.6 运行结果

```
import java.io.*;
public class Prime{
    public static void main(String args[])
        throws IOException{
        int i; boolean p;
        BufferedReader buf;
        String str;
        buf=new BufferedReader(new InputStreamReader(System.in));
        System.out.print("Input m is:");
        str=buf.readLine();
        int m=Integer.parseInt(str);
        p=true;
        for(i=2; i<m; i++)
            if (m%i==0)
                p=false;
        if (p==true)
            System.out.println(m+" is a prime number.");
         else
            System.out.println(m+" is not a prime number.");
    }
}
```

输入 9，程序运行结果如图 3-30 所示。

再次运行程序，输入 11，运行结果如图 3-31 所示。

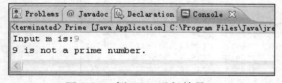

图 3-30 例 3.3.7 运行结果（一）　　　　图 3-31 例 3.3.7 运行结果（二）

3.4 转移语句

Java 的转移语句用在选择结构和循环结构中，使程序员更方便地控制程序执行的方向。

3.4.1 break 语句

在 switch 结构中，break 语句用于退出 switch 结构，在 Java 中同样可以用 break 语句强行退出循环，继续执行循环外的下一个语句。如果 break 出现在嵌套循环的内层循环中，则 break 语句只会退出当前的一层循环。以图 3-32 的 for 循环为例，在循环主体中有 break 语句时，当程序执行到 break，即会退出循环主体，到循环外层继续执行。

Java 的结构化程序设计

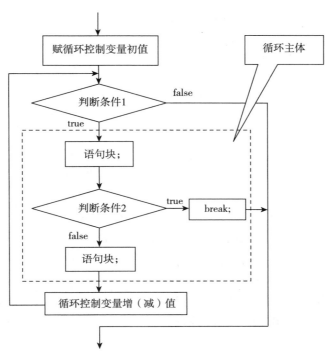

图 3-32 加了 break 语句后的 for 循环流程图

例 3.4.1 输出 1 到 10 之间所有不能被 3 整除的自然数。

```
public class BreakSt{
  public static void main(String args[]){
    int i;
    for (i=1;i<=10;i++){
      if(i%3==0)
        break;
      System.out.println("i="+i);   // 输出 i 的值
    }
    System.out.println("when loop broken, i="+i);
  }
}
```

程序运行结果如图 3-33 所示。

从程序运行结果可以看到：当程序进入第 3 次循环，即 i 等于 3 时，满足了 if 判别条件，因此执行 break 语句，不再继续执行循环，退出循环时循环控制变量 i 的值为 3，因此此例使用 break 语句显然不能得到我们所要的结果，下面向大家介绍另一个转向语句 continue 语句来解决上述问题。

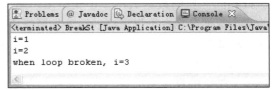

图 3-33 例 3.4.1 运行结果

3.4.2 continue 语句

当程序运行到 continue 语句时，就会停止循环体中剩余语句的执行，而回到循环的开始处继续执行循环。以图 3-34 的 for 循环为例，在循环主体中有 continue 语句时，当程序执行到 continue，则跳过循环主体中 continue 语句后面的部分，回到循环语句的开始，执行下一轮循环。

例 3.4.2 把例 3.4.1 程序中的 break 语句改为 continue。

```
public class ContinueSt{
    public static void main(String
        args[]){
        int i;
        for (i=1;i<=10;i++){
            if(i%3==0)
            continue;
            System.out.println("i="+i);
        }
        System.out.println("when broken, i="+i);
    }
}
```

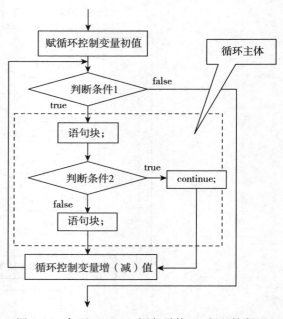

程序运行结果如图 3-35 所示。

从程序运行结果可以看到：当程序进入第 3 次循环，即 i 等于 3 时，满足了 if 判别条件，此时执行 continue 语句，根据 continue 语句的执行原则，跳过它下面部分的语句（在此为输出语句 System.out.println("i="+i)）的执行，回到循环开始处，执行 i 为 4 时的又一轮循环。当 i 等于 6 与 9 的时候，进行同样的过程。

图 3-34 加了 continue 语句后的 for 循环流程图

3.5 数组

在用程序设计解决实际问题的过程中，往往要处理大量相同类型的数据，而且这些数据要被反复引用，这时候，使用数组便是一种明智的选择，数组可以使数据有效地排列并且让使用者方便地访问。

通俗地说，使用数组的最大好处是可以让一批相同性质的数据共用一个变量名，而不必

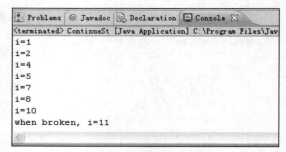

图 3-35 例 3.4.2 运行结果

为每个数据命名，不仅程序书写更加简便清晰，可读性大大提高，而且便于用重复语句便捷地处理这类数据。例如，可以用数组变量 sinx 来记录 $0 \sim 2\pi$ 之间每隔平均 $2/\pi$ 长度的正弦值，用 score 来表示一个学生所学过的 30 门课程中每门课程的分数，用 height 来表示 100 个小学生中每一个学生的身体高度等。可以想象，如果使用前面所学的采用一般变量来处理 100 个小学生的身高问题，比如计算其平均身高、统计高于（或低于）平均身高的人数等，每计算一个问题，都要将 100 个变量逐个使用（书写）一次，工作量是相当大的。

对于处理小学生身高问题，当然不能简单地用 height 来同时表示 100 个不等的数，我们还必须把 100 个数按一定规则组织起来。最简便的方法是把它们按照一路纵队的方式（如 1,2,…,100）排列起来，这就是构造数组的基本手段。这样我们就可以通过变量名字与每一个学生所在队列中位置的序号来访问这 100 个数中的每一个数了。通常我们称这里的序号为下标，并把它们写在方括号中，放在变量名之后。如 height[1] 表示第 1 个学生的身高值，height[2] 表示第 2 个学生的身高值，height[100] 表示第 100 个学生的身高值，这样便构成了一个数组，其数组名为 height，height[1]、height[2]、…、height[100] 称为该数组的元素。

相对应地，如果将这 100 名小学生以 10 行 10 列的队列块方式进行排列，则一个学生所在队列中位置的序号就必须由该学生所在队列的行号以及列号来决定了，如 height[1][1] 表示第 1 个学生的身高值，height[1][2] 表示第 2 个学生的身高值，height[10][10] 表示第 100 个学生的身高值。在以这种方式构成的数组中，每个数组元素就由两个下标表示了。

一般来说，只有一个下标的数组通常称为一维数组，具有两个下标的数组被称为二维数组。通常情况下，数组依存放元素的复杂程度，分为一维数组、二维数组以及多维（三维以上）数组。我们首先要向大家详细介绍的是一维数组。

3.5.1 一维数组的声明与引用

Java 中的数组必须先声明，然后才能使用，一维数组声明语法格式如下：

```
type < 数组名 >[ ]=new type [< 元素个数 >];
```

当按上述的语法声明格式声明数组后，系统会分配一块连续的内存空间，供该数组使用。例如：

```
int myarray [ ]= new int [10];
```

表示声明了一个一维整型数组 myarray，系统为此配置一块内存空间供该数组使用，其元素个数为 10。要使用数组里的元素，可以利用其下标来达到目的。Java 程序设计语言规定数组的默认下标编号从 0 开始，以上述 myarray 数组为例，myarray[0] 代表该数组第 1 个元素，myarray[1] 代表该数组第 2 个元素，以此类推，myarray[9] 代表该数组第 10 个元素。但要注意的是：如果声明的数组元素个数为 n，则数组元素下标的变化只能是 0～n-1。对于 myarray 数组来说，如果在程序中出现了对 myarray[10] 的访问，则会引起下标越界的错误。

例 3.5.1 数组的声明与输出。

```
public class FirstArray{
   public static void main(String args[]){
      int i;
      int aa[]=new int[5];                       // 声明一个整型数组 aa，其元素个数为 5
      for(i=0; i<5; i++)                                             // 输出数组的内容
         System.out.print("aa[" + i + "]=" + aa[i] + ",\t");
      System.out.println("\nlength of array aa is " + aa.length);// 输出数组元素个数
   }
}
```

程序运行结果如图 3-36 所示。

图 3-36　例 3.5.1 运行结果

我们经常使用循环的方式来实现数组的输出。在使用数组过程中，经常要用到数组的元素个数这一数值，数组的元素个数又被称为该数组的长度。在程序中可以使用

```
数组名 . length
```

的语句表达方式来获得数组的长度值。

3.5.2 数组的赋值

对数组的赋值有如下方法。

1）在声明时直接赋值，语法格式为：

type 数组名 [ ]={ 数值1,数值2,…,数值n };

在大括号内的数值依次赋值给数组中的第 1～n 个元素。另外，在赋值声明的时候不需要给出数组的长度，编译器会视所给的数值个数来决定数组的长度，例如：

int mm[]={2,4,6,8,10,12,14,16,18,20}

在上面的语句中，声明了一个数组 mm，虽然没有特别指明 mm 的长度，但由于括号里的数值有 10 个，编译器会分别依序指定给各元素存放，使 mm[0]=2，mm[1]=4，…，mm[9]=20。

2）若是对数组的元素进行有规律地赋值，则可以使用循环的方式进行。

例 3.5.2 数组的赋值示例。

```
public class GNum{
   public static void main(String args[]){
      int i;
      int aa[]=new int[5];              // 声明一个整型数组 aa，其元素个数为 5
      for(i=0; i<5; i++)  {              // 分别给数组元素赋值并输出数组的内容
         aa[i]=2 * i + 1;
         System.out.print("aa[" + i + "]=" + aa[i] + ",\t");
      }
   }
}
```

程序运行结果如图 3-37 所示。

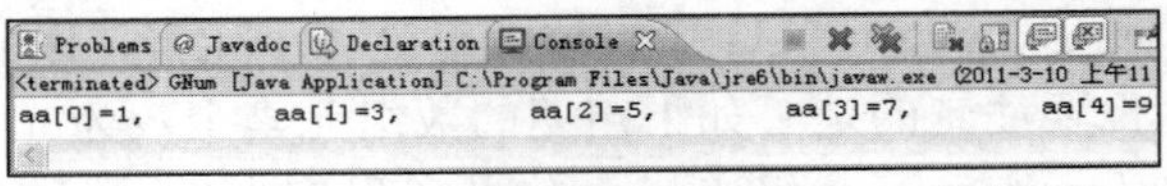

图 3-37 例 3.5.2 运行结果

3.5.3 一维数组程序举例

例 3.5.3 字符型数组的赋值与输出。

```
public class Char{
   public static void main(String args[]){
     int i;
     char str[]={'H','e','l','l','o','!'};
     for(i=0; i<str.length; i++)
         System.out.print(str[i]);
   }
}
```

程序运行结果如图 3-38 所示。

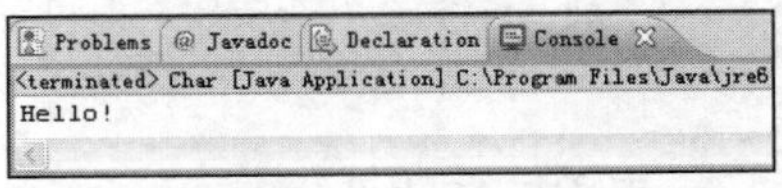

图 3-38 例 3.5.3 运行结果

例 3.5.4 求出一维数组中的最大值和最小值。

```
public class MaxMin{
   public static void main(String args[]){
      int i, min, max;
      int mm[ ]={65,89,42,77,62,54};          // 声明整型数组 mm，并设置初值
      min=max=mm[0];
      System.out.print("Elements in array mm are ");
      for(i=0; i<mm.length; i++){
          System.out.print(mm[i] + "  ");
          if(mm[i]>max)                        // 判断最大值
              max=mm[i];
          if(mm[i]<min)                        // 判断最小值
              min=mm[i];
```

```
        }
        System.out.println("\nMaximum is "+max);      // 输出最大值
        System.out.println("Minimum is "+min);        // 输出最小值
    }
}
```

程序运行结果如图 3-39 所示。

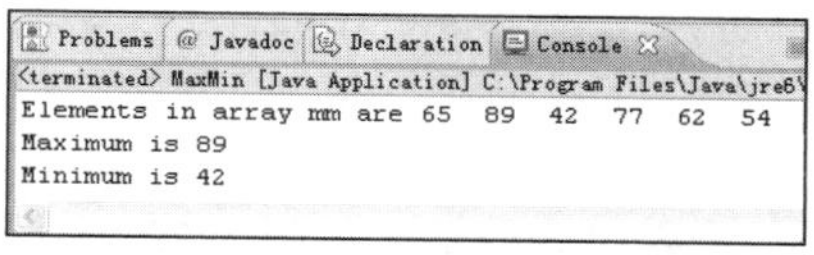

例 3.5.5   利用一维数组输出 8 行杨辉三角形（如图 3-40 所示）。

杨辉三角形：三角形中各行中的数字正好是二项式 a+b 乘方后展开式中各项的系数。比如：a+b $\neq$ 0 时

$(a + b)^0 = 1$

$(a + b)^1 = a + b$

$(a + b)^2 = a^2 + 2ab + b^2$

$(a + b)^3 = a^3 + 3a^2b + 3ab^2 + b^3$

……

仔细观察此三角形，你还可以发现如下排列规律：每一行的数比上一行多一个，两边都是 1，中间各数都写在上一行两数的中间，且等于它们的和。

为简单起见，本程序忽略输出格式，将每一行的数组元素均放在第一列输出。

图 3-39 例 3.5.4 运行结果

```
           1
          1  1
         1  2  1
        1  3  3  1
       1  4  6  4  1
      1  5  10  10  5  1
     1  6  15  20  15  6  1
    1  7  21  35  35  21  7  1
```

图 3-40 杨辉三角形

```
public class YangHui{
    public static void main(String args[]){
        int i;
        int yh[]=new int[8];
        for(i=0;i<8;i++){
            yh[i]=1;
            for (int j=i-1;j>0;j--)
                yh[j]=yh[j-1]+yh[j];
            for (int j=0;j<=i;j++)
                System.out.print(yh[j]+"\t");
            System.out.println();
        }
    }
}
```

程序运行结果如图 3-41 所示。

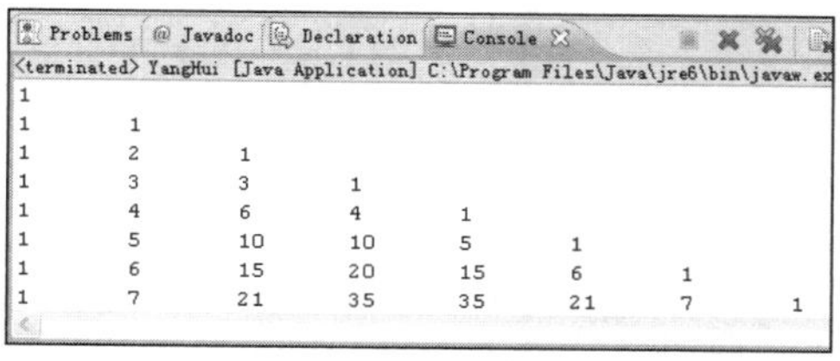

图 3-41 例 3.5.5 运行结果

例 3.5.6   用选择法对 10 个数按从小到大进行排序，然后输出。

选择法的思想是：在给定的数组中求得一个最小的数，将其换到数组的第一个数的位置。然后再在第二个数到最后一个数之间求得最小数，将其换到数组的第二个数的位置。以此类推，直到最后，得到的结果便是已完成的递增序列。

选择法排序程序如下：

```
public class Sort12{
    public static void main(String args[]){
        int mp[]={8,6,12,5,14,7,21,2,9,3};
        System.out.println("The original 10 numbers:");
        for (int j=0;j<mp.length;j++)
            System.out.print(mp[j]+"\t");
        System.out.println();
        for(int i=0;i<mp.length-1;i++)
```

```
            for (int j=i;j<mp.length;j++)
                if(mp[i]>mp[j])
                    {int t=mp[i];mp[i]=mp[j];mp[j]=t;}
        System.out.println("The sorted 10 numbers:");
            for (int j=0;j<mp.length;j++)
                System.out.print(mp[j]+"\t");
    }
}
```

程序运行结果如图 3-42 所示。

例 3.5.7 编程：用二分查找法在一个递增排列的数组中查找某个数。如果要找的数在数组中存在，则输出该数及它的下标位置；反之则输出找不到该数的信息。

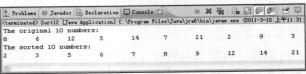

图 3-42 例 3.5.6 运行结果

二分查找（即折半查找）法的主要思想是：将要查找的关键值与有序数组中的中间项元素进行比较，若相同则查找成功；否则判别关键值落在数组的哪半部分，然后保留一半，舍弃另一半，如此重复，直到找到该关键值或未找到。

```
import java.io.*;
class Select{
    public static void main(String args[]) throws IOException{
        int a[]={2,5,6,8,11,15,18,22,60,88};
        int m=0,low=0,high,x;
        BufferedReader buf;
        String str;
        buf=new BufferedReader(new InputStreamReader(System.in));
        System.out.print(" 请输入一个整数：");
        str=buf.readLine();
        x=Integer.parseInt(str);
        high=a.length-1;
        while(low<=high){
          m=(low+high)/2;
          if (x==a[m])
              break;
          else if (x>a[m]) low=m+1;
               else high=m-1;
        }
        if (low<=high)
          System.out.println(x+" 已找到，位置是："+m);
        else
          System.out.println(x+" 未能找到！ ");
    }
}
```

连续两次运行程序，分别输入整数 22 和 38，程序的运行结果分别如图 3-43 和图 3-44 所示。

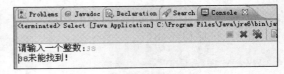

图 3-43 例 3.5.7 运行结果（一）　　　　图 3-44 例 3.5.7 运行结果（二）

3.5.4 二维数组的声明及引用

虽然可以直观地认为具有两个下标的数组是二维数组，但在 Java 程序设计语言中，因为数组元素可以声明成任何类型，因此如果一维数组的元素的数据类型还是一维数组的话，这种数组也被定义为二维数组。二维数组声明语法格式如下：

```
type  <数组名>[ ][ ]=new type [<行元素个数>][<列元素个数>];
```

例如：

```
int My2array[][]=new int[5][6];
```

上述语句声明了一个二维数组，其中 [5] 表示该数组有 5 行（0～4），每一行有 6 个元素（0～5），因此整个数组有 30 个元素。

对于二维数组元素的赋值，同样可以在声明的时候进行，例如：

```
int ssa[][]={{20,25,26,22},{23,24,20,28}};
```

声明了一个整型的 2 行 4 列的数组，同时进行赋值，结果如下：

```
ssa[0][0]=20; ssa[0][1]=25; ssa[0][2]=26; ssa[0][3]=22;
ssa[1][0]=23; ssa[1][1]=24; ssa[1][2]=20; ssa[1][3]=28;
```

例 3.5.8 二维数组的建立与输出。

```
public class TwoDimArr{
    public static void main(String args[]){
        int i,j,sum=0;
        int ssa[][]={{20,25,26,22},{23,24,20,28}};// 声明数组并设置初值
        for(i=0;i<ssa.length;i++){                // ssa.length 表示二维数组的行数
            for(j=0;j<ssa[i].length;j++)          // ssa[i].length 表示第 i 行的列数
                System.out.print("ssa["+i+"]["+j+"]="+ssa[i][j]+"    ");
            System.out.println();
        }
    }
}
```

程序运行结果如图 3-45 所示。

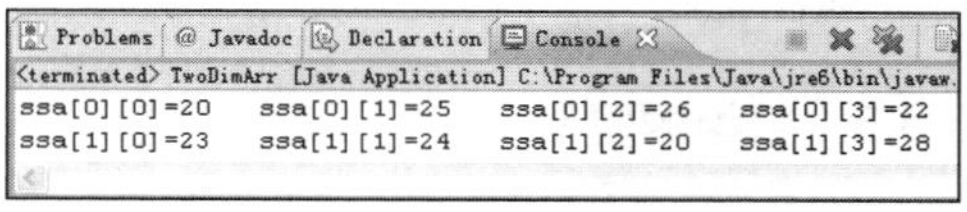

图 3-45 例 3.5.8 运行结果

Java 的多维数组的声明使用相当灵活，它可以从最高维起分别为每一维分配内存，对于创建二维数组来说，可以使用如下更灵活的声明方式：

```
type arrN[ ][ ]=new type [arrNum1][ ];
arrN[0] = new type [arrNum2];
arrN[1] = new type [arrNum2];
…
arrN[arrNum1-1]=new type [arrNum2];
```

该程序段说明创建的数组第一维长度是 arrNum1，第二维长度是 arrNum2，如果第二维的大小处处一致，我们可以理解为目前创建的是一个矩阵数组。另外，在 Java 中还可以创建非矩阵数组，例如：

```
type arrN[ ][ ]=new type [5][ ];
arrN[0] = new type [1];
arrN[1] = new type [3];
arrN[2] = new type [5];
arrN[3] = new type [5];
arrN[4] = new type [5];
```

arrN 数组为 5 行，每行的元素个数分别为：1、3、5、5、5，甚至可以各不相同。它产生的二维数组的形式是：

$$\begin{bmatrix} A & & & & \\ A & A & A & & \\ A & A & A & A & \\ A & A & A & A & A \\ A & A & A & A & A \end{bmatrix}$$

这也就意味着在 Java 中可以随时动态地建立数组。

例 3.5.9 使用动态建立二维数组的方式输出 8 行杨辉三角形。

```java
public class YangHui1{
    public static void main(String args[]){
        int i;
        int yh1[][]=new int[8][];
        for(i=0;i<8;i++){
            yh1[i]=new int[i+1];
            yh1[i][0]=1;
            yh1[i][i]=1;
        }
        for(i=2;i<8;i++)
            for (int j=1;j<i;j++)
                yh1[i][j]=yh1[i-1][j-1]+yh1[i-1][j];
        for(i=0;i<8;i++){
            for (int j=0;j<=i;j++)
                System.out.print(yh1[i][j]+"\t");
            System.out.println();
        }
    }
}
```

该程序运行结果与例 3.5.5 相同。

3.5.5 数组的复制

Java 在 System 类中提供了一个特殊的方法 arraycopy()，用于实现数组之间的复制，我们通过具体实例来说明该方法的使用。

例 3.5.10 使用 arraycopy() 方法进行数组复制。

```java
public class ArrCopy{
    public static void main(String args[]){
        int i;
        int arr1[]={1,2,3,4,5,6,7,8,9,10};          // 声明数组并设置初值
        int arr2[]=new int[10];
        System.arraycopy(arr1,0,arr2,0,arr1.length); /* 把 arr1 中所有元素复制到 arr2
                                                        中，下标从 0 开始 */
        for(i=0;i<arr2.length;i++)
          System.out.print(arr2[i]+"   ");
        System.out.println();
    }
}
```

程序运行结果如图 3-46 所示。

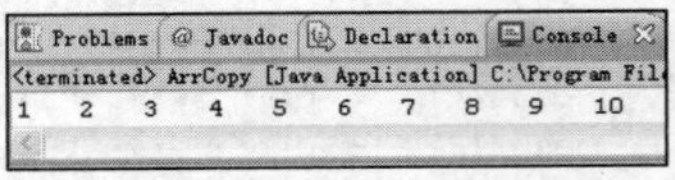

图 3-46 例 3.5.10 运行结果

3.5.6 字符串处理

字符串是内存中一个或多个连续排列的字符集合。在 Java 程序设计语言中，字符串将作为对象来处理，Java 提供的标准包 java.lang 中封装的类 String 和 StringBuffer 就是关于字符串处理

Java 的结构化程序设计

的类。这两个类中封装了很多方法，用来支持字符串的操作。

1. 字符串声明及初始化

与其他基本数据类型相似，Java 中的字符串分常量和变量两种。当程序中出现了字符串常量，系统将自动为其创建一个 String 对象，这个创建过程是隐含的。

对于字符串变量，在使用之前要进行声明，并进行初始化，字符串声明语法格式如下：

```
String <字符串变量名>;
```

字符串一般在声明时可以直接进行初始化，初始化过程一般为下面几种：

1）创建空的字符串：

```
String s1 = new String ( ) ;
```

2）由字符数组创建字符串：

```
char ch [ ] = { 's', 't', 'o', 'r', 'y'};
String s2 = new String (ch);
```

3）直接用字符串常量来初始化字符串：

```
String s3 = "Hello! Welcome to Java! ";
```

2. 字符串运算符 "+"

在 Java 中，运算符 "+" 除了作为算术运算符使用之外，还经常被作为字符串运算符用于连接不同的字符串。它的运算规则是："abc" + "def" = "abcdef"。但如果在运算表达式中还有其他类型的数据，我们就有必要注意一下 "+" 的工作方式了。

例 3.5.11　"+" 的运算方式。

```java
public class StrDemo{
  public static void main(String[] args) {
    String st1="Jack", st2="Brown";
    String name=st1+" "+st2;
    System.out.println("Name = "+name);
    double pi=3.1415926;
    String stt="Hello,"+st1;
    System.out.println(stt+pi+2);
    System.out.println(pi+2+stt);
  }
}
```

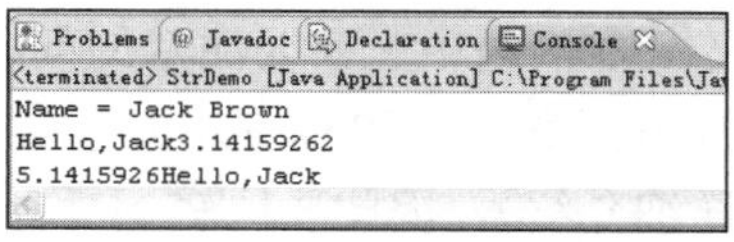

程序的运行结果如图 3-47 所示。

图 3-47　例 3.5.11 运行结果

从上面的程序的运行结果可以看到：如果 "+" 的两端都是字符串数据的话，则 "+" 的功能是将这两个字符串连接起来；如果在 "+" 两端有一个是字符串，Java 就会将非字符串的数据转换为字符串，然后进行字符串连接运算；而当 "+" 的两端都是数值类型数据时，Java 则将 "+" 号作为算术运算符进行加运算。希望大家在以后进行的程序设计过程中注意这些区别。

3. String 类常用方法

String 类中常用的方法有：

1）int length()：返回当前字符串中的字符个数。

2）int compareTo(String str)：对两个字符串的每个字符逐个进行比较。发现不同时，返回当前字符串相应位置字符的 Unicode 值减去 str 字符串对应位置字符的代码值之差。如果所有字符都相同，则返回零。

3）boolean equals(String str)：区分大小写比较两个字符串的内容是否相等。

4）boolean equalsIgnoreCase(String str)：不区分大小写比较两个字符串的内容是否相等。

5）char charAt(int index)：返回当前字符串中 index 位置的字符。

6）String toLowerCase()：将当前字符串中所有字符转换为小写形式。

7）String toUpperCase()：将当前字符串中所有字符转换为大写形式。

8）String substring(int BIndex，int EIndex)：截取当前字符串中从 BIndex 开始且长度为 EIndex–BIndex 的子串。若 EIndex 参数省略，则截取当前字符串中从 BIndex 开始到末尾的子串。

9）boolean startsWith(String str)：测试当前字符串是否以 str 字符串为开头。

10）char replace(char c1, char c2)：将当前字符串中的 c1 字符转换为 c2 字符。

11）String trim()：返回去掉了当前字符串前后空格的字符串。

12）int indexOf(String str, int i)：在当前的字符串中从 i 处查找 str 子串，若找到，返回子串第一次出现的位置，否则返回 –1。

使用 String 类方法的基本形式：

<字符串变量名>.<方法名>(<参数>)

式中的<字符串变量名>就是当前要处理的字符串。

例 3.5.12 字符串比较方法的使用。

```java
public class Equal{
  public static void main(String args[]){
    String s1="My Java";
    String s2=" My Java ";
    String s3="my java";
    String s4=s2.trim();
    System.out.println(s1.equals(s4));
    System.out.println(s1.equals(s3));
    System.out.println(s1.equalsIgnoreCase(s3));
  }
}
```

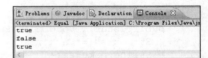

图 3-48　例 3.5.12 运行结果

程序运行结果如图 3-48 所示。

本例题中大家要注意的问题是：String 并非 Java 的基本数据类型，而是 java.lang 中的（字符串）类，s1 和 s2 是 String 类中的两个对象（关于类和对象的基本概念将在第 4 章向大家做详细介绍），因此要比较 s1 和 s2 中的内容是否相同，要使用 equals() 或者 equalsIgnoreCase() 方法，而不是用"=="去进行判别。

例 3.5.13 String 类常用方法的使用。

```java
public class StrMethod {
  public static void main(String args[]){
    String str="Hello World!";
    System.out.println("charAt(6)="+str.charAt(6));
    System.out.println("length="+str.length());
    System.out.println("sub string="+str.substring(6));
    System.out.println("start with \"He\"="+str.startsWith("He"));
    System.out.println("upper case="+str.toUpperCase());
    System.out.println("\"World\" appares at " + str.indexOf("World", 0)+ " in \""
       + str + "\"");
  }
}
```

程序运行结果如图 3-49 所示。

例 3.5.14 使用字符串处理方法对文本语句中的单词计数。

```java
public class CalWord{
    public static void main(String args[]){
        String s1="My friend Welcome to Java!";    //建立文本语句
        System.out.println("The words of  this sentence:");
        int n=0;                                   //设立单词计数器
        for (int i=0;i<s1.length();i++){           //从语句开始直到它的结束处逐一检查
            char m=s1.charAt(i);                   //逐一将语句中的字符读入 m 中
             if (Character.toLowerCase(m)<97 ||Character.toLowerCase(m)>122)
                                                   //当 m 为非字母字符时表示一个单词结束
                n=n+1;
        }
        System.out.print(n);
    }
}
```

程序运行结果如图 3-50 所示。

图 3-49　例 3.5.13 运行结果　　　　　　图 3-50　例 3.5.14 运行结果

看了上面的例题，各位有什么问题么？一定有的。首先"Character"是什么？如果说是对象或是变量，则它并没有被声明过，显然它也不会是 Java 的运算符，其实，Character 与 String 一样也是 java.lang 中的类，但它是字符类。在本例题中的 toLowerCase() 方法是封装于 Character 类中的，它的作用是返回括号内字符的小写字母的 Unicode 代码值（Unicode 前 128 位代码值与 ASCII 代码值相同）。

接下来的问题是：为什么 Character 类中的方法可以通过类名直接调用，而 String 类中的方法则必须通过声明字符串变量以后由字符串变量名来调用呢？那是因为：Character 类中封装的 toLowerCase() 方法是静态（static）的。Java 规定：凡静态的方法被调用时无须创建它所在类的对象，而可以以该类的类名直接调用。而 String 类中封装的 toLowerCase() 方法则是非静态的，因而必须通过创建对象以后由对象名来调用。以上所讲的这些内容在第 4 章的相关章节中有更深入的描述。

4. StringBuffer 类常用方法

Java 的 String 类提供了查找及测试字符串的一些方法，但如果要对字符串做连接或修改等操作，则必须使用 StringBuffer 类来声明字符串，并用这个类所提供的方法来进行操作。

StringBuffer 类的常用方法有：

1）StringBuffer append (char c)：将字符 c 放到字符串缓冲区之后。

2）StringBuffer append (String str)：将字符串 str 放到字符串缓冲区之后。

3）StringBuffer deleteCharAt(int index)：删除字符串缓冲区中第 index 位置的字符。

4）StringBuffer insert(int k, char c)：在字符串缓冲区的第 k 个位置插入字符 c。

5）StringBuffer insert(int k, String str)：在字符串缓冲区的第 k 个位置插入字符串 str。

6）StringBuffer replace(int m, int n, String str)：将字符串缓冲区中第 m 到 n 之间的位置以字符串 str 取代。

7）StringBuffer reverse()：将字符串缓冲区中的字符串按反向排列。

例 3.5.15　StringBuffer 类常用方法的使用。

```
public class SbufferTest {
    public static void main(String args[]){
        StringBuffer str=new StringBuffer("Sun & Moon");
        System.out.println("length="+str.length());
        System.out.println(str.replace(6,10,"Star"));
        System.out.println(str.reverse());
        System.out.println(str);
    }
}
```

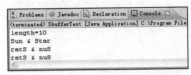

图 3-51　例 3.5.15 运行结果

程序运行结果如图 3-51 所示。

在 String 类与 StringBuffer 类中还封装了许多其他方法，希望大家在学习与使用时，经常参阅 API 文档。

3.6　方法

3.6.1　Java 的程序模块化

Java 吸取了 C++ 面向对象的概念，将数据和方法封装于类中。通俗地说，Java 程序就是由以方法为单位的程序模块组成的类，Java 程序模块化使程序更为简洁和便于维护。从程序设计的角度来说，无论多么复杂的任务，总是围绕着获得数据、处理数据以及输出数据这些工作展开的，专业的程序设计思想则是将这些工作分别交给不同的方法去处理，然后在主程序中调用这些方法，这样既合理分配了工作资源，又大大提高了编程效率。在前面我们已经详细地讨论了如何由变量、运算符来构成表达式，由语句构成程序体，下面将进一步学习组成 Java 程序的基本部分——方法。

3.6.2　方法的定义及调用

方法的语法定义形式如下：

```
<方法修饰符> type <方法名>(type <参数1>,type <参数2>,…){
    程序语句；
}
```

方法修饰符包括两部分内容：访问控制修饰符（public、protected 和 private）和类型修饰符（static、final、abstract、native 和 synchronized）。其中 static 表示声明的方法为静态方法，可直接通过类名来调用。若该方法与调用它的程序处于同一类中，则类名也可以省略。这里其他修饰符的详细解释可参照第 4 章。

上面语句第二部分的 type 为该方法返回值的类型，若该方法无返回值，则方法的类型为 void。如果外界有数据要传递到该方法中，小括号中的参数变量用于接收数据，大括号之间的内容就是实现该方法功能的程序体，又称为**方法主体**。

方法经定义以后，是不会自动执行的（main() 方法除外），它需要专门的语句去调用它，只有在被调用时方法才会运行。

方法调用的语句格式为：

```
[类名].<方法名>(type <参数1>,type <参数2>…);
```

若调用语句与方法处于同一类中，则类名可以省略。

方法调用的执行过程是：Java 应用程序从 main() 方法开始按程序流程依次执行，一旦执行到方法调用语句，便转向该方法的所有过程，直到该方法被执行完毕，程序流程回到 main() 方法中的方法调用语句的下一句语句处继续执行剩下的语句。

下面我们先来看一个非常简单的方法定义与调用的例题。

例 3.6.1　方法的定义和调用。

```
public class MethedTest{
  public static void main (String args[]){
     dline();
     System.out.println("Hi , I am Alice .");
     dline();
     System.out.println("I have a good friend : Jack .");
     dline();
  }

  public static void dline (){
     for (int i=0;i<30;i++)
         System.out.print("-");
     System.out.print("\n");
  }
}
```

图 3-52　例 3.6.1 运行结果

程序的运行结果如图 3-52 所示。

在上面例题的 MethedTest 类中，除了 main() 方法之外，我们还定义了另一个方法：dline()。该方法的功能很简单：在同一行上连续画 30 根短线。这个方法在 main() 方法中被调用，且被调用了三次，由于该方法在调用过程中没有参数传递，因此在调用时 dline() 的小括号中是没有内容的，但要注意的是：小括号不能省略。

若是小括号中包含了（type 参数 1…）的内容，这就是我们下面要向大家介绍的参数传递问题。

3.6.3　参数的传递

上面例题中的方法没有传递任何参数，当调用的方法需要传递参数时，参数通过置于方法名后的小括号内来进行传递，括号内的参数可以是数值、字符串甚至是对象。在下面例题中，分别定义了从 main() 方法中获得参数（半径）值后计算面积和体积的两个方法：area() 与 volume()。在调用方法 area() 时，通过参数（radius）传递的方式让 area 中的变量 r 得到数据并立即运算面积。volume() 的调用方式与 area() 是完全相同的。最后回到 main() 方法中输出计算结果。

1. 变量或常数作为参数的传递

例 3.6.2　参数传递示例：已知圆半径，将其值分别传递给方法 area() 与 volume() 计算圆面积与圆球体积。

```
public class CircleClass {

    static double v_Circle;    // 声明在这里的变量称为类变量，具体在 3.6.4 节中介绍
    static double s_Circle;

    public static void main(String args[]) {
       double radius=4;
       area(radius);
       volume(radius);
```

```
        System.out.println("V="+v_Circle);
        System.out.println("S="+s_Circle);
    }
    public static void area(double r1) {
        s_Circle=3.14*r1*r1;
    }
    public static void volume(double r2) {
        v_Circle=3*3.14*r2*r2*r2/4;
    }
}
```

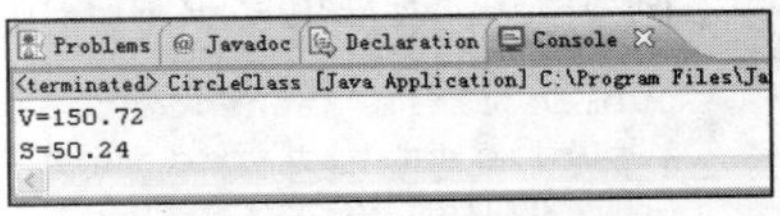

程序运行结果如图 3-53 所示。

图 3-53 例 3.6.2 运行结果

本程序中，area() 方法被调用时直接通过参数传递的方式计算圆面积值。在该方法的定义处 "public static void area(double r)" 语句中的参数变量 r 被称为"形式参数"（简称形参），它的作用是用于接收数据；在该方法的被调用处 "area(radius);" 语句给出需要运算的数据（这里为4）。radius 在这里被称为"实际参数"（简称实参），实际参数可以是本例这种类型已经被赋值的变量的形式，也可以是常数（如调用语句为 area(4)）。在数据传递过程中，所需传递的数据个数按照实际需要可以是一个或多个，本例中为一个。需要特别注意的是，在给出实际数据时，实际参数的个数与数据类型和形式参数的个数与数据类型必须完全一致。

2. 数组作为参数的传递

Java 程序中的方法不仅可以传递各种数据类型的变量，也可以用来传递数组。当数组作为参数传递时，只需在实参的位置上输入数组名即可。注意，对于方法体中的参数，数组元素的个数即方括号内的值不能写。

下面的程序实现传递一维数组（一组成绩）到方法 Maxs() 中，Maxs() 接收数组判别并输出其中的最大值。

例 3.6.3 一维数组的传递。

```
public class ArrPart{
    public static void main (String arg[]){
        int score[]={65,35,98,86,77,60};
        Maxs(score);
    }
    public static void Maxs (int sarr[]){        // 一维数组的接收
        int tt=sarr[0];
        for (int i=0;i<sarr.length;i++)
            if (tt<sarr[i])
                tt=sarr[i];
        System.out.println("The best score is  "+tt+"!");
    }
}
```

程序运行结果如图 3-54 所示。

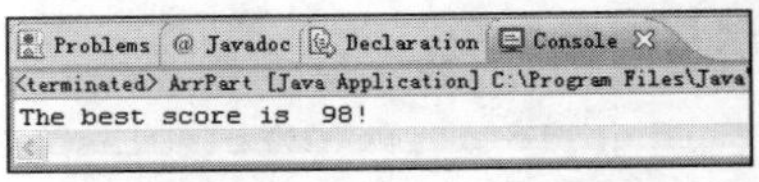

3.6.4 作用域

图 3-54 例 3.6.3 运行结果

现在我们来回顾一下例 3.6.2，在该例的 CircleClass 类中我们定义了该类的两个成员变量：v_Circle 和 s_Circle，用于存放计算好的面积与体积值，这类成员变量称为**类变量**，它们获得数据的位置是在方法 area() 与方法 volume() 中，并且要将数据带回到 main() 方法中完成输出的任务，因此它们的作用范围为整个类，所以类变量的声明位置应该在所有方法（包括 main() 方法）

的外面。

与类变量不同的是：在例 3.6.2 中还有两个变量 r1 和 r2，这两个变量的声明位置是在方法 area() 与方法 volume() 中的参数部分，因此它们的作用范围只在其对应方法的内部，一旦程序流程执行完了其所在的方法体，该变量将被系统自动释放，因此在其所在方法以外的位置是获取不到该变量数值的，这种类型的变量被称为**局部变量**。

3.6.5 return 语句

return 语句一般处于方法主体之中，用于返回方法所运算的值给调用者，即主程序，并终止方法的执行，回到调用方法的程序。当系统在执行方法主体中的语句时，一旦遇到 return 语句便立即结束该方法的运行（即不再执行 return 语句后面的语句），并且将该方法的运行结果（返回值）返回到代码中调用它时的位置。

例 3.6.4 编一个计算 6 的阶乘（6！）的程序。

```java
class Factor{
    public static void main(String args[]){
        int mm =Mul(6);  /*Mul()方法被执行后，return语句将计算结果返回该处，然后赋值给变量mm*/
        System.out.println("6！="+mm);
    }

    public static int Mul(int n){
        int m=1;
        for (int i=1;i<=n;i++)
           m=m*i;
        return m;                          // 把计算好的值传回调用该方法的语句
    }
}
```

程序运行结果如图 3-55 所示。

方法按照实际需要，可以定义为有返回值与无返回值两种，例 3.6.2 属于无返回值类型，其计算结果是由类变量带出来的，因此在类型定义处使用了关键字 void。例 3.6.4 则属于有返回

图 3-55　例 3.6.4 运行结果

值类型，方法一旦有返回值，在方法的定义处就必须给出其返回值的数据类型。即语句"public static int Mul (int n)"中 Mul 前面的 int。还须注意在主程序中调用形式的不同。有返回值的调用其方法名只作为语句的一部分，是语句中的表达式。而无返回值的调用其方法名作为完整的语句使用。

在例 3.6.2 中，我们使用类变量来输出运算的结果，例 3.6.5 则是通过调用有返回值的方法来实现圆面积与球体积的计算。

例 3.6.5 以有返回值的方法计算圆面积与球体积。

```java
public class CircleClassaa {
    public static void main(String args[]){
        double v_Circle;
        double s_Circle;
        double radius=4;
        s_Circle=area(radius);
        v_Circle=volume(radius);
        System.out.println("V="+v_Circle);
        System.out.println("S="+s_Circle);
    }
```

```
        public static double area(double r1) {
            double s=3.14*r1*r1;
            return s;
        }
        public static double volume(double r2) {
            double v=3*3.14*r2*r2*r2/4;
            return v;
        }
}
```

通过编译与运行可以看到,所得到的结果与例 3.6.2 是完全一样的。

3.6.6 方法的嵌套调用

首先看下面的例子。

例 3.6.6 根据组合数计算公式:

$$C_m^n = \frac{m!}{n!*(m-n)!}$$

编程计算 C_6^3 的值。

```
class Comb{
    static int Mul(int n) {
        int m=1;
        for (int i=1; i<=n; i++)
            m=m*i;
        return m;
    }
    static int cc (int m, int n){
        return Mul(m) / (Mul(n) * Mul(m-n));
    }
    public static void main(String args[]) {
        System.out.println("C(6,3)=" + cc(6,3));
    }
}
```

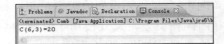

图 3-56 例 3.6.6 运行结果

程序运行结果如图 3-56 所示。

本程序的 Comb 类中各有三个方法,其中 Mul() 与 cc() 分别完成阶乘运算与组合运算。在具体运行程序时,main() 方法调用 cc() 方法,cc() 方法又调用阶乘运算方法 Mul(),这种工作方式称为方法的嵌套调用。

我们同样可以将例 3.6.2 改变成以方法嵌套调用的方式来实现。

例 3.6.7 用方法嵌套调用方式实现圆面积与球体积的计算和输出。

```
public class CircleClassp{
    public static void main(String args[]){
        double radius=4;
        area(radius);
        volume(radius);

    }
    public static void area(double r1) {
        double s=3.14*r1*r1;
        display("area",s);
    }
```

```
    public static void volume(double r2) {
        double v=3*3.14*r2*r2*r2/4;
        display("volume",v);
    }
    public static void display(String st,double x) {
         System.out.println(st+"="+x);
    }
}
```

本程序的方法 area() 与 volume() 中除了计算数值之外，还嵌有对方法 display() 的调用。在对于方法 display() 的调用过程中，有两个传递的参数：一个为字符串常量，表示计算数值的名称，另一个则是存放计算结果的变量。程序的运行结果与例 3.6.2 也是一样的。

3.6.7 递归

当一个方法在运行中需要调用自己时，就称为递归调用。利用递归，便可以把某些复杂的问题化为简单的程序来解决。

同样对于解决阶乘问题，我们知道 $n!$ 的问题当 n 大于 1 时可以转化为 $n(n-1)!$，而当 n 等于 1 时为 1，因此得到递归公式为：

$$n!=\begin{cases}1 & (n=0,1)\\ n(n-1)! & (n>1)\end{cases}$$

递归结构主要包括：

1）可以把一个问题转化为一个新问题，而新问题的解决方法仍与原问题解法相同，只是处理的对象有所不同，但它们应是有规律可循的。如对阶乘问题，当 $n>1$ 时，$n!$ 问题可转化成 $(n-1)!$ 的问题，而 $(n-1)!$ 的问题又可转化为 $(n-2)!$ 的问题，它们之间的转化规律为 $j!=j(j-1)!(1<j<n)$。这个过程称为递推。

2）必须要有一个明确的结束条件，如当 $n=1$ 时 $n!=1$，在此称为递归终止条件，不然的话，递归将无休止地进行下去。当 $n=1$ 时得到递归终止条件：$1!=1$，则按照递推公式我们就可以求得 2！，如此回推，直到求得 $n!$ 的值，这个过程称为回归。

因此递归实际上就是递推与回归的结合。

例 3.6.8 利用递归求 10！。

```
class Factor11{
    static long Fact(int n){
        if (n==1)
            return 1;
        else
            return n*Fact(n-1);
    }
    public static void main(String args[]) {
        int n=10;
        System.out.println(n + "!=" + Fact(n));
    }
}
```

该程序的 Fact() 方法的主体接收的参数为 n，当 $n=1$ 时返回值 1，否则返回 $n\times Fact(n-1)$。其递归计算的过程如图 3-57 所示。程序运行结果如图 3-58 所示。

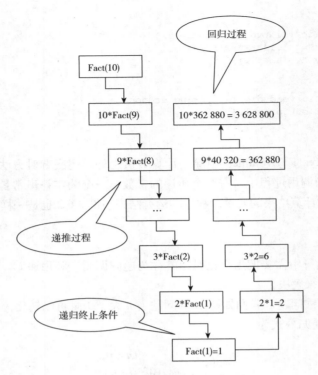

图 3-57　Fact(10) 的递归计算过程

图 3-58　例 3.6.8 运行结果

3.7　本章概要

1. 结构化程序设计的基本概念。
2. 顺序结构流程的执行原理与输入语句的使用。
3. 不同选择结构流程的语句形式与执行原理。
4. 不同循环结构流程的语句形式与执行原理。
5. break 语句及 continue 语句的使用。
6. 数组的应用与字符串处理。
7. 方法的声明与调用：方法的定义；方法的调用原则；不同类型参数的传递规则及运算结果的返回；方法的嵌套调用及递归调用原理。

3.8　思考练习

一、思考题

1. 什么是结构化程序设计？
2. 使用 if 语句与使用条件运算符 "？："有什么不同？
3. 使用 for 循环与 while 循环的条件有什么不同？
4. 简述 break 语句与 continue 语句的区别。

5. 一维数组与二维数组如何声明、赋值及输出？

6. 用参数传递的方式调用方法应注意哪些方面？

二、填空题

1. 下面的程序经运行后，其输出结果是_____。

```
public class Yuedu1{
   public static void main(String args[]){
      int x,y;
      x=y=0;
      do{
         y++;
         x*=x;
      } while((x>0)&&(y>5));
       System.out.println("y="+y+"    x="+x);
   }
}
```

2. 下面的程序经运行后，其输出结果是_____。

```
public class Yuedu2{
   public static void main(String args[]){
      int i;
      for (i=1;i<6;i++){
         if (i%2==0) {
            System.out.print("#");
            continue;
         }
         System.out.print("*");
      }
      System.out.println();
   }
}
```

3. 下面的程序经运行后，其输出结果是_____。

```
public class Yuedu3{
   public static void main(String args[]){
      int x,i;
      System.out.println("x1="+add(4,6));
      System.out.println("x2="+add(3,add(1,2)));
   }
   static int add(int x , int y) {
      return x+y;
   }
}
```

4. 下面的程序经运行后，其输出结果是_____。

```
public class Yuedu3{
   public static void main(String args[]){
       System.out.println(fun(4));
   }
   static int fun(int n) {
     int t;
     if((n==0)||n==1)
        t=3;
     else
        t=n*fun(n-1);
     return t;
   }
}
```

第 4 章 Java 的面向对象程序设计

从第 1 章的介绍中我们知道了面向对象程序设计是当今软件设计的有效方法，软件的修改和扩充是软件生命周期中不可缺少的过程，如何简单方便实现这一过程正是面向对象程序设计发展的目标所在。

4.1 面向对象程序设计概述

4.1.1 面向对象程序设计的目的

在面向对象技术中，客观世界中的某个事物被作为一个对象来考虑，比如：有个人叫张先生，他就是一个对象。每个事物都有自己的属性和行为。根据需要张先生的属性是姓名、性别、身高和体重，他的行为有开车、阅读、跑步等。从程序设计的角度来看，事物的属性就可以用变量来描述，行为则用方法来反映。

客观世界中事物的属性和行为可以进行传递，当某一个事物得到了另一个事物传给它的属性和行为，我们就说该事物实现了继承。比如张先生有一个儿子，他继承了他父亲的某些属性和行为，如：身高一米八，同样具有阅读、跑步和开车的能力。继承不同于复制，实现了继承的事物可以添加上自己的属性和行为，从而实现对已有事物的功能扩充。从张先生的儿子来说，他还具有其父亲没有的行为：如编写程序的能力，因此张先生儿子所拥有的能力比他父亲多。我们把以上概念应用到程序设计中，将张先生的属性和行为与程序修改前的内容作对应，而儿子的属性与行为与程序要添加的新功能相对应，这就可以实现修改后的程序既保留原有的功能，也添加了新的功能。继承的特点使程序的修改扩充变得简单方便。

面向对象的程序设计方法将客观事物进行抽象，如将具有张先生类似的人组成一组，称之为"类"，统一进行描述定义，从而产生一个新的属性类型，接着就可以很方便地创建张先生或李先生等对象，并通过继承等技术实现软件的可扩充性和可重用性。

4.1.2 类和对象

在面向对象的程序设计语言中，类是一种特殊属性类型。在类中包含了变量以及与变量有关的操作（方法），类可以看做具有共同属性和行为的事物的抽象。

对象是类的实例。类和对象的关系就如同前几章讲过的属性类型和变量的关系。例如，"电话"类代表电话这一类事物，而电话的对象代表一个具体的电话。

4.1.3 面向对象程序设计的核心技术

面向对象程序设计的核心技术是封装、继承和多态性。

类是封装的基本单元。通过封装可以隐藏类的实现细节，也可以避免对类中属性的直接操作。可以通过类的公共接口访问类中的变量，而不必知道这个接口（公共方法）是如何实现的。只要这个方法的名字和参数不变，即使类中的变量被重新定义或方法的代码被修改，对类中变量的访问也不会受到影响。

例如，你要在计算机上安装一块声卡，你不必知道声卡的内部结构，也不必知道声卡的功能是如何实现的，因为实现声卡功能的集成电路都被封装了。你只要知道声卡应该安装在你的计算机主板的什么位置，其他设备如音箱、光驱怎样与声卡连接就可以了。

继承是对类的功能的重用和扩充。通过对某一个类的继承产生一个新类（子类），子类既有从某个类（超类）中继承下来的功能，又可以定义自己的变量和方法，产生新的功能。

多态性是指方法的名字相同，但实现不同。即"一个接口，多个方法"。如有三个方法，分别用来计算圆、矩形和三角形的面积，它们都可以叫 area。

4.1.4 Java 的面向对象技术

Java 是一种完全面向对象的程序设计语言，它所有的属性类型和方法都封装在类中。Java 继承了 C++ 的优点，但放弃了那些含糊、复杂和容易出错的特性。Java 所实现的面向对象的特性，降低了程序的复杂性，实现了代码的可重用性，提高了运行效率。

以上将面向对象的程序设计技术和目的做了简单叙述，如何在 Java 中实现这些概念将在本章的有关小节中做详细介绍。

4.2 类的创建

类是 Java 程序的基本组成单位，本节重点讨论 Java 类的构造。

4.2.1 类的声明格式

类的声明格式如下：

```
<类首声明>{
  <类主体>
}
```

其中：类首声明定义了类的名字、访问权限以及与其他类的关系。类主体定义了类的成员，包括变量（属性）和方法（行为）。

1. 类首声明

类首声明的格式如下：

```
[<修饰符>] class <类名> [extends <超类名>] [implements <接口名>]
```

其中：

class：类定义的关键字。

extends：表示类和另外一些类（超类）的继承关系。

implements：表示类实现了某些接口。

修饰符：表示类访问权限（public、private 等）和一些其他特性（abstract、final 等）。

例如：

```
public class Date1
```

声明 Date1 类，访问权限为 public，表示类 Date1 可以被该类所属的包之外的类使用。

关于类的访问权限和其他特性将在 4.4 节详细说明。

2. 类主体

类主体的结构如下：

```
<类首声明> {        // 类首，以下为类主体
    <成员变量的声明>
    <成员方法的声明及实现>
}
```

成员变量即类的属性，反映了类的外观和状态等。成员方法即类的行为（对属性的操作）。

例 4.2.1 声明一个日期类 Date1。

```
public class Date1{
  int year,month,day;        // 成员变量
  public void today( ) {     // 成员方法
  System.out.println("Date is"+year+"/"+month+"/"+day);}
}
```

在例 4.2.1 声明的类中，成员变量 year、month、day 分别表示日期的年、月、日，成员方法 today() 表示对属性的操作即打印今天的日期。当然在这个类中我们看到，对属性的操作还远远不够，如没有对日期进行设置的操作，因此在后面的介绍中，我们将补充一些方法，使这个类更完善。

4.2.2 成员变量

类的成员变量的声明要给出变量名、变量的类型和其他特性，其格式如下：

[<修饰符>] [static] [final] [transient] <变量类型> <变量名>

其中：

static：表示一个类成员变量（静态变量）。

final：表示一个常量。

transient：表示一个临时变量。

修饰符：表示变量的访问权限（默认访问、public、protected 和 private），关于访问权限将在后面详细说明。

如在类 Date1 中，成员变量 year、month、day 是整型变量（非静态），有默认的访问权限。

4.2.3 成员方法

成员方法是类的行为，实现了对类的属性的操作。同时，其他类也可以通过某个类的方法对它进行访问。类的成员方法的声明格式如下：

[<修饰符>] <返回类型> <方法名> ([<参数表列>])[throws<异常类>]{
    方法体
}

关于方法在前面的章节中已经有详细的说明，这里讲一下修饰符。

修饰符包括：

- 方法的访问权限（默认的、public、protected 和 private）。
- static：类方法（静态方法）。
- abstract：抽象方法（无方法体的方法）。
- final：最终方法（不能被子类继承的方法）。
- throws：表示抛出异常。

这些修饰符将在以后小节中再说明。

例 4.2.2　日期类的改进版，增加了一些方法，便于对属性的操作。

```java
public class Date2{
  int year,month,day;
  public void setdate(int y,int m,int d) {          // 设置某一天的日期
    year=y;
    month=m;
    day=d;
  }
  void today( ) {                                    // 打印某一天的日期
    System.out.println("The date of today is "+year+"/"+month+"/"+day);
  }
  boolean isleap(int y) {                            // 判断某年是否是闰年
    return (y%4==0&&y%100!=0)||y%400==0 ;
  }
  void tomorrow( ) {                                 // 计算并打印某天后面一天的日期
    int d, m, y;
    d=day+1; m=month; y=year;
    if ((d>28)&&month==2) {
      if(!isleap(year)||d>29)
         d=1; m=m+1;
    }
    else if(d>30&&(month<7&&month%2==0||month>7&&month%2==1)){
        d=1; m=m+1;
    }
    else if(d>31) {
        d=1;m=m+1;
        if (m==13){
            y=y+1; m=1;
        }
    }
    System.out.println("The date of tomorrow is "+y+"/"+m+"/"+d);
  }
  public static void main(String args[]){
    Date2 de=new Date2();
    de.setdate(2000,2,29);
    if (de.isleap(de.year)) System.out.println(de.year+" is a leap year");
    de.today();
    de.tomorrow();
  }
}
```

在这个例题中，增加了方法 setdate() 设置某天的日期；方法 tomorrow() 计算和打印某天后面一天的日期，在这个方法中，要考虑到每个月的最后一天的后面一天是下一个月的第一天，而每个月的最后一天是不一样的（有31、30、29、28）；方法 isleap() 就是用来判断某年是否是闰年，这样可以知道该年的 2 月有几天。

在 main() 方法中，声明并创建了类 Date2 的对象 de，用语句 de.setdate(2000,2,29) 调用方法 setdate()，这样将某天的日期设置为 2000 年 2 月 29 日。然后用语句 de.today() 调用方法 today()，在屏幕上显示今天的日期，即：

```
The data of today is 2000/2/29
```

再用语句 de.tomorrow() 调用方法 tomorrow()，先计算出 2000/2/29 后面的一天，因为 2000 年是闰年，所以在屏幕上显示：

```
The data of tomorrow is 2000/3/1
```

关于对象的声明和创建、成员变量引用及成员方法的调用将在下面讲述。

4.3 对象的创建和使用

4.3.1 创建对象

类是一种数据类型，是对事物的抽象。在程序中，必须创建它的实例即对象。就如同在现实问题中，我们遇到的都是一个个具体的事物而不是抽象的概念。在例 4.2.2 中，我们不能对类 Date2 设置某天的日期，只能对 Date2 的对象 de 设置日期。比如你说"老师好"这句话时，是在向某个或某些特定的老师问，而不是向抽象的"老师"这个概念问好。创建对象的形式有两种。

1）第一种形式的创建步骤如下。

第一步：声明对象。

按照下面格式声明一个对象：

<类名> <对象名>

例如：

```
Date1 a;
```

将 a 声明为类 Date1 的对象，但是这样并没有将此对象实例化，现在仅仅是通知编译器，a 是类 Date1 的一个对象。

第二步：实例化对象。

用运算符 new 来实例化对象，格式如下：

<对象名> = new <类名>( )

例如：

```
Date1 a;        //声明对象
a=new Date1( ); //实例化对象
```

2）第二种创建对象的形式是在声明对象的同时，将它实例化。格式如下：

<类名> <对象名> =new <类名>( )

例如：

```
Date2 de=new Date2( );
```

在将对象实例化时，就向内存申请分配存储空间，并同时对对象进行初始化。这些工作分别用 new 运算符和类的构造方法来完成。如语句：

```
a=new Date1( );
```

就调用了类的构造方法 Date1()。对同一个类，我们可以创建若干个对象。

4.3.2 构造方法和对象的初始化

类的构造方法使我们可以在创建对象时进行初始化（对成员变量赋初值）。如果不想进行初始化，则调用类的默认构造方法（由 Java 默认给出），否则就要创建自己的构造方法。如：

```
Date2 de=new Date2( );
```

调用了类的默认构造方法。默认的构造方法没有参数。

又如：

```
Date2 de=new Date2( 1999,12,31);
```

则调用了自己创建的构造方法，对类的成员变量 year、month 和 day 分别赋初值 1999、12 和 31。

1. 如何创建构造方法

创建一个构造方法和创建其他成员方法是一样的。但要注意某个类的构造方法的名字应该和这个类的名字一样；构造方法没有返回值（在构造方法名字前连 void 也不要加）。如我们要在类 Date2 中加上自己创建的构造方法，它的首部声明如下：

```
Date2(int y,int m,int d)
```

它的名字和类名一样，三个参数分别用来对成员变量 year、month 和 day 进行初始化。

例 4.3.1 增加了自己创建的构造方法的类 Date2。

```
public class Date2{
  int year,month,day;
  Date2(int y,int m,int d) {      //创建构造方法
     year=y;
     month=m;
     day=d;
  }
  Date2(){                         //默认构造方法
  }
  public void setdate(int y,int m,int d) {
     year=y;
     month=m;
     day=d;
  }
  void today(){
     System.out.println("The date of today is "+year+"/"+month+"/"+day);
  }
  boolean isleap(int y) {
     return (y%4==0&&y%100!=0)||y%400==0 ;
  }
  void tomorrow(){
     int d,m,y;
     d=day+1;m=month;y=year;
     if ((d>28)&&month==2)
        if(!isleap(year)||d>29) {
           d=1;m=m+1;
        }
     else if(d>30&&(month<7&&month%2==0||month>7&&month%2==1)) {
           d=1; m=m+1;
        }
     else if (d>31) {
           d=1; m=m+1;
           if(m==13){y=y+1;m=1;}
        }
     System.out.println("The date of tomorrow is "+y+"/"+m+"/"+d);
  }
  public static void main(String args[]){
     Date2 de1,de2;
     de1=new Date2(1999,3,31);    // 调用构造方法进行初始化
     de2=new Date2();             // 调用默认构造方法
     System.out.println("The first object:");
     if(de1.isleap(de1.year)) System.out.println(de1.year+" is a leap year");
```

```
    de1.today();
    de1.tomorrow();
    System.out.println("The second object:");
    de2.setdate(2000,2,29);
    if(de2.isleap(de2.year)) System.out.println(de2.year+" is a leap year");
    de2.today();
    de2.tomorrow();
  }
}
```

程序的运行结果如图 4-1 所示。

在此例中增加自己创建的构造方法：

```
Date2(int y,int m,int d){
  year=y;
  month=m;
  day=d;
}
```

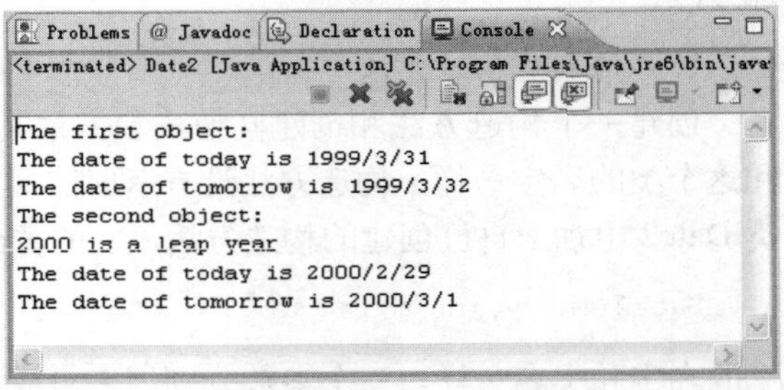

图 4-1　例 4.3.1 运行结果

创建对象 de1 时调用它，进行初始化。

而创建对象 de2 时，没有对成员变量进行初始化，所以应该调用默认的构造方法。但是有了自己创建的构造方法后，Java 就不给出默认的构造方法，所以必须在类中自己加上一个无参数的构造方法：

```
Date2( )
{ }
```

在执行语句：

```
de2=new Date2( );
```

时就调用此无参数的构造方法。

在如同例 4.3.1 这样的情况下，如果不在类中加上一个无参数的构造方法，用上面的语句创建对象 de2 时就要出错。

2. 无参数的构造方法

从上面的例子我们可以知道：如果在类中已有自定义的构造方法，而创建某些对象时又不想使用自定义构造方法，一定要在类中创建无参数的构造方法，因为此时已没有默认的构造方法了。

实际上，构造方法是可以重载的（关于重载我们将在后面详细分析），在例 4.3.1 的类 Date2 中，我们就创建了两个同名但参数不一样的构造方法。

4.3.3　对象的使用

创建了对象以后，就可以根据对象和对象成员的访问权限对成员变量进行访问或调用成员方法对变量进行操作。引用成员变量或成员方法时要用"."运算符。

1. 成员变量的引用

成员变量的引用格式如下：

<对象名> . <变量名>

如在例 4.3.1 中，语句：

```
if (de1.isleap(de1.year)) System.out.println(de1.year+" is a leap year");
```

中，de1.year 引用了成员变量 year。

2. 成员方法的调用

成员方法的调用格式如下：

<对象名>.<方法名([参数])>

如在例 4.3.1 中，语句：

```
if (de1.isleap(de1.year)) System.out.println(de1.year+" is a leap year");
```

中，de1.isleap(de1.year) 引用了成员方法 isleap()，de1.year 是参数。

4.3.4 对象的销毁

我们知道了对象通过用 new 运算符构造产生，操作系统则对对象分配所需的存储空间，存放其属性值。但内存是有限的，不能存放无限多的对象，为此，Java 提供了自动销毁无用对象的机制，回收所占用的存储空间。其中，有两个概念需要了解。

1. 对象的生命周期

对象的生命周期是指对象的创建、使用和销毁过程。对象的销毁是指当对象使用完毕后，释放对象所占有的资源（如分配给它的内存）。

2. 对象销毁的方法

Java 能自动判断对象是否在使用，并自动销毁不再使用的对象，收回对象所占用的资源。在这种情况下我们并不知道对象销毁的确切时间。

此外，我们可以在程序中定义 finalize() 方法，使得对象在销毁之前执行该方法。该方法的基本格式如下：

```
<修饰符> void finalize( ){
   方法体
}
```

finalize() 方法没有参数、没有返回值，且一个类只能定义一个 finalize() 方法。值得注意的是：该方法的运行是发生在对象销毁之前。

下面通过一个程序来了解 finalize() 方法的运行和对象销毁机制。

```java
public class FinTest{

    int n;
    FinTest(int i){
      n=i;
    }

    public void finalize(){
       System.out.println("disappare"+n);
    }

    public void create(int i){
       FinTest d=new FinTest(i);
    }

    public static void main(String [] args){
        int j;
        FinTest dx=new FinTest(1);
        for (j=1; j<10000; j++){
```

```
        dx.create(j);
    }
  }
}
```

该类首先创建了一个对象 dx，然后通过 dx 调用 create() 方法创建 10 000 个对象，由于销毁对象机制通常在有许多无用的对象时才发挥作用，所以需要创建足够量的对象。从程序的运行结果可以看到，系统的销毁对象机制发生在程序运行过程中的不同时间点上，但发生的次数和时间是不确定的，它由操作系统、内存的初始大小等多个因素决定，因此每次的运行结果也是不同的。

4.4 类的封装

在本章的开始我们就提到类是封装的基本单元。类把属性和方法封装起来，使外界对类的认识和使用不用考虑类中的具体细节。通过前面有关小节的学习，我们已经能够体会到 Java 程序就是由这样的类组成的，如何对类中的成员进行有控制的访问则是本节重点要讨论的内容。

4.4.1 封装的目的

在前面的例子中，对类的成员变量或方法都没有设定访问权限，因此类外的代码可以方便地访问类的成员。如语句：

```
if (de1.isleap(de1.year)) System.out.println(de1.year+" is a leap year");
```

中，de1.year 就是对类的成员变量的直接访问，这样降低了类中数据的安全性。如用语句：

```
de1.year=2001;
```

就可以修改类中的变量，这是非常危险的。这意味着类的外部可以没有限制地直接访问类中的变量。因此必须限制类的外部程序对类内部成员的访问，这就是类的封装目的。

但是封装并不是不允许对类的成员变量的访问，而是创建一些允许外部访问的方法，通过这样的方法来访问类的成员变量。这样的方法称为公共接口。

封装的另一目的是细节屏蔽，这是面向对象程序设计的基本思想方法，便于程序功能的扩展和程序的维护。

4.4.2 访问权限的设置

1. 访问权限

Java 中有四种访问权限：公有的（public）、保护的（protected）、默认的和私有的（private）。括号里是设置权限时用的关键字。各种权限的访问级别见表 4-1。

表 4-1 各种权限的访问级别

权　　限	同一类	同一包	不同包的子类	所有类
public	允许	允许	允许	允许
protected	允许	允许	允许	不允许
默认	允许	允许	不允许	不允许
private	允许	不允许	不允许	不允许

2. 类的访问权限的设置

类的权限设置有两种：默认和 public。因此在声明一个类时，其权限关键字要么没有，要么是 public。如果在一个源程序文件中，声明了若干个类的话，只能有一个类的权限关键字是 public。这个类的名字应该和程序文件同名，main() 方法也应该在这个类中。

例如，在文件 Date_t.java 中定义两个类：

```
public class Date_t{
  ...
  public static void main(String args[]){
    ...
  }
}
class Time{
  ...
}
```

3. 类的成员的访问权限设置

用权限关键字设置类的成员的权限，可以决定是否允许类外部的代码访问这些成员。如：

```
private int year,month,day;
public today();
```

权限关键字的含义如下：
- public：该类的成员可以被其他所有的类访问。
- protected：该类的成员可以被同一包中的类或其他包中的该类的子类访问。
- 无权限关键字：默认的权限，该类的成员能被同一包中的类访问。
- private：该类的成员只能被同一类中的成员访问。

例 4.4.1　设置了访问权限的日期类 Date3。

```
class Date3{
  private int year,month,day;
  public void setdate(int y,int m,int d){
    year=y;
    month=m;
    day=d;
  }
  void today(){
    System.out.println("The date of today is "+year+"/"+month+"/"+day);
  }
  int getyear(){
    return year;
  }
  boolean isleap(int y) {
    return (y%4==0&&y%100!=0)||y%400==0 ;}
}
public class Date3_ex{
  public static void main(String args[]){
    Date3 de=new Date3();
    int year;
    de.setdate(2000,2,29);
    year=de.getyear();
    if (de.isleap(year)) System.out.println(year+" is a leap year");
    de.today();
  }
}
```

程序的运行结果如图4-2所示。

在此例中，在文件Date3_ex中声明了两个类，因为类Date3的成员变量year、month和day的访问权限被设置为private，所以在类Date3_ex中无法用de.year访问类Date3的成员变量year，必须在类Date3中声明访问权限为默认的成员方法getyear()，此方法返回成员变量year的值。当然getyear()方法的访问权限也可以是protected或public。在类Date3_ex中通过调用Date3的getyear()方法，得到Date3中year的值。

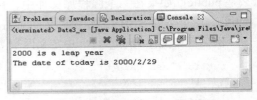

图4-2 例4.4.1运行结果

因为两个类在同一个文件中，只有main()方法所在的类Date3_ex被设置为public，并与文件同名。

4.4.3 类成员（静态成员）

类中有一种特殊的成员，它不属于某个对象，不能通过某个对象来引用或调用。这种成员在声明时前面要加上关键字static。

1. 类变量

类变量可以被所有的对象共享，它的存在和对象的生命周期无关，在一个对象也没有被创建时，类变量就存在了。当程序运行结束，类变量才被撤销。

作为一种静态成员，在一个对象中对类变量的操作，会影响到同一类的其他对象。类变量用类名引用，格式如下：

```
<类名>.<类变量>
```

例4.4.2 创建一个类Melon（瓜），其中成员变量total_weight和total_number声明为static。当创建一个Melon的对象（加入一个瓜），total_weight和total_number就增加一次，每调用一次类的reduce()方法（减掉一个瓜），total_weight和total_number就减少一次。

```
class Melon{
  float weight;
  static float total_weight=0;
  static int total_number=0;
  public Melon(float w) {
    weight=w;
    total_weight=total_weight+weight;
    total_number=total_number+1;
  }
  public void reduce(){
    total_weight=total_weight-weight;
    total_number=total_number-1;
  }
}
public class Melon_ex{
  public static void main(String args[]){
  Melon m1,m2;
  m1=new Melon(10);
  m2=new Melon(12);
  System.out.println("Total weight:  "+Melon.total_weight);
  System.out.println("Total number:  "+Melon.total_number);
  m1.reduce();
  System.out.println("Total weight:  "+Melon.total_weight);
```

```
    System.out.println("Total number:  "+Melon.total_number);
    m2.reduce();
    System.out.println("Total weight:  "+Melon.total_weight);
    System.out.println("Total number:  "+Melon.total_number);
  }
}
```

在此例的语句：

```
System.out.println("Total weight:  "+Melon.total_weight);
System.out.println("Total number:  "+Melon.total_number);
```

中，Melon.total_weight 和 Melon.total_number 就是用类名引用类变量 total_weight 和 total.number。

在创建对象 m1 时用参数 10 调用了类的构造方法，执行了下列语句：

```
total_weight=total_weight+weight;
total_number=total_number+1;
```

total_weight 和 total_number 的值为 10 和 1。

接着用参数 12 调用类的构造方法，创建对象 m2，也执行了上面两句语句。因为类变量被对象共享，所以两次调用构造方法是对同一个 total_weight 和 total_number 进行运算。由于类变量是静态变量，第一次调用构造方法时 total_weight 和 total_number 的运算结果被保留，第二次调用构造方法时将以第一次调用的运算结果作为初值。当 m2 被创建后，total_weight 和 total_number 的值为 22 和 2。

接着两次调用成员方法 reduce()，语句：

```
total_weight=total_weight-weight;
total_number=total_number-1;
```

被执行两次，它们的值依次变为 12、1 和 0、0。

2. 类方法

类方法不属于类的某个对象，类方法只能引用类变量。类方法能用类名调用，也能用对象名调用。格式如下：

```
<类名>.<类方法名>
<对象名>.<类方法名>
```

类方法不用将类实例化就可以引用，用第一种格式调用是非常方便的。一些公用的、通用的方法常常声明为类方法。

例 4.4.3 将 Melon 类的类变量 total_weight 和 total_number 的访问权限设置为 private，要创建类方法 get_total_weight 和 get_total_number 来访问两个类变量。

```
class Melon{
  float weight;
  private static float total_weight=0;
  private static int total_number=0;
  public Melon(float w) {
    weight=w;
    total_weight=total_weight+weight;
    total_number=total_number+1;
  }
  public void reduce( ) {
    total_weight=total_weight-weight;
    total_number=total_number-1;
```

```
  }
  public static float get_total_weight( ) {    // 声明一个类方法，用来访问类变量 total_weight
    return total_weight;
  }
  public static int get_total_number( ) { // 声明一个类方法用来访问类变量 total_number
    return total_number;
  }
}
public class Melon1_ex{
  public static void main(String args[]){
    Melon m1,m2;
    float t_weight;
    int t_number;
    m1=new Melon(10);
    m2=new Melon(12);
    t_weight=Melon.get_total_weight( );
    t_number=Melon.get_total_number( );
    System.out.println("Total weight:   "+t_weight);
    System.out.println("Total number:   "+t_number);
    m1.reduce( );
    t_weight=Melon.get_total_weight();
    t_number=Melon.get_total_number();
    System.out.println("Total weight:   "+t_weight);
    System.out.println("Total number:   "+t_number);
  }
}
```

在 Java 中除了可以自定义类方法外，Java 也提供了大量的常用类方法供大家开发使用。是否还记得前面练习中曾用过的 Math.random()，它就是一个 Math 类方法。下面介绍一些常用的数学函数在 Java 中的实现。这些方法都定义在 Math 类中，所以使用这些方法的格式如下：

```
Math .<方法名>
```

例如，求变量 x 的平方根：

```
y=Math.sqrt(x);
```

下面是一些常用的数学函数方法：

```
sin(double x)
cos(double x)
pow(double y,double x)        // 返回值为 y 的 x 次方
log(double x)                 // 返回值为的 x 自然对数
exp(double x)                 // 返回值为 eˣ
abs(double x)                 // 返回值为 x 的绝对值
max(double x, double y)       // 返回值为 x 和 y 比较后的较大值
sqrt(double x)
random()                      // 返回值为 [0 1) 的随机数
```

例 4.4.4　已知某一角度的值，求它的正弦值。

```
public class Sinx{
  public static void main(String args[]){
    double x=30;
    System.out.println("x="+x);
    System.out.println("sin(x)="+Math.sin(x*3.14/180));// 将角度值转换为弧度
  }
}
```

因为篇幅有限，大家可以参阅有关文档来掌握更多的类方法。

4.5 类的继承

如果要扩展一个程序的功能，可以对原来的类进行修改或增加一个新的类。这样要么会影响到那些和原来的类有关系的类，要么会造成代码的重复。一种好的方法是通过继承来重用已有的代码，同时增加新的代码来进行功能的扩展。

4.5.1 继承的基本概念

继承是面向对象程序设计的重要方法，被继承的类称超类，从超类派生出来（继承超类）的新类称子类。

如果类 Sub 是类 Super 的子类，则类 Sub 继承了超类 Super 的变量和方法（共享超类 Super 的变量和方法）。在子类 Sub 中，包括了两部分的内容：从超类 Super 中继承下来的变量和方法，自己新增加的变量和方法。

在 Java 中，只支持单重继承，不支持多重继承，所以一个类只能有一个超类。

4.5.2 子类的创建

1. 声明子类

在声明类的同时，声明类的超类：

```
[<修饰符>] class <子类名> extends <超类名>{
    子类体
}
```

例如：

```
class  Sub extends Super{
    子类体
}
```

声明了类 Sub，它的超类是 Super。

子类的每个对象也是超类的对象，而超类的对象不一定是子类的对象。

2. 子类继承超类的成员变量

继承原则：子类只继承超类中非 private 的成员变量。

隐藏（Hiding）原则：子类的成员变量和超类的成员变量同名时，超类的成员变量被隐藏（不能继承）。

例 4.5.1 声明一个类 Person，再声明一个类 Student 作为 Person 的子类。

```
class Person {         //声明类 Person
  protected String name;
  protected int age;
  protected String address;
  //声明成员方法,设置成员变量的值
  public void setPerson(String na,int ag,String ad) {
    name=na;age=ag;address=ad;
  }
}
class Student extends Person{   //声明类 Student 作为 Person 的子类
  String address;               //此成员变量和父类中的成员变量同名
```

```
    String department;
  // 声明成员方法,设置成员变量的值
  public void setStudent(String na,int ag,String ad,String ad1,String de){
    setPerson(na,ag,ad);         // 调用超类的方法
    address=ad1;
    department=de;
  }
}
public class Student_ex{
  public static void main(String args[]){
    Person pe=new Person();
    Student st=new Student();
    pe.setPerson("Tom",20,"121 North street");
    st.setStudent("John",19,"234 South street","336 West Street","Computer");
    System.out.println("The object of Person: "+pe.name+","+pe.age
                       +","+pe.address);
    System.out.println("The object of Student: "+st.name+","+st.age+","
                       +st.address+","+st.department);
  }
}
```

在此例中,子类 Student 继承了超类 Person 中访问权限为 protected 的成员变量 name 和 age。在子类和超类中都有的成员变量 address 不能被继承。在子类的 setStudent() 方法中,调用了超类的 setPerson() 方法对超类的成员变量赋初值。语句:

```
st.setStudent("John",19,"234 South street","336 West Street","Computer");
```

的前三个参数就是作为超类的 setPerson() 方法的参数赋给超类的成员变量,后两个则赋给了子类的成员变量。因为子类的 address 变量隐藏了超类的同名变量,所以在语句

```
System.out.println("The object of Student: "+st.name+","+st.age+","
                   +st.address+","+st.department);}
```

中,st.address 应该是子类的成员变量。

3. 子类继承超类的成员方法

继承原则:子类只继承超类中非 private 的成员方法。

覆盖(Override)原则:子类的成员方法和超类的成员方法同名时,超类的成员方法被子类的成员方法覆盖(不能继承)。

例 4.5.2 对例 4.5.1 声明的两个类进行了修改,增加了构造方法和 print() 方法输出成员变量。

```
class Person1{
  protected String name;
  protected int age;
  public Person1(String na,int ag) {
    name=na;age=ag;
  }
  public void print( ){      // 超类的 print 方法
    System.out.println("The object of Person:  "+name+","+age);
  }
}
class Student1 extends Person1{
  String address;
  String department;
  public Student1(String na, int ag, String ad, String de){
    super(na, ag);    // 调用超类的构造方法
    address=ad;
    department=de;
```

```
    }
    public void print(){      // 子类的 print 方法, 和超类中的方法同名
     System.out.println("The object of Student:  +"
         name+","+age+","+address+","+department);
    }
  }
  public class Student1_ex{
    public static void main(String args[]){
      Person1 pe=new Person1("Tom",20);
      Student1 st=new Student1("John",19,"336 West Street","Computer");
      pe.print( );        // 调用超类的 print 方法
      st.print( );        // 调用子类的 print 方法
    }
  }
```

在此例中，超类和子类中都有方法 print()，超类对象 pe 调用的是超类的 print() 方法，而子类对象 st 调用的就是子类的 print() 方法（考虑一下，如果超类和子类输出方法的名字不一样，程序可以如何改变）。

由于构造方法不能继承，所以子类有自己的构造方法：

```
public Student1(String na, int ag, String ad, String de){
  super(na, ag);
  address=ad;
  department=de;
}
```

其中参数 na 和参数 ag 用来给超类的成员变量赋初值，方法体中的语句：

```
super(na, ag);
```

就是用来调用超类 Person 的构造方法。

4. 子类的构造方法

在例 4.5.2 中，我们看到了怎样在子类中声明构造方法。在调用子类的构造方法时，首先要调用超类的构造方法。子类构造方法的前面几个参数是为超类构造方法所用。

在子类构造方法的方法体中，用 super 调用超类的构造方法，并要将此调用语句写在方法体的最前面。如超类中有默认的构造方法，则在子类的构造方法中可以不显式地调用超类的构造方法。如在例 4.5.2 的超类 Person1，增加默认的构造方法：

```
Person1()
{}
```

则子类 Student1 的构造方法可声明为：

```
public Student1(String ad,String de){
  address=ad;
  department=de;
}
```

这时，超类的成员变量有默认的初值。

4.5.3 null、this、super 对象运算符

1. null

null 表示空对象，即没有创建类的任何实例。

我们从 2.3.2 节知道如果程序中所定义的基本数据类型变量没有赋初值，Java 将给予该变量一个默认值。而当我们声明对象时，注意仅仅是声明，还没有用 new 实例化时，此时它就被初始化为一个特殊的值"null"。这时它就是一个空对象。

我们要引起重视的是，不要调用对象的值为 null 的实例方法。

2. this 引用

当我们在类的方法定义中需要引用正在使用该方法的对象时，可以用"this"表示。this 引用的使用方法如下：

1）用 this 指代对象本身。

2）访问本类的成员：

```
this.<变量名>
this.<方法名>
```

3）调用本类的构造方法：

```
this([参数列表])
```

3. super 引用

super 表示对某个类的超类的引用，可以用 super 来引用被子类屏蔽的超类的成员。使用方法如下：

1）如子类和超类有同名的成员变量或方法，则采用：

```
super.<成员变量名>
super.<成员方法名>
```

表示引用超类的成员（如无 super 则表示子类中的同名成员）。

2）用 super 调用超类的构造方法：

```
super([参数列表])
```

例 4.5.3　声明类 Person2 和它的子类 Student2，在超类 Person2 中声明方法 olderoryounger() 判断两个对象的成员变量 age 的大小。在超类和子类中都有 print() 方法输出成员变量的值。

```
class Person2{
  protected String name;
  protected int age;
  public Person2(String na,int ag){
     name=na;age=ag;
  }
  //以下方法判断两个对象的成员变量age的大小
  public void olderoryounger(Person2 p){
     int d;
     d=this.age-p.age;     //用this引用本对象的成员
     System.out.print(this.name +" is ");
     if (d>0) System.out.println("older than "+p.name);
     else if (d==0) System.out.println("same as "+p.name);
            else System.out.println("younger than "+p.name);
  }
  public void print(){
     System.out.println("The object of "+this.getClass().getName()+
                  ":  "+name+","+age);
     // this.getClass().getName()返回对象所属类的名字
  }
}
class Student2 extends Person2{
```

```
    String address;
    String department;
    public Student2(String na,int ag,String ad,String de){
       super(na,ag);          // 用 super 调用超类的构造方法
       address=ad;
       department=de;
    }
    public void print(){
       super.print();          // 用 super 调用超类的同名成员方法
       System.out.println("The other information of student:"
                          +address+","+department);
    }
}
public class Student2_ex{
    public static void main(String args[]){
       Person2 pe=new Person2("Tom",20);
       Student2 st=new Student2("John",19,"336 West Street","Computer");
       pe.print();
       st.print();
       pe. olderoryounger (st); // 子类对象传递给超类对象
    }
}
```

在此例超类的成员方法 olderoryounger() 中，this 表示调用此方法的对象，此方法的参数 p 代表了另一个超类对象，通过语句：

```
d=this.age-p.age;
```

计算出两个对象的 age 成员的差值。

在 main() 方法中，用语句：

```
pe. olderoryounger (st);
```

调用此方法时，参数 st 是子类的对象。因为子类的每个对象也是超类的对象，所以可以将子类的对象传递给超类的对象（在 4.6 节讲述多态性时将详细讨论这个问题）。

在子类的 print() 方法中调用了超类的同名方法输出从超类中继承的成员，所以用 super 引用此同名方法。同样在子类的构造方法中，用 super 调用了超类的构造方法。

4.5.4 最终类和抽象类

1. 最终类和最终方法

不能被继承的类称为最终类。在声明类时，用 final 将类说明为最终类，如：

```
final class Last;  //Last 为最终类
```

可以将非最终类中的成员方法用 final 说明为最终方法，这样此方法不会在子类中被覆盖（即子类中不能有与此方法同名的方法）。如：

```
public final void printsuper( ) // 此方法为最终方法
```

2. 抽象类和抽象方法

与最终方法相反，抽象方法是必须被子类覆盖的方法。在声明方法时，用关键字 abstract 将方法说明为抽象方法，并不设方法体。如：

```
protected abstract void write()      // 此方法为抽象方法
```

含有抽象方法的类称为抽象类，它是不能实例化的类，也用 abstract 说明。

抽象类和方法声明格式：

```
abstract class <类名>{
   成员变量；
   方法(){ 方法体 };                      //一般方法定义
   abstract 方法( );                      //抽象方法定义
}
```

对于成员方法，不能同时用 static 和 abstract 说明；对于类，不能同时用 final 和 abstract 说明。因为声明一个抽象类的目的就是为了形成一个类的组织结构，而不具体实现每个方法，然后通过派生出子类来实现各个方法。

例 4.5.4 声明一个抽象类 Shape，有抽象成员方法 area() 和 girth()。声明类 Rectangle 为 Shape 的子类，其中有成员方法 area() 和 draw() 具体实现了对超类的同名抽象方法。

```
abstract class Shape{                    //抽象类
   abstract protected double area();     //抽象方法，计算几何图形的面积
   abstract protected void girth();      //抽象方法，计算几何图形的周长
}
class Rectangle extends Shape{           //抽象类的子类
   float width,length;
   Rectangle(float w,float l){
      width=w;
      length=l;
   }
   public double area(){    //此方法是对超类抽象方法的具体实现
      return width*length;}
   public void girth(){};   //此方法是对超类抽象方法的具体实现
            //读者有兴趣可自己完成其中的代码
}
public class Shape_ex{
   public static void main(String args[]){
      Rectangle rc=new Rectangle(6,12);
      System.out.println("The area of rectangle :  " + rc.area());
   }
}
```

在作为超类的抽象类中，有抽象方法的声明（只能有首部声明）。在子类中必须实现超类中的所有抽象方法。即使不想马上实现超类的某个抽象方法，也要在子类中声明一个空的方法。如此例中的 girth() 方法。

4.6 类的多态性

多态性是指同一个名字的若干个方法，有不同的实现（即方法体中的代码不一样）。当我们用一个方法名调用方法时，执行的是这些不同版本中的一种。多态性是面向对象程序设计的重要特征。多态性是通过方法的重载（overloading）和覆盖（override）来实现。

4.6.1 方法的重载

一个类中，有若干个方法名字相同，但方法的参数不同，称为方法的重载。在调用时，根据参数的不同来决定执行哪个方法。

重载的关键是参数必须不同，即参数的类型或个数必须不同。如：

```
public void funover(int a)
```

```
public void funover(int a,float b)
public void funover(float a,int b)
```

都是正确的方法重载。而下面则不是正确的方法重载：

```
public void funover(int a,float b)
public int funover(int a,float b)
```

因为这两个方法名字和参数都一样，仅有返回类型不一样不是正确的方法重载。

方法重载的目的是为了用统一的名字访问一系列相关的方法。如：求圆、矩形和三角形的面积的方法，需要的参数和方法体都不一样。如果不用方法重载，三个方法用不同的名字，增加了使用的麻烦。用了方法的重载，只用一个名字就可以声明三个有不同方法体的方法：

```
public double area(float r)                      // 求圆的面积
public double area(float a,float b)              // 求矩形的面积
public double area(float a,float b,float c)      // 求三角形的面积
```

在声明一个类的时候，对于类的构造方法也可以重载。在创建对象时，根据初始化给出的参数不一样，可调用不同的构造方法。

在 4.3 节例 4.3.1 的类 Date2 中，声明了两个构造方法：

```
Date2(int y,int m,int d)
Date2( )
```

在创建对象时：

```
Date2 de1,de2;
de1=new Date2(1999,3,31);
de2=new Date2();
```

分别调用不同的构造方法，对象 de1 的三个成员变量得到初值，对象 de2 的三个成员变量有默认的初值。

例 4.6.1 在类 Shapearea 中声明三个同名方法 area() 求圆、矩形和三角形的面积。三个方法有不同的参数。

```
public class Shapearea{
  public double area(float r) {              // 求圆的面积
    return Math.PI*r*r;
  }
  public double area(float a,float b) {      // 求矩形的面积
    return a*b;
  }
  public double area(float a,float b,float c) { // 求三角形的面积
    float d;
    d=(a+b+c)/2;
    return Math.sqrt(d*(d-a)*(d-b)*(d-c));
  }
  public static void main(String args[]){
    Shapearea sh=new Shapearea();
    System.out.println("The area of circle:   "+sh.area(3));
    System.out.println("The area of rectangle :  "+sh.area(7,4));
    System.out.println("The area of triangle:   "+sh.area(3,4,5));
  }
}
```

程序中使用了 Java 的 Math 类的 PI 常数和 sqrt() 方法。

4.6.2 方法的覆盖

如果在子类和超类中有同名的方法（参数也相同），子类中的方法将覆盖超类的方法。在例 4.5.2 中，超类 Person1 和 Student1 中都定义有方法 print()。对于超类对象 pe，语句：

```
pe.print();
```

调用的是超类的 print() 方法。而语句：

```
st.print();
```

调用的是子类的 print() 方法，因为 st 是子类的对象。

因此如果超类和子类有同名且参数相同的方法，那么超类的对象调用超类的方法，子类的对象调用子类的方法，这就是覆盖。通过覆盖可以使同名的方法在不同层次的类中有不同的实现。例如，例 4.5.4 中抽象类 Shape 中的方法 area() 和 girth() 就被它的子类 Rectangle 中的同名方法覆盖。

例 4.6.2 声明超类 Shape 和它的子类 Circle，声明 Circle 的子类 Cylinder。Shape 为抽象类，三个类中都有方法 area()。

```java
abstract class Shape{           // 声明抽象类，有抽象方法 area
  abstract protected double area();
}
class Circle extends Shape{     //Shape 类的子类
  float r;
  public Circle(float a) {
    r=a;
  }
  public double area(){         // 实现超类的抽象方法
    System.out.print("Calculate the area of circle:   ");
    return Math.PI*r*r;
  }
}
class Cylinder extends Circle{  //Circle 类的子类
  float h;
  public Cylinder(float a,float b){
    super(a);
    h=b;
  }
  public double area(){         // 覆盖超类的同名方法 area
    System.out.print("Calculate the area of cylinder:   ");
    return 2*Math.PI*r*r+2*Math.PI*r*h;
  }
}
public class Shapecc_ex{
  public static void main(String args[]){
    Circle cl=new Circle(3);
    Cylinder cd=new Cylinder(2,5);
    System.out.println(cl.area());
    System.out.println(cd.area());
  }
}
```

在三个类中，抽象类的抽象方法 area() 必须被它的子类 Circle 中同名（同参数）的方法覆盖，Cylinder 中的方法 area() 则覆盖它的超类 Circle 中的 area() 方法。在程序中使用了 Java 的数学类（Math）中的 PI 常数。

4.6.3 前期绑定和后期绑定

对于方法的重载，在程序编译时，根据调用语句中给出的参数就可以决定在程序执行时调用同名方法的哪个版本。这称为编译时的绑定（或前期绑定）。

对于方法的覆盖，要在程序执行时，才能决定调用同名方法的版本。这称为运行时的绑定（或后期绑定）。如在例 4.6.2 中，语句：

```
Circle cl=new Circle(3);
Cylinder cd=new Cylinder(2,5);
System.out.println(cl.area());
System.out.println(cd.area());
```

中，超类对象 cl 和子类对象 cd 分别调用了超类和子类的 area() 方法，但如果有下面的语句：

```
cl=cd;
```

将子类对象赋给超类对象，那么

```
cl.area()
```

调用的 area() 方法是超类还是子类的？如果在例 4.6.2 的 main() 方法中加上上面两句语句，运行后我们看到，子类的 area() 方法将被调用。

例 4.6.3 一个后期绑定的例子，在例 4.6.2 的 main() 方法加入上面两句语句。

```
//Shape、Circle 和 Cylinder 类的声明同例 4.6.2
public class Shapeccd_ex{
  public static void main(String args[]){
    Circle cl=new Circle(3);
    Cylinder cd=new Cylinder(2,5);
    System.out.println(cl.area());
    System.out.println(cd.area());
    cl=cd;                          //将子类对象赋给超类对象
    System.out.println(cl.area());  //用超类对象调用area()方法，执行子类中的同名方法
  }
}
```

在此例中，超类的对象调用的方法可能是超类本身的，也可能是子类中的同名方法。因此在方法覆盖时采用的是后期绑定。当子类对象赋给超类对象或作为方法的参数传递给超类对象时，超类对象调用子类中的同名方法。

子类的对象可以赋给超类的对象或作为方法的参数传递给超类对象（如例 4.5.3）。反之则不行。

4.7 接口

在 Java 中，一个类只能有一个超类（单重继承）。这样程序的结构简单，层次清楚。但实际中往往需要多重继承，如正方形同时继承了矩形和菱形的特点。因此 Java 提供了接口用于实现多重继承，一个类可以有一个超类和多个接口。

4.7.1 接口的声明

接口（interface）是一个特殊的类，它只由常量和抽象方法组成，而不包含变量和方法的实现。

接口的声明格式如下：

```
[修饰符] interface <接口名>{
    接口体
}
```

其中：修饰符可以是 public 或默认访问控制。接口体中的变量隐含为 final 和 static，它们必须被赋初值。如果接口为 public，则接口中的变量也是 public。

下面是一个接口的声明：

```
public interface driver{
    int age=30;
    void test();
}
```

以上接口体中的成员都隐含是 public 访问权限，其变量的修饰符是 public static final，即接口中的变量是公有静态常量。

4.7.2 接口的实现

一个接口可以被一个或多个类实现。当一个类实现了一个接口，它必须实现接口中所有的方法，这些方法都要被说明为 public。用关键字 implements 实现接口。下面是实现接口的头部定义格式：

```
class <类名> implements 接口名1,接口名2,…
```

例 4.7.1 声明一个接口，将一个人的年龄转换成出生的年份。

```
import java.util.*;                              // 导入 Java 的实用包
interface Birth{                                 // 接口的声明
    int agetoyear(int a);                        // 接口中的方法，将年龄转换成出生的年份
                                                 // 只有首部声明
}
class Person implements Birth{                   // 实现了接口 Birth 的类
    protected String name;
    protected int age;
    public void setPerson(String na,int ag) {    // 此方法设置成员变量的值
        name=na;age=ag;
    }
    public int agetoyear(int cy){                // 实现接口中的方法，参数 cy 是当前的年份
        return cy-age+1;
    }
}
public class Studentint_ex{
    public static void main(String args[]){
        Person pe=new Person();
        Calendar now=Calendar.getInstance();     // 创建类 Calendar 的实例
        int   year=now.get(Calendar.YEAR);       // 用 get 方法得到当前年份
        pe.setPerson("Tom",20);
        System.out.println("The object of Person:  "+pe.name+","+pe.age);
        // 以当前年份为参数，调用类 Person 的方法 agetoyear() 得到出生的年份并输出
        System.out.println("born in "+pe.agetoyear(year));
    }
}
```

在此例中，接口 Birth 中有一个方法 agetoyear()，在类 Person 的首部：

```
class Person implements Birth
```

用 implements 关键字说明了类对接口 Birth 的实现。在类中，给出了方法 agetoyear() 的具体代码。为了获得当前年份，使用了 Java 的实用包中的日期类（Calendar）。

　　一个类可以实现几个接口，接口名之间用","分隔。一个类可以既是某个类的子类，又是某个接口的实现。这时 extends 关键字必须位于 implements 关键字之前。如我们定义一个 Student 类如下：

```
class Student extends Person implements Birth{
   ...
   public int agetoyear(int cy){
     System.out.println(" 在 "+cy+" 年是学生 ");
     return cy-age+1;
   }
   ...
}
```

4.8 包

　　包（package）是类的逻辑组织形式。在程序中可以声明类所在的包，同一包中类的名字不能重复。通过包可以对类的访问权限进行控制（4.4 节中已有说明）。包是有等级的，即包中可以有包。

　　Java 提供的用于程序开发的类就放在各种包中，也可以自己创建包。

4.8.1　Java 的类和包

　　Java 常用的包有：
- java.lang：语言包。
- java.util：实用包。
- java.awt：抽象窗口工具包。
- java.text：文本包。
- java.io：输入输出流的文件包。
- java.applet：applet 应用程序。
- java.net：网络功能。

这里主要介绍语言包和实用包。

1. 语言包

java.lang 提供了 Java 最基础的类，并且是唯一一个不用说明就可以导入程序的包，它包含以下内容：

　　1）Object 类是 Java 类层次的根，所有其他类都是由 Object 类派生的。常用方法：clone() 方法用于复制对象，equals() 方法可以比较两个对象是否相等，getClass() 用来获取对象的类。

　　2）数据类型类。

　　3）字符串类 String 和 StringBuffer。

　　4）数学类 Math。Math 提供了一组常量和数学方法，如常数 E 和 PI，数学方法 sin 和 cos 等。Math 是最终类，其中的变量和方法都是静态的（直接用类名引用）。

　　5）系统和运行时的类 System、Runtime。System 类提供访问系统资源和标准输入输出流的方法。如：

```
System.out.print(< 输出列表 >)
```

```
System.exit(0)    //结束当前程序的运行
```

System 类中的变量和方法都是 final 和 static。Runtime 类可以直接访问运行时的资源，如 totalMemory() 方法可返回系统内存总量，freeMemory() 方法返回内存的剩余空间。

6）类操作类 Class 和 ClassLoader。Class 类提供运行时的信息，如名字、类型及超类。如执行语句：

```
this.getClass( ).getName( )
```

可以得到当前对象的类名。当前对象（this）调用 Object 类的 getClass() 方法，得到当前对象的类返回给 Class 类，再调用 Class 类的 getName() 方法，得到当前对象的类名。ClassLoader 类提供把类装入运行环境的方法。

7）错误和异常处理类 Throwable、Exception 和 Error。

8）线程类。

2. 实用包

java.util 包提供了实现各种实用功能的类，如日期类、集合类等。

日期类包括 Date、Calendar 和 GregorianCalendar 类。

- Date 类。Date 类的构造方法 Date() 可获得系统当前日期和时间。
- Calendar 类。Calender 类可将 Date 对象的属性转换成 YEAR、MONTH、DATE 和 DATE_OF_WEEK 等常量。Calendar 类没有构造方法，可用 getInstance() 方法创建一个实例，再调用 get() 方法和常量获得日期或时间的部分值。如下面语句：

```
Calendar now=Calendar.getInstance();          //创建类 Calendar 的实例
int    year=now.get(Calendar.YEAR);           //用 get() 方法得到当前年份
```

- GregorianCalendar 类是 Calendar 类的子类，实现标准的 Gregorian 日历。

集合类包括多种集合接口：Collection（无序集合）、Set（不重复集合）、List（有序不重复集合）和 Enumeration（枚举）。

还有与数据结构有关的类：Linklist（链表）、Vector（向量）、Stack（栈）、Hashtable（散列表）和 Treeset（数）。

4.8.2 引用 Java 定义的包

1. 包的导入

如果要使用 Java 类中的包，要在源程序中用 import 语句导入。格式如下：

```
import <包名 1>[.<包名 2>[.<包名 3>…]].<类名>;
import <包名 1>[.<包名 2>[.<包名 3>…]].*;
```

如果有多个包或类，用"."分隔，"*"表示包中所有的类。如：

```
import java.applet.Applet;      //导入 java.applet 包中的 Applet 类
import java.awt.*;              //导入 java.awt 包中所有的类
```

注意：有且只有 java.lang 包不需要导入就可以使用。

2. Java 包的路径

用环境变量 classpath 设置对 Java 包的搜索路径。其中一种方式是在 Windows 操作系统中，切换到 MS_DOS 方式，用下面命令进行设置：

```
set classpath =.; d:\j2sdk1.4.2_02\lib
```

其中"."表示在当前目录下能执行 Java 程序，d:\j2sdk1.4.2_02 是系统的安装路径（如果安装路径不一样可做修改）。d:\j2sdk1.4.2_02\lib 就是 Java 包的路径。系统将按照设置的路径对包进行搜索。

4.8.3 自定义包

如果在程序中没有声明包，类就放在默认的包中，这个包是没有名字的。默认包适用于小的程序，如果程序比较大，就需要创建自己的包。

1. 声明一个包的格式

声明一个包的语句要写在源程序文件的第一行。

```
package <包名>;
```

如：

```
package Firstpackage;
```

这表示创建了一个包 Firstpackage，在这个文件中所有的类属于这个包。

2. 设置包的路径

创建一个与包同名的文件夹（字母大小写也一样），如 d:\javaex\Firstpackage，将包含包的源程序文件（.java）编译后产生的 .class 文件放到此文件夹中，设置环境变量 classpath：

```
set classpath=.;d:\j2sdk1.4.2_02;d:\javaex
```

这意味着 Java 虚拟机会沿着 classpath 环境变量指定的路径中去逐一查找，看在这些路径中是否有 Firstpackage 子文件夹。注意 classpath 设置的一定是包名所对应文件夹的父文件夹。

3. 引用包中的类

在一个包中，每个类的名字是唯一的。如果引用指定包中的类，可用下面语句：

```
import Firstpackage.*       // 导入 Firstpackage 中的所有类
import Firstpackage.Date    // 导入 Firstpackage 中的 Date 类
```

系统会在 classpath 设置的路径下搜索要导入的包和类文件。同一个包中的类可以相互访问，不需要用 import 语句进行导入。

例 4.8.1 创建包 Firstpackage 和类 Date（存入文件 Date.java 中），同时在文件 Person_ex.java 中创建类 Person。用类 Date 的方法 thisyear() 得到当前年份，用类 Person 的 birth() 方法，得到出生年份。

文件 Date.java 中的代码：

```
package Firstpackage;      // 创建包 Firstpackage
import java.util.*;         // 导入 Java 的实用包中所有的类
public class Date{          // 声明 Date 类
  private int year,month,day;
  public Date(int y,int m,int d) {
    year=y;
    month=m;
    day=d;
  }
  public Date( ){;}
  public int thisyear( ) {    // 方法 thisyear() 得到当前年份
```

```
    return Calendar.getInstance( ).get(Calendar.YEAR);
  }
}
```

文件 Person_ex.java 中的代码:

```
import Firstpackage.*;      // 导入 Firstpackage 包中所有的类
class Person{                // 声明类 Person
  String name;
  int age;
  public Person(String na,int ag){
    name=na;
    age=ag;
  }
  public Person( ){;}
  public int birth(int y){   // 此方法得到出生的年份
    return y-age+1;
  }
}
public class Person_ex{
  public static void main(String args[]){
    Person ps=new Person("Tom",21);
    Date now=new Date( );   // 创建包 Firstpackage 中类 Date 的对象
    int y=now.thisyear( );
    System.out.println(ps.name+" was born in "+ps.birth(y));
  }
}
```

先建立源程序文件 Date.java，编译后产生 Date.class 文件，在选中的文件夹中创建与包同名的文件夹 Firstpackage，将文件 Date.class 移到此文件夹中。假定所选择的文件夹是 d:\javaex，用 set 命令设置环境变量 classpath：

```
set classpath=.;d:\j2sdk1.4.2_02;d:\javaex
```

然后创建源程序文件 Person_ex.java 进行编译、运行。其中文件 Person_ex.java 中的类 Person 和类 Person_ex 属于默认包，即以当前编译时的文件夹存放这些文件，为了导入 Firstpackage 包中的类 Date 的对象，用 import 语句进行引用。

4. 包路径的层次结构

在上面的例子中我们看到，包对应于一个文件夹，而类则是文件夹中的一个文件。包路径同样可以有层次结构，如：

```
package Firstpackage.package1
```

用"."将包的名字分开，形成包路径的层次，package1 是 Firstpackage 文件夹的子文件夹。

当我们在使用多层次包结构时，要了解父包和子包在使用上是没有联系的。当导入一个包中所有类时，并不会导入这个包的子包中的类，如果需要用到子包的类，就得对子包做单独的导入。比如下面的表示我们在后面章节会经常看到：

```
import java.awt.*;
import java.awt.event.*;
```

5. Java 源程序文件的结构

我们现在再回头来总结 Java 程序的结构，以帮助我们加深理解。

Java 源程序文件依次有以下部分：

1) 包的声明语句。

2）包的导入语句。
3）类的声明。
其中，包的声明语句只能有一句，有且只能有一个类的访问权限是 public。

4.8.4 包和访问权限

一个包中只有访问权限为 public 的类才能被其他包引用（创建此类的对象），其他有默认访问权限的类只能在同一包中使用。

关于在同一个包中，类成员的访问权限前面已经讲述过。下面讲一下在不同包中类成员的访问权限。

1. public 类的成员

public 类的 public 成员可以被其他包的代码访问，它的 protected 成员可以被由它派生的在其他包中的子类访问。

2. 默认访问权限类的成员

默认访问权限类的成员不能被其他包的代码访问。

4.9 本章概要

1. 面向对象程序设计的基本思想方法。
2. 类的结构由变量和方法组成以及相关定义方式。
3. 构造方法的定义和对象的创建。
4. 对象的使用方法和销毁机制。
5. 四种访问权限的特点和设置。
6. 类成员的定义和使用。
7. 继承技术的应用包括子类的定义、继承原则、隐藏原则和覆盖原则。
8. null、this、super 对象运算符的意义和使用。
9. 最终类和抽象类及相关方法的定义。
10. 多态的两种方式使用：重载和覆盖。
11. 接口的定义和实现。
12. Java 常用包及用户自定义包，包括包声明、包导入及包路径定义的有关概念。

4.10 思考练习

一、思考题

1. 描述类和对象之间的关系。
2. 举例说明类（静态）成员的特点。
3. 区别继承和接口的差别以及它们各自的作用。
4. Java 中的包和 Windows 的文件夹有什么关系？
5. 简述类成员的访问权限和包的关系。
6. 声明为 protected 的成员变量是否只能被子类访问？
7. 简述方法的重载和覆盖的区别。
8. 举例说明多态性在程序设计中的作用。

二、填空题

1. 超类的_____成员不能被子类继承。

2. 在声明一个类变量时，前面必须要加上_____修饰符。

3. _____语句可导入 Java 实用包中所有的类。

4. 方法的覆盖是_____绑定，方法的重载是_____绑定。

5. 写出一个表达式：输出角度 300 的余弦值_____。

第 5 章　Java 的图形用户界面

5.1　Applet 概述

用 Java 语言编写的程序除了前面例子中常见的 Application 外，还有 Web 客户端程序 Applet（也称为小应用程序）和 Web 服务器端程序 Servlet 及 JSP。

Application 是一种可独立运行的程序，其运行环境只依赖于本机上的 Java 解释器。Applet 是一种存储于 Internet/Intranet 服务器（Server）上的 Java 程序，它们可被多个客户机（Client）下载并在客户端由浏览器提供的 Java 虚拟机（Java Virtual Machine）运行。因此，Applet 必须通过 <applet> 标签嵌入 HTML 程序在浏览器中运行。其运行过程可简单地理解为图 5-1 来描述。

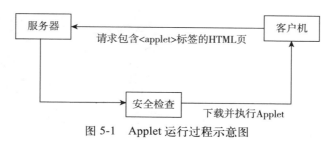

图 5-1　Applet 运行过程示意图

5.1.1　一个简单的 Applet 例子

例 5.1.1　本例是一个非常简单的小应用程序和与它相关的 HTML 程序，通过它我们来认识一下小应用程序。先看一下小应用程序 HiApplet.java 的源代码：

```java
package hiapplet;     // 表明该 Applet 程序存储于 hiapplet 包中

import java.awt.*;
import java.awt.event.*;
import java.applet.*;    // 引用小应用程序中必须使用的包

public class HiApplet extends Applet {   //HiApplet 为 java.applet.Applet 的子类
    public void paint(Graphics g) {
       g.drawString("Hi applet",10,10);
    }
}
```

从中应注意以下三点：

1）小应用程序公共类的类名必须与文件名同名。在此例中均为 HiApplet。

2）小应用程序的公共类必须是 java.applet.Applet 的子类，也就是说上述程序第 5 行可以写为：public class HiApplet extends java.applet.Applet，或与 import 语句联合使用：

```java
import java.applet.*;
public class HiApplet extends Applet {…}
```

3）小应用程序中无 main() 方法，它的执行比 Application 程序复杂。本例中只有一个

paint(Graphics g) 方法，程序执行时自动调用该方法并且通过 Graphics 类的 drawString() 方法输出字符串 Hiapplet 于网页上，运行结果见图 5-3（Graphics 类位于 java.awt 包中）。

再看看 HiApplet.html 源代码：

```
<html>
<applet code = "hiapplet.HiApplet.class" width= 400 height = 300></applet>
</html>
```

<applet> 标签中 code 项用于指明小应用程序公共类的类名，width 项和 height 项分别指明小应用程序显示区域的宽度和高度，单位为像素（pixels）。关于 <applet> 标签中其他选项和 HTML 各标签的含义可参见网页制作类的相关书籍。

图 5-3 是例 5.1.1 的运行结果。调试小应用程序可选用如下两种方法：

（1）使用 Eclipse 集成环境

在 Eclipse 中调试小应用程序与调试应用程序的方法差不多。编辑好小应用程序的源文件 HiApplet.java 后（只需输入 java 源文件，不必输入 HTML 文件），在"运行"菜单的"运行方式"子菜单中选择"Java Applet"即可运行相应的小应用程序。

（2）用 JDK 调试小应用程序

在命令行中用 JDK 调试小应用程序步骤如下：

1）用文本编辑器输入 HiApplet.java 文件和 HiApplet.html 文件，将它们存于 D:\HiApplet（或其他目录）中。

2）在该目录中输入 javac HiApplet.java 将小应用程序编译为字节码 HiApplet.class。将 HiApplet.class 文件复制到 HTML 文件的 codebase 和 code 所指定的目录中，如图 5-2 所示。

图 5-2　用 JDK 调试小应用程序

3）在 HTML 文件所在目录中输入 appletviewer HiApplet.html，在 appletviewer 中显示调试结果如图 5-3 所示。

图 5-3　HiApplet.java 的运行结果

5.1.2　Applet 的安全模型

Applet 是在 Internet 上从服务器下载至客户机并运行的，所以必须提供良好的安全模型，否则一旦出错或被人利用都会给客户端造成严重影响。Applet 的限制包括如下几点：

1）不能访问本地（客户端）磁盘的文件系统。
2）不能与运行它的主机之外的其他主机通信。
3）不能调用运行它的主机上其他可执行程序。

5.1.3　java.applet.Applet 类与其他类的关系

java.applet.Applet 类与其他类的继承关系如下：

```
java.lang.Object
    → java.awt.Component
        → java.awt.Container
            → java.awt.Panel
                → java.applet.Applet
```

上述各类定义了 Java 小应用程序生命周期中全部重要方法，如 init()、start()、stop()、destroy()、paint(Graphics g)，其中 paint 方法在 java.awt.Component 类中定义，其余均在 java.applet.Applet 类中定义。

若在程序员编写的小应用程序中覆盖了这些方法，则按照小应用程序提供的版本运行，否则小应用程序可以通过继承从父类中得到"免费"版本，但是这些免费版本不执行任何操作。

5.1.4 Applet 的生命周期

所谓 Applet 的生命周期就是指小应用程序的整个运行过程，它可分为 4 个阶段——初始化、启动、停止和退出。与应用程序不同，小应用程序从开始执行到彻底关闭都与浏览器的状态有关。

1. 初始化

初始化对应的方法是 init()，它是小应用程序的入口点。在整个小应用程序生命周期中，初始化仅在第一次浏览含有小应用程序的 Web 页时自动执行一次。在 init() 方法中，一般进行如设置程序初始状态、载入图片或字体、获取 HTML 参数等工作。

2. 启动

启动对应的方法是 start()，在 init() 方法执行之后自动执行 start()，它可以在下列情况下自动执行多次：

- 浏览器载入小应用程序并执行 init() 之后。
- 离开上述 Web 页之后，又重新回来时。
- 使用浏览器的缩放按钮改变窗口大小时。

3. 停止

停止对应方法为 stop()，它也可以在下列情况下多次被执行：

- 离开小应用程序所在 Web 页时。
- 刷新该页面时。
- 关闭该 Web 页时。
- 图标化浏览器时。

4. 退出

退出对应的方法为 destroy()，该方法仅在关闭包含小应用程序的 Web 页时执行一次。

此外，小应用程序运行过程中还常见 paint(Graphics g) 和 repaint() 这两个方法，其中 paint 方法也是小应用程序执行时自动调用的方法，它在需要绘制显示区域时自动调用，也就是说在下列三种情况下会发生 paint 方法的自动调用：

- 第一次加载含有小应用程序的 Web 页时。
- Web 页被覆盖后又重新显示时。
- 浏览器显示区域被缩小/放大时。

那么 repaint() 方法呢？repaint() 是小应用程序从 java.awt.Component 中继承来的方法，它首先激活 update() 方法（也是在 java.awt.Component 中定义）清除显示区域的所有显示内容，再调用 paint() 方法重绘显示区域。

例 5.1.2 演示 Java 小应用程序生命周期中各主要方法的调用和执行情况。

```
package ex5_1_2;
```

```java
// Shows init(), start() and stop() activities
import java.awt.*;
import java.applet.*;
import java.util.*;
import java.awt.event.*;

public class ShowLife extends Applet {
  String s;
  int inits = 0, starts = 0, stops = 0;
  public void init() {
    inits++;                                    // 每次调用 init() 方法时加一, 用于记载调用次数
    System.out.println("now init");             // 在控制台显示 now init
    System.out.println("leave init");           // 在控制台显示 leave init
  }
  public void start() {
    //repaint()
    starts++;                                   // 每次调用 start() 方法时加一, 用于记载调用次数
    System.out.println("now start");            // 在控制台显示 now start
    System.out.println("leave start");          // 在控制台显示 leave start
  }
  public void stop() {
    stops++;
    System.out.println("now stop");
    System.out.println("leave stop");
  }
  public void paint(Graphics g) {
    s = "inits: " + inits +", starts: " + starts +", stops: " + stops;
    g.drawString(s, 10, 10);                    // 在小应用程序的显示区显示各个方法的调用次数
    System.out.println("now paint::"+s);       // 在控制台显示各个方法的调用次数
  }
}
```

在 appletviewer（小程序查看器）中显示运行结果如图 5-4 所示（反复点击"最小化"、"最大化"等以便多次调用 start()、stop() 和 paint() 方法）。

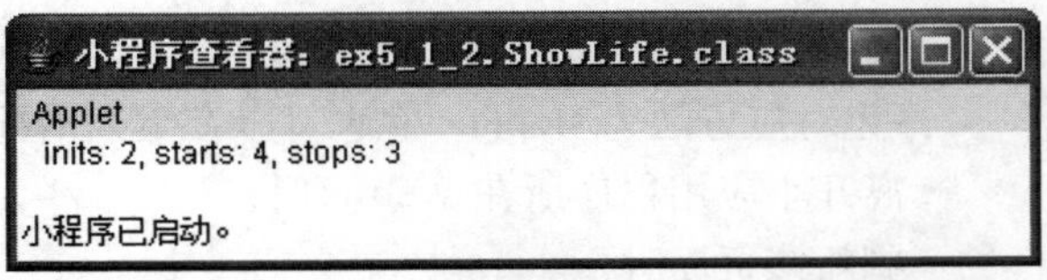

同时在 Eclipse 的控制台中显示由 System.out.println() 输出的信息，如图 5-5 所示。读者可以自己在上例中去掉 "//repaint()" 前的 "//"，试一试 repaint() 的作用。

图 5-4 appletviewer 中显示的 ShowLife.java 运行结果

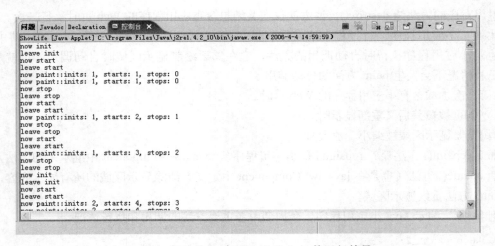

图 5-5 在 Eclipse 中 ShowLife.java 的运行结果

5.2 java.awt 与图形用户界面

在 Java 中,图形用户界面(GUI)的每一部分都是由 swing 或 awt 包描述的。要创建或显示一个界面,首先应创建对象,设置它们的变量,然后调用它们的方法。当把图形用户界面组装在一起时,实际使用了两种对象:组件(也称控件)和容器。一个组件是用户界面中的一个独立的元素,例如按钮;一个容器是用于容纳其他组件的组件。

因此创建界面的第一步是创建容纳组件的容器。在应用程序中,这个容器可以是一个帧(Frame);在小应用程序中,这个容器可以是 Applet 窗口。

在这一节中我们学习如何用 java.awt 来创建图形用户界面,awt 包的类关系如图 5-6 所示。

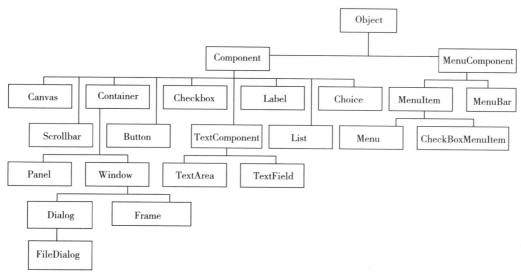

图 5-6 awt 包中的类关系

5.2.1 标签和文本域

标签(Label)十分简单,仅仅用于显示一行文本,这行文本的内容只能在程序中设置或更改,用户在使用界面时无法修改。Java 中用类 java.awt.Label 来实现它。

例 5.2.1 只显示一个标签的小应用程序。运行结果如图 5-7 所示。

```
package ex5_2_1;
import java.applet.Applet;
import java.awt.*;

public class ShowLabel extends Applet {
    Label la1=new Label();                          //生成标签对象

    public void init( ) {
        this.setLayout(new FlowLayout());           //设置布局
        la1.setText("Hi,I am a Label");             //设置标签la1的显示内容
        this.add(la1);                              //在小应用程序中显示标签组件la1
    }
}
```

其中 Label() 是构造方法,它生成一个不包含显示内容的标签对象。从这个简单的程序可见在小应用程序中加入组件需要如下三步:

1）用相应的构造方法来生成组件对象。
2）在 init() 方法中用 setLayout 设置布局,可以使用默认布局。
3）在 init() 方法中用 this.add(组件对象名)在小应用程序中显示组件。

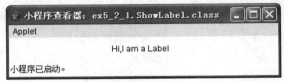

图 5-7 ShowLabel.java 运行结果

在程序中也可以用 Label 的其他构造方法来生成它,这些构造方法是:

```
Label(String text)                  //生成一个显示内容为 text 之值的标签
Label(String text, int alignment)   //生成显示内容为 text,对齐方式为 alignment 之值的标签
```

Label 常用的其他方法见表 5-1。

表 5-1 Label 类常用的方法

方　　法	功　　能	返回类型
setText(String text)	设置标签的显示内容为 text 的值	void
getText( )	返回标签的内容	String
setAlignment(int alignment)	设置标签的对齐方式。可选择的对齐方式有 Label.LEFT（左对齐）、Label.RIGHT（右对齐）、Label.CENTER（居中）	void
getAlignment( )	返回标签的对齐方式	int

文本域就是在屏幕上能够容纳并显示一行文本的文字框,在 Java 中用类 java.awt.TextField 实现,它的生成可用构造方法:TextField(int columns),该构造方法生成一个有 columns 列的文本域。

例 5.2.2 利用 TextField 输入姓名和密码。

```
package ex5_2_2;
import java.awt.*;
import java.applet.*;

public class TryText extends Applet {
    TextField name=new TextField(30);        //生成文本域对象 name,用于输入姓名
    TextField pw=new TextField(30);          //生成文本域对象 pw,用于输入密码
    Label la1=new Label();                   //生成标签对象
    Label la2=new Label();
    public void init( ) {
        this.setLayout(new FlowLayout());    //设置布局
        la1.setText("name:");                //设置标签 la1 的显示内容为 name:
        this.add(la1);                       //在小应用程序中显示标签组件 la1
        this.add(name);                      //在小应用程序中显示文本域组件 name
        la2.setText("password:");            //设置 la2 的显示内容为 password:
        this.add(la2);                       //在小应用程序中显示标签组件 la2
        pw.setEchoChar('*');                 //设置密码域回显字符为 *
        this.add(pw);                        //在小应用程序中显示文本域组件 pw
    }
}
```

运行结果如图 5-8 所示,用键盘可在两个文本域中分别输入文字。

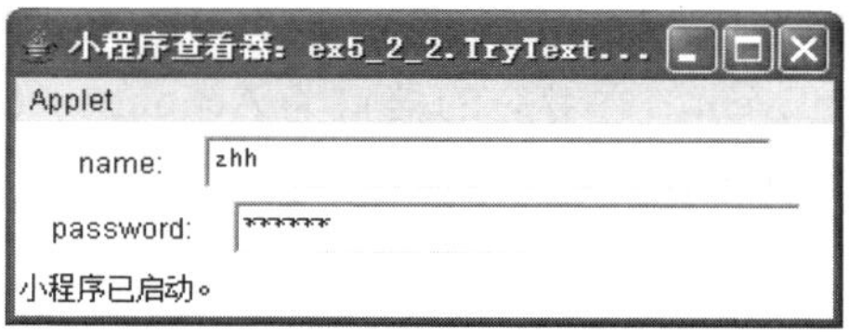

图 5-8 TryText.java 运行结果

此外 TextField 还有三种重载的构造方法可以选用：

```
TextField()                              // 生成一个不显示任何信息的文本域
TextField(String text)                   // 用初始文本构造一文本域
TextField(String text,int columns)       // 指定初始文本、列数，构造一文本域
```

TextField 类常用的其他方法如表 5-2 所示。

表 5-2 TextField 类常用的方法

方　法	功　能	返回类型
addActionListener (ActionListener l)	加入一个 ActionListener 对象用于接收在文本域上发生的动作事件	void
getListeners(class ListenerType)	返回由 addxxListener 设置的所有监听者组成的数组	EventListener[]
removeActionListener(Actionlistener l)	撤销监听者 l	void
setEchoChar(char c)	设置文本域的回显字符，例如：文本域用于输入 password 时，可用此方法设置将输入的字符均显示为 *	void
getEchoChar( )	返回用于回显的字符	char
getColumns()	返回文本域列数	int
setConlumns(int i)	设置文本域列数	void
setText(String text)	设置文本域的显示内容	void
getText( )	返回文本域的显示内容	String

5.2.2 Java 中的事件处理机制

上述例子中在文本域里输入内容并回车后没有任何响应，那么怎样来响应回车这件事呢？这就需要用 Java 的事件处理机制。Java 中的事件是指用户对界面操作在 Java 语言上的描述，以类的形式出现。

JDK 1.1 之后 Java 采用的是事件源—事件监听者模型，引发事件的对象称为事件源，而接收并处理事件的对象是事件监听者，无论 Application 还是 Applet 中都采用这一机制。

编程的基本方法如下：

第一步：程序开始加上 import java.awt.event.* 语句。对 java.awt 中的组件实现事件处理都必须引入 java.awt.event 包。

第二步：实现事件监听者所对应的接口，即添加：implements xxListener（事件所对应的接口）。

第三步：设置事件监听者：事件源.addxxListener（事件监听者）。

第四步：编程实现对应事件接口中的全部方法。

经过这四步设置，事件的监听者就可以监听 xxEvent 事件了。要删除事件监听者可以使用 removexxListener（事件监听者）。

例 5.2.3 用小应用程序本身充当事件的监听者对文本域 pw 中输入的回车做出响应。回车触发的事件是动作事件 ActionEvent,它对应的接口为 ActionListener,ActionListener 之中仅有 actionPerformed(ActionEvent e) 一个方法需要实现。

```
package ex5_2_3;
import java.awt.*;
import java.applet.*;
import java.awt.event.*;        // 打开事件处理相应的包
public class TryText1 extends Applet implements ActionListener {  // 实现事件的接口
    TextField name=new TextField(30);
    TextField pw=new TextField(30);
    TextField pw1=new TextField(30);
    Label la1=new Label();
    Label la2=new Label();
    Label la3=new Label();
                                // 对接口中的方法 actionPerformed(ActionEvent e) 编程
    public void actionPerformed(ActionEvent e) {
        pw1.setText(pw.getText( ));   // 在 pw 文本域中输入回车引发动作事件,
                                // 处理结果为:将 pw 中输入的内容显示在 pw1 中
    }
    public void init() {
        this.setLayout(new FlowLayout());
        la1.setText("      name:");
        this.add(la1);
        this.add(name);
        la2.setText("    password:");
        this.add(la2);
        pw.setEchoChar('*');
        this.add(pw);
        pw.addActionListener(this);            // 设置监听者
        la3.setText("show password:");
        this.add(la3);
        this.add(pw1);
    }
}
```

该例的运行结果为:在文本域 password(对象 pw)中输入 asdfg(显示为 *****)回车,asdfg 将显示在文本域 show password(对象 pw1)中,如图 5-9 所示。

此时的事件传递过程如图 5-10 所示,文本域 pw 中的回车触发 ActionEvent 传递给小应用程序所对应的类对象(本例中指 TryText1 类对象 this),小应用程序自动调用其中实现的方法 actionPerformed(ActionEvent e) 来处理事件。

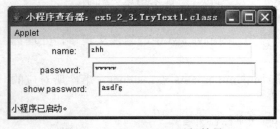

图 5-9 TryText1.java 运行结果

图 5-10 文本域中回车事件处理示意图

这种编程方法的缺点在于无法使用适配器来处理事件(见例 5.2.6),这是因为 Java 不支持多继承,所以小应用程序不能同时有 Applet 和事件适配器两个直接父类。

为此可以使用另外一种编程风格：事件的监听者不是小应用程序本身，而是专门定义的事件监听类的对象。下面这段程序的功能与上面的完全相同，只是监听者由小应用程序之外的其他类对象充当。

例 5.2.4 用专门定义的类监听事件。

```
package ex5_2_4;
import java.awt.*;
import java.applet.*;
import java.awt.event.*;      //java.awt 中的事件处理必须使用该包

public class TryText2 extends Applet {
   TextField name=new TextField(30);
   TextField pw=new TextField(30);
   TextField pw1=new TextField(30);
   Label la1=new Label();
   Label la2=new Label();
   Label la3=new Label();

   class PasswordHandle implements ActionListener {
               // 定义 PasswordHandle 类监听 pw 文本域的动作事件
               // 事件监听者对应的类必须实现事件的接口
      public void actionPerformed(ActionEvent e) {
         pw1.setText(pw.getText( ));    // 在 pw 文本域中输入回车引发动作事件,
               // 处理结果为：将 pw 中输入的内容显示在 pw1 中
      }
   }
   public void init() {
      this.setLayout(new FlowLayout());
      la1.setText("         name:");
      this.add(la1);
      this.add(name);
      la2.setText("     password:");
      this.add(la2);
      pw.setEchoChar('*');
      this.add(pw);
      pw.addActionListener(new PasswordHandle ());
               // 设置 pw 的监听者为 PasswordHandle 类的对象
      la3.setText("show password:");
      this.add(la3);
      this.add(pw1);
   }
}
```

该例的事件处理示意图如图 5-11 所示。

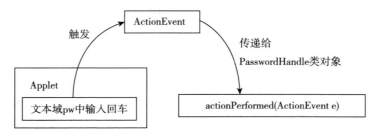

图 5-11　文本域中回车事件处理示意图

图中在事件源——密码域 pw 中输入回车时，触发 ActionEvent，该事件并不传递给容器 Applet 也不由事件源本身处理，而是传递给 pw 对象的动作事件监听者 PasswordHandle 类的对象，该对象会自动调用其 actionPerformed(ActionEvent e) 方法来处理事件。这一过程中事件类 ActionEvent 和其对应的接口 ActionListener 起了较大作用。

ActionEvent 类有三个常用的方法：

1）String getActionCommand()：返回动作命令字符串。该字符串默认值为事件源所对应组件的标签，见例 5.2.15。

2）int getModifiers()：返回按键的值。

3）object.getSource()：返回事件源对象。该方法为 ActionEvent 类从祖父类 java.util. EventObject 中继承的方法，见例 5.2.9。

还有一种代码风格是将监听者的设置及处理都放在 addxxListener 的参数表中。此时的事件传递过程同例 5.2.4，只是没有显式地声明监听事件的类而已。

例 5.2.5 将监听者的设置及处理都放在 addActionListener 的参数表中。本例的运行结果与例 5.2.3 相同。

```java
package ex5_2_5;
import java.awt.*;
import java.applet.*;
import java.awt.event.*;

public class TryText3 extends Applet {
   TextField name=new TextField(30);
   TextField pw=new TextField(30);
   TextField pw1=new TextField(30);
   Label la1=new Label();
   Label la2=new Label();
   Label la3=new Label();

   public void init() {
     this.setLayout(new FlowLayout());
     la1.setText("          name:");
     this.add(la1);
     this.add(name);
     la2.setText("      password:");
     this.add(la2);
     pw.setEchoChar('*');
     this.add(pw);
     pw.addActionListener(new ActionListener(){        // 在参数表中处理事件
        public void actionPerformed(ActionEvent e) {
          pw1.setText(pw.getText( ));
        }
     });   // 设置 pw 的监听者
     la3.setText("show password:");
     this.add(la3);
     this.add(pw1);
   }
}
```

除了 xxListener 接口外，每个拥有超过一个方法的接口还配有 xxAdapter（适配器），适配器是一个类，它为相应接口的每个方法提供一个默认的方法（一般都是不做任何事情的空方法），这样在处理相应事件时，我们可以简单地继承适配器并只对需要覆盖的方法进行编写，而不必对每个接口中的方法都实现。使用适配器的目的仅仅是简化编程。

以键盘事件为例来说明适配器的使用。键盘事件（KeyEvent）涉及的接口是 KeyListener，该接口就有相应的适配器——KeyAdapter，KeyListener 有三个方法：

1）public void keyPressed(KeyEvent e)：处理当某键被按下时触发的事件。

2）public void keyReleased(KeyEvent e)：处理当某键被放开时触发的事件。
3）public void keyTyped(KeyEvent e)：处理当某键被按下后又被放开时触发的事件。
若使用 KeyAdapter，编程时就不必覆盖每个方法，而是依需要覆盖某些方法来处理相应的事件。

例 5.2.6 用 KeyAdapter 处理 KeyEvent（键盘事件），键盘事件在输入字符时触发。本例中在文本域 tf1 内输入的字符也将显示在文本域 tf2 中，运行结果如图 5-12 所示。

```
package ex5_2_6;
import java.awt.*;
import java.awt.event.*;
import java.applet.*;

public class Key extends Applet {
  TextField tf1=new TextField(10);
  TextField tf2=new TextField(10);
  Label l=new Label();
  Label l2=new Label();

  public void init() {
  l.setText("tf1:");
  add(l);
  add(tf1);
  l2.setText("tf2:");
  add(l2);
  add(tf2);
  tf1.addKeyListener(new TextFieldKeyListener());
           // 设置 tf1 的键盘事件监听者为 TextFieldKeyListener 类的对象
  }

class TextFieldKeyListener extends KeyAdapter{
           // 使用适配器来处理事件，此时监听事件的类应定义为适配器的子类
    public void keyTyped(KeyEvent e){
      tf2.setText(tf1.getText());
           // 在文本域 tf1 中输入字符时触发 KeyEvent，处理结果是将 tf1 的内容写入 tf2
    }
  }         // 此类中不必覆盖适配器中的每个方法，而使用接口则必须实现每个方法
}
```

键盘事件 KeyEvent 较为复杂，它常用的方法有：
1）public char getKeyChar()：返回触发该键盘事件的字符。例如按下 Shift+a 键返回 A。
2）public int getKeyCode()：返回与事件相关的 key code（键盘编码）。

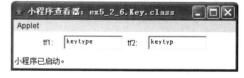

图 5-12 Key.java 的运行结果

3）public static String getKeyText(int keyCode)：返回与事件相关的字符。如"A"。
4）public static String getKeyModifiersText(int modifiers)：取得输入的功能键的文字描述，如"Shift"。

KeyEvent 中还定义了许多常量来代表不同的键，如 VK_0 到 VK_9 代表 ASCII 的'0'到'9'(0x30～0x39)，VK_A 到 VK_Z 代表 ASCII 的'A'到'Z'(0x41～0x5A)。限于篇幅不再举例。

鼠标事件也是程序设计中经常用到的事件，AWT 中鼠标事件（MouseEvent）涉及的接口是 MouseListener 和 MouseMotionListener，相应的适配器分别是 MouseAdapter 和 MouseMotionAdapter。

MouseListener 是用于接收组件上的鼠标事件（按下、释放、单击、进入或离开）的监听者接口，有 5 个方法：

1) public void mousePressed(MouseEvent e)：处理当鼠标按键在组件上按下时触发的事件。
2) public void mouseReleased(MouseEvent e)：处理当鼠标按键在组件上释放时触发的事件。
3) public void mouseClicked(MouseEvent e)：处理当鼠标按键在组件上按下并释放时触发的事件。
4) public void mouseEntered(MouseEvent e)：处理当鼠标进入所监听的组件时触发的事件。
5) public void mouseExited(MouseEvent e)：处理当鼠标离开所监听的组件时触发的事件。

MouseMotionListener 是用于接收组件上的鼠标移动事件的监听者接口，有两个方法：

1) public void mouseDragged(MouseEvent e)：处理当鼠标按键在组件上按下并拖动时触发的事件。
2) public void mouseMoved(MouseEvent e)：处理当鼠标光标移动到组件上但无按键按下时触发的事件。

鼠标事件 MouseEvent 类中定义的常用方法：

1) public int getClickCount()：返回与此事件关联的鼠标单击次数。
2) public int getX()：返回事件相对于源组件的水平 x 坐标。
3) public int getY()：返回事件相对于源组件的垂直 y 坐标。

鼠标事件中定义的常量和方法还有许多，需要时读者可以参考 Java API 用户手册。

例 5.2.7 小应用程序通过实现 MouseListener 和 MouseMotionListener 接口，自身监听显示区内的鼠标事件并对事件进行处理。运行结果如图 5-13 所示。

```java
import java.applet.*;
import java.awt.*;
import java.awt.event.*;
public class Mouse extends Applet implements MouseListener,MouseMotionListener{
   String txt="";
   public void init(){
      this.addMouseMotionListener(this);   // 小应用程序自身监听显示区内的鼠标事件
      this.addMouseListener(this);
   }
   public void paint(Graphics g){
      g.drawString(txt,20,50);
   }
   public void mousePressed(MouseEvent e){}
   public void mouseReleased(MouseEvent e){}
   public void mouseEntered(MouseEvent e){}
   public void mouseExited(MouseEvent e){}
   public void mouseClicked(MouseEvent e){
      txt="mouse clicked";
      repaint();
   }
   public void mouseMoved(MouseEvent e){
      txt="mouse moved";
      repaint();
   }
   public void mouseDragged(MouseEvent e){
      txt="mouse dragged";
      repaint();
   }
}
```

例 5.2.8 程序通过鼠标事件处理实现在鼠标点击处画标记。运行结果如图 5-14 所示，其中的标记会随鼠标点击位置的变化而变化。

```
import java.applet.*;
import java.awt.*;
import java.awt.event.*;
public class MouseTest extends Applet
   implements MouseListener{
  int x=10,y=10;
  public void init(){
    this.addMouseListener(this);
    // 小应用程序自身监听显示区内的鼠标事件
  }
  public void paint(Graphics g){
    g.drawLine(x-5,y-5,x+5,y+5);
    g.drawLine(x+5,y-5,x-5,y+5);
  }
  public void mousePressed(MouseEvent e){}
  public void mouseReleased(MouseEvent e){}
  public void mouseEntered(MouseEvent e){}
  public void mouseExited(MouseEvent e){}
  public void mouseClicked(MouseEvent e){
    x=e.getX();                     // 取得鼠标点击位置的坐标
    y=e.getY();
    repaint();
  }
}
```

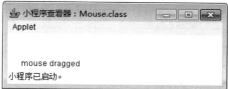

图 5-13 Mouse.java 的运行结果

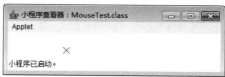

图 5-14 MouseTest.java 的运行结果

该功能也可以用适配器 MouseAdapter 来完成。下面这段程序与上面的功能完全相同。

```
import java.applet.*;
import java.awt.*;
import java.awt.event.*;
public class MouseTest extends Applet {
  int x=10,y=10;
  public void init(){
    this.addMouseListener(new ML());
  }
public void paint(Graphics g){
  g.drawLine(x-5,y-5,x+5,y+5);
  g.drawLine(x+5,y-5,x-5,y+5);
}
class ML extends MouseAdapter{
  public void mouseClicked(MouseEvent e){
    x=e.getX();
    y=e.getY();
    repaint();
  }
 }
}
```

5.2.3 按钮

类 java.awt.Button 可以生成按钮，其构造方法以及其他常用方法见表 5-3。点击按钮引发的也是动作事件。

表 5-3 Button 类的常用方法

方法	功能	返回类型
Button( )	生成一个无标签按钮	无
Button(String s)	生成一个标签（即按钮上的文字）内容为 s 的按钮	无
setLabel(String s)	设置按钮上显示的标签	void
getLabel( )	返回按钮上显示的标签	String

例 5.2.9 在例 5.2.3 中加入 OK 按钮，并用 getSource() 方法取得事件源以便判断引发事件的对象。

```
package buttonexample;
import java.awt.*;
import java.applet.*;
import java.awt.event.*;

public class ButtonExample extends Applet implements ActionListener {
   TextField name=new TextField(30);
   TextField pw=new TextField(30);
   TextField pw1=new TextField(30);
   Label la1=new Label();
   Label la2=new Label();
   Label la3=new Label();
   Button b1=new Button("ok");                              // 按钮 b1

   public void actionPerformed(ActionEvent e) {
     if(e.getSource()==pw)  pw1.setText("action from pw textfield"); //pw 引发动作事件
     else if(e.getSource()==b1) pw1.setText("action from b1 button"); //b1 引发动作事件
   }
   public void init() {
     this.setLayout(new FlowLayout());
     la1.setText("         name:");
     this.add(la1);
     this.add(name);
     la2.setText("         password:");
     this.add(la2);
     pw.setEchoChar('*');
     this.add(pw);
     pw.addActionListener(this);                            // 设置 pw 的监听者为 this
     la3.setText("show password:");
     this.add(la3);
     this.add(pw1);
     this.add(b1);                                          // 加入按钮
     b1.addActionListener(this);                            // 设置 b1 的监听者为 this
   }
}
```

该例的运行结果如图 5-15 所示。运行时可见点击按钮时 show password 中显示 action from b1 button，而在文本域中输入回车时 show password 中显示 action from pw textfield。

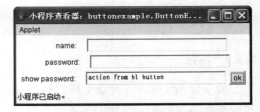

图 5-15 Button 引发的动作事件

5.2.4 布局

Java 中，容器内的组件位置安排由布局管理器（LayoutManager）来管理，所谓布局就是容器中组件的摆放方式。每个容器在实例化时都实现了一个布局管理器的实例，不同的容器有不同的默认布局管理器，比如 Java 小应用程序的默认布局管理器是 FlowLayout。容器被创建后，用户可以通过 setLayout() 方法重新设置容器的布局管理器。设置方法如下：

```
public void setLayout(LayoutManager mgr)
```

1. FlowLayout 布局管理器

将组件依次摆放，每个组件若不设置其大小都将被压缩到最小尺寸。

2. BorderLayout 布局管理器

将组件按 north、south、east、west、center 这 5 个位置来摆放，使用时必须在 add() 方法中指定组件的具体放置位置。

例 5.2.10 用 BorderLayout 布局在东南西北中各放置一个按钮。

```
import java.awt.*;
import java.awt.event.*;
import java.applet.*;

public class BL1 extends Applet {
  public void init() {
    setLayout(new BorderLayout());
    add("North",new Button("north"));     // 在朝北方向加入一个按钮
    add("South",new Button("south"));     // 在朝南方向加入一个按钮
    add("East",new Button("east"));       // 在朝东方向加入一个按钮
    add("West",new Button("west"));       // 在朝西方向加入一个按钮
    add("Center",new Button("center"));   // 在中间加入一个按钮
  }
}
```

运行结果如图 5-16 左图所示。

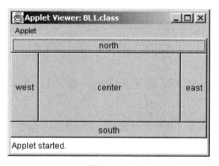

图 5-16　BorderLayout 和 GridLayout 布局的运行结果

3. GridLayout 布局管理器

将显示区域划分为若干行列，每个组件占一格，从左到右、从上到下依次排列。

例 5.2.11 GridLayout 的使用，运行结果如图 5-16 右图所示。

```
import java.awt.*;
import java.awt.event.*;
import java.applet.*;

public class GL1 extends Applet {
  public void init() {
    setLayout(new GridLayout(7,3));
    for(int i=0;i<20;i++)
```

```
        add(new Button("Button"+i));          // 依次加入 20 个按钮
    }
}
```

4. CardLayout 布局管理器

将组件像卡片一样前后依次排列，这种布局每次只显示一个卡片。使用 CardLayout 布局常常用到如表 5-4 中的 3 个方法来控制显示。

表 5-4 CardLayout 布局常用的方法

方　法	功　能	返回类型
first(Container parent)	弹出布局设置为 CardLayout 的容器 parent 之中的第一张卡片	void
Last(Container parent)	弹出布局设置为 CardLayout 的容器 parent 之中的最后一张卡片	void
next(Container parent)	弹出当前显示卡片的下一张卡片，若当前显示卡片为最后一张，则该方法的执行结果为显示第一张卡片	void

5. 空布局

通过 setLayout(null) 方法可以把一个容器的布局设置为空（null）布局，此时组件要在容器中定位可以通过 setBounds() 方法，setBounds(int a, int b, int width,int height) 方法是所有组件都拥有的一个方法，组件调用该方法可以准确地设置本身的大小和在容器中的位置。通常向空布局的容器 p 添加一个组件 c 需要两个步骤：

1）使用 add(c) 方法向容器添加组件。

2）组件 c 如果没有设置过大小和位置，那么必须再调用 setBounds(int a,int b,int width,int height) 方法设置该组件在容器中的位置和本身的大小。

5.2.5 面板

在学习了以上各种布局之后，很自然地希望将这些布局组合起来应用。面板（Panel）就是为完成这个任务而设置的类。应当说 Panel 实际上是一个必须放在大容器（Applet 或 Frame）中的小容器。

Panel 类可将组件按一定布局编组，然后再成组地放到显示区域中，显示区域和 Panel 是分别设置布局的。Panel 的使用不影响组件的功能。

例 5.2.12 将小应用程序的显示区域设置为 BorderLayout，其中放入一个布局为 FlowLayout（对象名为 p）和一个 CardLayout（对象名为 cards）的面板，FlowLayout 面板中放 3 个按钮，这 3 个按钮控制显示哪张卡片。CardLayout 面板的每个卡片中放入一个 BorderLayout 的面板，其中各放 5 个按钮，如图 5-17 所示。

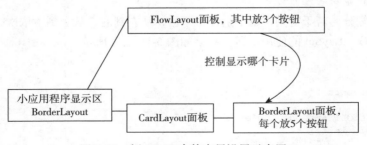

图 5-17 例 5.2.12 中的布局设置示意图

```java
package layout;
import java.awt.*;
import java.awt.event.*;
import java.applet.*;

class ButtonsPanel extends Panel {
// 利用该类将 5 个按钮依 BroderLayout 组成一组，以备放入各卡片
    ButtonsPanel(String id) {
        setLayout(new BorderLayout());
        add("Center",new Button(id));
        add("North",new Button(id));
        add("South",new Button(id));
        add("East",new Button(id));
        add("West",new Button(id));
    }
}
public class PanlLayout extends Applet {
  Button first = new Button("First card"), second = new Button("Second card"),
        third = new Button("Third card");        // 定义 3 个按钮
  Panel cards = new Panel();                     // 定义一个面板 cards
  CardLayout cl=new CardLayout();

  public void init() {
    setLayout(new BorderLayout());               // 设置 Applet 的布局

    Panel p = new Panel();                       // 定义一个面板 p
    p.setLayout(new FlowLayout());               // 面板 p 的布局
    p.add(first);
    p.add(second);
    p.add(third);                                // 面板 p 中放入 3 个按钮
    add("North", p);                             // 将面板 p 放在 Applet 显示区域的北方

    cards.setLayout(cl);                         // 设置面板 cards 的布局
    cards.add("card1",new ButtonsPanel("in the first card"));
    cards.add("card2", new ButtonsPanel("in the second card"));
    cards.add("card3",new ButtonsPanel("in the third card"));
    add("Center", cards);
    //cards 面板中加入 3 个 ButtonsPanel，即 3 张卡片。放在 Applet 显示区域中间

    first.addActionListener(new ActionListenerOfButton ());
    second.addActionListener(new ActionListenerOfButton ());
    third.addActionListener(new ActionListenerOfButton ());
    // 设置面板 p 中按钮的监听者为 ActionListenerOfButton 类对象
  }

  class ActionListenerOfButton implements ActionListener {
            //ActionListenerOfButton 类确定显示哪张卡片
      public void actionPerformed(ActionEvent e){
        Object  source=e.getSource(); // 用 getSource() 方法取得事件源,见 5.2.2 节
        if ( source==first ) cl.first(cards);
        else if ( source==second ) {cl.first(cards);  cl.next(cards);}
        else if ( source==third ) cl.last(cards);
      }
  }
}
```

运行结果如图 5-18 所示，点击上方的三个按钮将更换当中的卡片，图 5-18 为点击 Second card 后的显示结果。

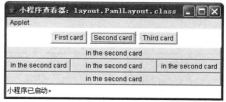

图 5-18　PanlLayout.java 运行结果

5.2.6 文本区域

文本区域（Text Area）可以显示多行文本，它的用法与 TextField 相同，其构造方法和常用方法见表 5-5。

表 5-5 TextArea 类的常用方法

方法	功能	返回类型
TextArea()	创建一空文本区域	无
TextArea(int rows, int columns)	创建一有 rows 行、columns 列的空文本区域	
TextArea(String text, int rows, int columns)	创建一有初始文本 text, rows 行 columns 列的文本区域	
TextArea(String text, int rows, int columns, int scrollbars)	创建一有初始文本 text、rows 行 columns 列，且可有滚动条的文本区域，其中 scrollbars 的取值可为：SCROLLBARS_BOTH（水平、垂直均有）、SCROLLBARS_HORIZONTAL_ONLY（仅有水平）、SCROLLBARS_NONE（无滚动条）、SCROLLBARS_VERTICAL_ONLY（仅有垂直）	
TextArea(String text)	创建一有初始文本 text 文本区域	
append(String str)	在文本区域原文本后面加上 str 的内容	void
appendText(String str)	同上	
insert(String str, int pos)	在指定位置 pos 插入文本 str	void
insertText(String str, int pos)	同上	
replaceRange(String str, int start, int end)	将指定范围 start 到 end 的文本替换为 str 的内容	void
replaceText(String str, int start, int end)	同上	
setColumns(int columns)	重新设置列数	void
setRows(int rows)	重新设置行数	
setText(Sting str)	显示字符串 str	void

5.2.7 复选框和单选钮

复选框（CheckBox）用于设置多重选择，单选钮用于设置单选，它们在各种系统的用户界面中都非常常见。复选框对应的类为 java.awt.Checkbox，该类的构造方法和常用方法见表 5-6。将复选框用 CheckboxGroup 进行分组即为单选钮，CheckboxGroup 类常用方法见表 5-7。

用鼠标点选单选钮或复选框引发的都是选项事件 ItemEvent，相关的方法见表 5-8。ItemEvent 对应的接口为 ItemListener，其中仅 public void itemStateChanged(ItemEvent e) 一个方法需实现。

选项事件 ItemEvent 类中的 getItem() 方法可用于取得引发选项事件的事件源的标识，getStateChange() 方法可以用于判断是被选上还是去掉选择。

表 5-6 Checkbox 类的常用方法

方法	功能	返回类型
Checkbox()	构造一个不带标签的复选框	无
Checkbox(String str)	构造一个带标签 str 的复选框	

(续)

方 法	功 能	返回类型
Checkbox(String str, boolean state)	构造一个带标签 str 的复选框,且指定它的状态是否被选中	无
Checkbox(String str, CheckboxGroup group, boolean state)	按指定状态和标签构造一个复选框再将它加入 group 组,变为单选钮	
Checkbox(String str, boolean state, CheckboxGroup group)	同上	
setCheckboxGroup(CheckboxGroup g)	将复选框加入组 g	void
setLabel(String str)	设置标签	
setState(boolean state)	设置状态	
getCheckboxGroup( )	返回该复选框所在组	CheckboxGroup
getLabel( )	返回该复选框的标签	Label
getListeners(class ListenerType)	返回该复选框的监听者	EventListener[]
getSelectedObjects( )	若该复选框被选中则返回其标签,否则返回空	Object[]
getState()	返回该复选框状态	boolean
addItemListener(ItemListener l)	设置选项事件监听者	void
removeItemListener(ItemListener l)	注销选项事件监听者	

表 5-7　CheckboxGroup 类的常用方法

方 法	功 能	返回类型
CheckboxGroup( )	创建一个单选按钮组	无
setSelectedCheckbox(Checkbox box)	使指定单选钮选中	void
setCurrent(Checkbox box)	使指定单选钮选中	
getSelectedCheckbox( )	获取当前被选中单选钮	Checkbox
getCurrent( )	获取当前被选中单选钮	Checkbox
toString( )	返回单选钮中选项的字符串	String

表 5-8　ItemEvent 类的常用方法

方 法	功 能	返回类型
getItemSelectable( )	返回事件源	ItemSelectable
getStateChange( )	返回常量 SELECTED 或 DESELECTED 表示是否被选中	int
getItem()	返回引发事件的选项	Object

例 5.2.13　在 TextArea 中显示单选钮和复选框当前的选择情况。本例中 one、two、three 为复选框,four、five、six 为单选钮,它们引发的事件都是 ItemEvent。

```
package textareacheckbox;
import java.awt.*;
import java.awt.event.*;
import java.applet.*;

public class TestCheck extends Applet {
  TextArea ta1=new TextArea("show result",5,10);   // 用文本区域显示选择结果
  Checkbox ck1=new Checkbox("one",true);
  Checkbox ck2=new Checkbox("two",false);
```

```
        Checkbox ck3=new Checkbox("three",true);           //one, two, three 为复选框

        CheckboxGroup cg=new CheckboxGroup();
        Checkbox ck4=new Checkbox("four",true,cg);
        Checkbox ck5=new Checkbox("five",false,cg);
        Checkbox ck6=new Checkbox("six",false,cg);         // four, five, six 为单选钮

        class CheckListener implements ItemListener{   // 定义 CheckListener 类监听选项事件
            public void itemStateChanged(ItemEvent e) {
               /*Object source=e.getSource();
               if ( source == ck1 )    ...
               else if ( source == ck2 )   ...*/

               String source=(String)(e.getItem());         // 用 getItem( ) 取的事件源, 见表 5-8
               if ( source == "one" ){                      // 若事件源是复选框 one
                 if ( e.getStateChange() == e.SELECTED )
                                // 是选择还是去掉选择, getStateChange() 见表 5-8
                    ta1.setText("one selected");
                                // 若是选择则在文本区域中显示 "one selected"
                 else ta1.setText("one deselected");
                                //若是去掉选择则在文本区域中显示 "one deselected"
               else if ( source == "two" )
                   if ( e.getStateChange() == e.SELECTED ) ta1.setText("two selected");
                   else ta1.setText("two deselected");
                else if ( source == "three" )
                   if ( e.getStateChange() == e.SELECTED ) ta1.setText("three selected");
                   else ta1.setText("three deselected");
               }
               if ( source == "four" )
                  if ( e.getStateChange() == e.SELECTED ) ta1.setText("four selected");
               if ( source == "five" )
                  if ( e.getStateChange() == e.SELECTED ) ta1.setText("five selected");
               if ( source == "six" )
                  if ( e.getStateChange() == e.SELECTED ) ta1.setText("six selected");
           }
        }
        public void init() {
            add(ta1);   add(ck1);   add(ck2);   add(ck3);   add(ck4);   add(ck5);
            add(ck6);                  // 将各组件显示在小应用程序的显示区域中, this 默认设置监听者
            ck1.addItemListener(new CheckListener ());
            ck2.addItemListener(new CheckListener ());
            ck3.addItemListener(new CheckListener ());
            ck4.addItemListener(new CheckListener ());
            ck5.addItemListener(new CheckListener ());
            ck6.addItemListener(new CheckListener ());
        }
    }
```

/* */ 中的代码是利用 java.util.EventObject 中的 getSource() 来取得事件源的对象,读者可以将用 getItem() 取得事件源的代码去掉,试试这种方法。

运行结果如图 5-19 所示,图中左边的文本区域中将实时显示右边的选择情况。

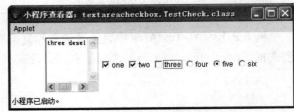

图 5-19 TestCheck.java 运行结果

5.2.8 下拉列表

下拉列表(Choice)也是界面中提供选项的一种常见组件,与下拉列表相关的 java.awt.

Choice 类的常用方法如表 5-9 所示。

表 5-9 Choice 类的常用方法

方法	功能	返回类型
Choice()	构造一下拉列表	无
add(String item)	向下拉列表中加入选项	void
addItem(String item)	同上	void
Insert(String item, int index)	在指定位置插入选项	void
remove(int position)	删除指定位置选项	void
remove(String item)	删除指定字符串	void
removeAll( )	删除所有选项	void
getItem(int index)	取指定位置处的选项	String
getItemCount( )	返回 Choice 的选项数目	int
getSelectedIndex( )	返回当前选中项的 index	int
getSelectedItem( )	返回当前选中项的内容	String
getSelectedObject( )	返回当前选中项的 Object 数组	Object[]
select(int pos)	将位置为 pos 的内容设为选定	void
select(String str)	将与 str 内容相符的选项设为选定	void

下拉列表所涉及的事件大多数为选项事件，其处理方式与单选钮／复选框相似。除了前面介绍的方法外，Choice 类还提供了 getSelectedIndex( )、getSelectedItem( ) 方法用于返回当前选中项的序号和内容。

例 5.2.14 在下拉列表中列出 red、blue 等选项，并在文本区域中显示当前选择的内容。

```
package trychoice;
import java.awt.*;
import java.awt.event.*;
import java.applet.*;

public class TryChoice extends Applet {
  String[] description =
        { "red","blue","yellow","orange","pink","grey","green","black","brown" };
  TextArea t=new TextArea(5,30);
  Choice c=new Choice();            //下拉列表对象 c

  public void init() {
    t.setEditable(false);          //设置文本区域为不可编辑，即用户不可输入内容
    for(int i = 0; i < 9; i++)  c.addItem(description[i]);
                                   //将 description 数组的内容作为选项加入
    add(t);                        //将文本区域显示在小应用程序中
    add(c);                        //将下拉列表显示在小应用程序中
    c.addItemListener(new CL());   //设置 c 的选项事件监听者
  }
}
class CL implements ItemListener {
  public void itemStateChanged(ItemEvent e) {
    t.append("\n"+"index: " + c.getSelectedIndex()
      + "\n" + c.getSelectedItem() + " is selected");
                //将所选择的序号和内容显示在文本区域中，append 方法见表 5-5
  }
}
}
```

运行结果为:点击下拉列表中的选项时,在左边的文本区域中将实时显示被选中的序号及内容,如图 5-20 所示。

5.2.9 列表

列表(List)也是用于提供选项的,它可以利用构造方法设置成支持单项或多项选择。与列表相关的类是 java.awt.List,该类常用的方法见表 5-10。

List 所涉及的事件比 Choice 稍微复杂一些,这是因为双击 List 上的选项引发选项事件(ItemEvent)和动作事件(ActionEvent),而单击 List 上的选项只引发选项事件(ItemEvent)。

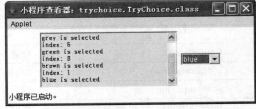

图 5-20 TryChoice.java 运行结果

表 5-10 List 类的常用方法

方 法	功 能	返回类型
List()	生成一个空滚动表	无
List(int rows, boolean multipleMode)	生成一个 rows 行的空滚动表,multipleMode 为 true 则支持多重选择,否则只支持单项选择,默认值为 false	
List(int rows)	生成一个 rows 行的空滚动表	
add(String item)	在滚动表尾部加入一选项	void
addItem(String item)	同上	
add(String item, int index)	在指定位置加入一选项	
additem(String item, int index)	同上	
select(int index)	选中指定选项	void
deselect(int index)	将指定选项设置为不选中,若该选项原未被选中或 index 超过所有选项范围,则该操作被忽略	void
getItem(int index)	返回指定位置处的选项内容	String
getItems()	返回所有选中项目内容	String[]
getItemCount()	返回滚动表中共有多少个可选项	int
getSelectedIndex()	返回 List 中被选中项的索引号,或 -1(当有多于一项被选中或无任何选项被选中时)	int
getSelectedIndexes()	返回 List 中被选中项的索引号数组(若无选中项,则数组长度为 0)	int[]
getSelectedItem()	返回 List 中被选中项的内容,若无被选中内容则返回 null	String
getSelectedItems()	返回 List 中被选中内容数组	String[]
getSelectedObjects()	返回当前选中项的 Object 数组	Object[]
isIndexSelected(int index)	返回 true 则指定项目被选中	boolean
isSelected(int index)	同上	
isMultipleMode()	返回 true 则表明该 List 允许多重选择	
remove(int position)	删除指定处选项	void
remove(String item)	删除指定内容的选项	
removeAll()	删除所有选项	
replaceItem(String newValue, int index)	将指定索引号处的原内容替换为 newValue	void
setMultipleMode(boolean b)	b 为 true 则设置为允许多种选择,否则不允许	void
setMultipleSelections(boolean b)	同上	

例 5.2.15　用两个文本框演示 List 的双 / 单击的事件。

```java
package twotrylist;
import java.awt.*;
import java.awt.event.*;
import java.applet.*;

public class TryList extends Applet {
  List l=new List(6,false);                 // 定义一个只支持单项选择的列表
  TextField tf=new TextField(15);
  TextField tf1=new TextField(15);
  Label la1=new Label("action:");
  Label la2=new Label("item:");
  Panel p=new Panel();
  String[] description = { "red","blue","yellow" };
  int count=0;

  public void init() {
    tf.setEditable(false);                  // 将文本域设置为不可编辑, 即禁止输入
    tf1.setEditable(false);
    for(int i = 0; i < 3; i++)
      l.addItem(description[count++]);      // 加入列表中的选项
    p.add(la1);                             // 将标签、文本域加入面板
    p.add(tf);
    p.add(la2);
    p.add(tf1);
    add(p);                                 // 显示面板
    add(l);                                 // 显示列表
    l.addActionListener(new AcL());         // 设置动作事件的监听者
    l.addItemListener(new IteL());          // 设置选项事件的监听者
  }

  class AcL implements ActionListener {    // 动作事件发生时在文本域中 tf 显示提示信息
    public void actionPerformed ( ActionEvent e ) {
      if ( e.getActionCommand()== "red" )
      // 用 ActionEvent 对象的 getActionCommand() 方法取得与引发事件对象相关的字符串见 5.2.2 节
        tf.setText("red double-clicked");
      else if ( e.getActionCommand()== "blue" )
        tf.setText("blue double-clicked");
      else if ( e.getActionCommand()== "yellow" )
        tf.setText("yellow double-clicked");
    }
  }

  class IteL implements ItemListener {     // 选项事件发生时在 tf1 中显示提示信息
    public void itemStateChanged (ItemEvent e) {
      String source=l.getSelectedItem();    // 取得被选中内容
      if ( source == "red" ){
        //if ( e.getStateChange()==e.SELECTED )
           tf1.setText("red selected");
        //else tf.setText("red deselected");
                                            // 若为多项选择可用 if 语句判断是被选上还是去掉选择
      }
      else if ( source == "blue" )  tf1.setText("blue selected");
      else if ( source == "yellow" ) tf1.setText("yellow selected");
    }
  }
}
```

运行结果：action 框中显示被双击的选项，item 框中被单击或双击的选项都显示，如图 5-21 所示。

上述程序也可以设计成使用一个类来监听动作和选项两个事件，做法是让该类实现 ActionListener 和 ItemListener 并实现它们的方法。

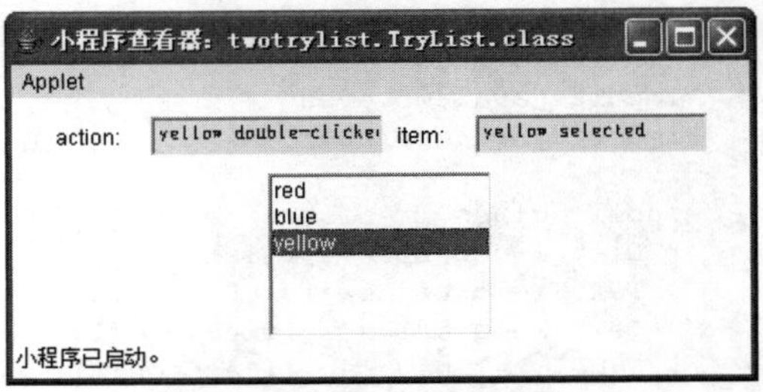

例 5.2.16 用类 ListenActionItem 来监听两个事件，程序功能与例 5.2.15 完全相同。

图 5-21 TryList.java 运行结果

```java
package twotrylist;
import java.awt.*;
import java.awt.event.*;
import java.applet.*;

public class TryList2 extends Applet {
  List l=new List(6,false);
  //定义一个只支持单项选择的滚动表
  TextField tf=new TextField(15);
  TextField tf1=new TextField(15);
  Label la1=new Label("action:");
  Label la2=new Label("item:");
  Panel p=new Panel();
  String[] description = { "red","blue","yellow" };
  int count=0;

  public void init() {
    tf.setEditable(false);                              //将文本域设置为不可编辑，即禁止输入
    tf1.setEditable(false);
    for(int i = 0; i < 3; i++)
      l.addItem(description[count++]);                  //加入滚动表中的选项
    p.add(la1);                                         //将标签、文本域加入面板
    p.add(tf);
    p.add(la2);
    p.add(tf1);
    add(p);                                             //显示面板
    add(l);                                             //显示滚动表
    l.addActionListener(new ListenActionItem());        //设置监听者
    l.addItemListener(new ListenActionItem());          //设置监听者
  }

  class ListenActionItem implements ActionListener,ItemListener {
    public void actionPerformed ( ActionEvent e ) {
      if ( e.getActionCommand()== "red" )
          tf.setText("red double-clicked");
      else if ( e.getActionCommand()== "blue" )
          tf.setText("blue double-clicked");
      else if ( e.getActionCommand()== "yellow" )
          tf.setText("yellow double-clicked");
    }

    public void itemStateChanged (ItemEvent e) {
      String source=l.getSelectedItem();                //取得被选中内容
      if ( source == "red" ){
          tf1.setText("red selected");
      }
      else if ( source == "blue" ){
          tf1.setText("blue selected");
      }
      else if ( source == "yellow" ){
          tf1.setText("yellow selected");
      }
    }
  }
}
```

5.2.10 窗口与菜单

1. 窗口（Frame 也称为帧）

（1）在应用程序和小应用程序中加入 Frame

窗口所对应的类为 java.awt.Frame，它是 java.awt.Window 的子类，其中常用的方法较简单（见表 5-11）。通常在编程时只需知道如何创建、显示、关闭窗口就可以了。

表 5-11　Frame 类的常用方法

方　　法	功　　能	返回类型
Frame()	创建一个初始不可见的窗口	无
Frame(String title)	创建一个指定标题的初始不可见的窗口	
setMenuBar(MenuBar mb)	设置菜单栏	void
remove(MenuComponent mc)	移除菜单栏	void
setVisible(boolean b)	b=true 时显示窗口，b=false 时不显示窗口	void
setTitle(String s)	设置标题	void
setSize(int length,int width)	设置窗口的显示范围大小	void

例 5.2.17　在小应用程序中加入标题为 my first frame 的窗口，用按钮 open 和 close 控制其显示。

```
package myframe;
import java.awt.*;
import java.awt.event.*;
import java.applet.*;

public class MyFr extends Applet {
  MyFrame f=new MyFrame("my first frame");
                        // 标题为 my first frame 的 MyFrame 类的对象 f
  Button b1=new Button("open");
  Button b2=new Button("close");
  public void init() {
     add(b1);
     add(b2);
     b1.addActionListener(new B1L());
     b2.addActionListener(new B2L());
     f.setSize(200,300);    // 设置 frame 的大小
  }

  class B1L implements ActionListener{
     public void actionPerformed(ActionEvent e){
        f.setVisible(true);    // 显示窗口
     }
  }

  class B2L implements ActionListener{
     public void actionPerformed(ActionEvent e){
        f.setVisible(false);   // 不显示窗口
     }
  }

  class MyFrame extends Frame{    //MyFrame 类为 Frame 的子类
    Label l1=new Label("My Applet Frame");    // 窗口中的标签

    MyFrame(String s){   //MyFrame 类的构造方法，s 为窗口的标题
```

```
        super(s);     // 在构造方法中先调用父类构造方法, 此时调用的是 Frame(String title)
        add(l1);      // 在 MyFrame 中显示内容为 My Applet Frame 的标签
    }
  }
}
```

运行结果：首先弹出小应用程序显示区，其中显示两个按钮如图 5-22 所示。

图 5-22 MyFr.java 第一步的运行结果

单击 open 按钮将弹出图 5-23 左图所示窗口，单击 close 按钮将关闭该窗口（但对窗口的 ⊠ 无响应）。

图 5-23 MyFr.java 第二步和 Application1.java 的运行结果

例 5.2.18　在应用程序中加入标题为 My second Frame 的窗口。

```java
import java.awt.*;
import java.awt.event.*;

public class Frame1 extends Frame {
  public Frame1() {
    //窗口构造方法, 此例没有调用父类构造方法而是直接在子类中设置窗口属性
    Label l=new Label("hi");              // 定义窗口中的标签
    this.add(l);                          // 在窗口中显示标签
    this.setSize(new Dimension(400, 300));// 设置窗口大小
    this.setTitle("My second Frame");     // 设置标题为 My second Frame
  }
}

public class Application1 {
  boolean packFrame = false;
  public Application1() {
    Frame1 frame = new Frame1();          // 用构造方法在应用程序中加入 frame
    frame.setVisible(true);               // 显示窗口
  }
  public static void main(String[] args) { //Main method
    new Application1();
  }
}
```

运行结果如图 5-23 右图所示。由本例可见窗口是可以直接显示在应用程序中的，而在小应用程序中不能直接显示窗口。

（2）窗口的事件处理

窗口中主要须加入监听 ⊠ 按钮的代码（▬、▢ 有默认功能，而 ⊠ 无默认功能，若不加入监听代码则点击它时无任何响应），这一功能可以用 WindowAdapter 或 WindowListener 来处理。其中的方法如下：

1) public void windowActivated(WindowEvent e)：处理窗口被设置为当前活动窗口时（此时

窗口可以接收键盘事件）触发的事件。

2）public void windowClosed(WindowEvent e)：处理窗口已被关闭时触发的事件。

3）public void windowClosing(WindowEvent e)：处理用户试图关闭窗口时触发的事件。

4）public void windowDeactivated(WindowEvent e)：处理窗口被设置为非活动窗口时触发的事件。

5）public void windowDeiconified(WindowEvent e)：处理窗口从最小化变为正常大小时触发的事件。

6）public void windowIconified(WindowEvent e)：处理窗口最小化时触发的事件。

7）public void windowOpened(WindowEvent e)：处理窗口第一次显示时触发的事件。

同时 WindowEvent 类也定义了 WINDOW_ACTIVATED、WINDOW_CLOSED、WINDOW_CLOSING、WINDOW_DEACTIVATED、WINDOW_DEICONIFIED、WINDOW_ICONIFIED、WINDOW_OPENED 这些常量来代表相应的事件。

例 5.2.19 在小应用程序的窗口中加入对 ✖ 的响应。

```
package frameclosing;
import java.awt.*;
import java.awt.event.*;
import java.applet.*;
public class FrameClosing1 extends Applet {
  MyFrame f=new MyFrame("frame closing");      //定义标题为 frame closing 的窗口 f
  Button b1=new Button("open");                //控制窗口打开
  Button b2=new Button("close");               //控制窗口关闭
  WL fwl=new WL();          //定义窗口事件的监听者对象，其类 WL 的定义在后面
  public void init() {
     add(b1);
     add(b2);
     b1.addActionListener(new B1L());
     b2.addActionListener(new B2L());
     f.setSize(200,300);
     f.addWindowListener(fwl); //加入 f 的监听者，用于监听点击✖而引发的窗口关闭事件
  }
  class B1L implements ActionListener {     //监听 open 按钮引发的事件
    public void actionPerformed(ActionEvent e){
       f.setVisible(true);
    }
  }
  class B2L implements ActionListener{    //监听 close 按钮引发的事件
    public void actionPerformed(ActionEvent e){
       f.setVisible(false);
    }
  }
  class MyFrame extends Frame{      //Frame 类的子类 MyFrame 类定义
    Label l1=new Label("My Applet Frame");
    MyFrame(String s){
     super(s);      //执行父类构造方法
     add(l1);
    }
  }
  class WL extends WindowAdapter{     //定义窗口事件监听类
   public void windowClosing (WindowEvent e){     //点击✖触发该事件
      f.setVisible(false);
   }
  }
}
```

运行结果类似图 5-23 左图所示，只是标题为 frame closing 且对 ⊠ 可以响应。

2. 菜单（Menu）

（1）在 Applet 中加入菜单

直接在小应用程序 Applet 中不能加入菜单，只能在窗口中加入菜单，加入菜单的步骤较其他组件麻烦一些，共分如下几步：

第一步：定义菜单栏 MenuBar 对象：

```
MenuBar 对象名 = new MenuBar();
```

第二步：定义菜单 Menu 对象：

```
Menu 对象名 =new Menu("菜单名");
```

第三步：定义菜单项 MenuItem 对象：

```
MenuItem 对象名 =new MenuItem("子菜单名");
```

也可以定义选项子菜单 CheckboxMenuItem 对象，该类的常用方法与 MenuItem 相似：

```
CheckboxMenuItem 对象名 =new CheckboxMenuItem("选项名");
```

第四步：在 Frame 中加入菜单栏：

```
Frame 对象.setMenuBar(MenuBar 类的对象名);
```

第五步：在 MenuBar 中加入菜单：

```
MenuBar 对象名.add(Menu 类的对象名);
```

第六步：在 Menu 对象中加入子菜单：

```
Menu 对象名.add(MenuItem 类的对象名);
```

或：

```
Menu 对象名.add(CheckboxMenuItem 类的对象名);
```

MenuBar 类常用的成员方法见表 5-12，Menu 类常用的成员方法见表 5-13，MenuItem 类常用的成员方法见表 5-14。

表 5-12 MenuBar 类的常用方法

方法	功能	返回类型
MenuBar()	构造一个菜单栏	无
add(Menu m)	将指定的菜单加入菜单栏	Menu
remove(int index)	删除指定位置上的菜单	void
remove(MenuComonent mc)	删除指定的菜单	void

表 5-13 Menu 类的常用方法

方法	功能	返回类型
Menu()	构造一个菜单	无
Menu(String label)	以指定标签构造一个菜单	
add(MenuItem mi)	增加一个菜单项	MenuItem

方法	功能	返回类型
add(String label)	与 add(new MenuItem(label)) 等价	void
remove(int index)	删除指定位置上的菜单项	void
remove(MenuComponent mc)	删除指定菜单组件	
removeAll()	删除所有的菜单项	
insert(MenuItem mi, int index)	在指定位置处插入一菜单项	
insert(String label, int index)	与 insert(new MenuItem(label), index) 等价	void
insertSeparator(int index)	在指定位置插入分隔符	

表 5-14 MenuItem 类的常用方法

方法	功能	返回类型
MenuItem()	构造一个菜单项	
MenuItem(String label)	以指定标签构造一个菜单项	无
MenuItem(String label, MenuShortcut s)	以指定标签和快捷键构造一个菜单项 快捷键参见 java.awt.MenuShortcut 和 java.awt.event.KeyEvent	
setLabel(String Label)	设置菜单项标签	void
setShortcut(MenuShortcut s)	设置快捷键	void
setActionCommand(String command)	设置由菜单项引发的动作事件的命令字符串，命令字符串的默认值为菜单项的标签	void
getActionCommand()	取得事件源的命令字符串	String
deleteShortcut()	删除与该菜单项相关的快捷键	void

例 5.2.20 在小应用程序中加入菜单。

```
import java.awt.*;
import java.awt.event.*;
import java.applet.*;

public class MenuOnly extends Applet {
  MyFrame f=new MyFrame("hi menuonly");
  Button b1=new Button("open");
  Button b2=new Button("close");         // 控制窗口显示的按钮

  MenuBar mb1=new MenuBar();              // 菜单栏对象
  Menu fi=new Menu("File");               // 菜单对象
  MenuItem[] file={                       // 菜单项对象
    new MenuItem("Open",new MenuShortcut(KeyEvent.VK_O)), // 快捷键为 Ctrl+o
    new MenuItem("Save",new MenuShortcut(KeyEvent.VK_S)),
    new MenuItem("Exit",new MenuShortcut(KeyEvent.VK_E))
    };
  public void init() {
    add(b1);
    add(b2);
    f.setMenuBar(mb1);                    // 窗口中加入菜单栏
    mb1.add(fi);                          // 菜单栏中加入菜单
    for (int i=0;i<file.length ;i++){
      fi.add(file[i]);                    // 菜单中加入菜单项
    }
    b1.addActionListener(new B1L());      // 设置 open、close 两个按钮的监听
    b2.addActionListener(new B2L());
    f.setSize(200,300);
```

```
  }
  class B1L implements ActionListener{
    public void actionPerformed(ActionEvent e){
     f.setVisible(true);
    }
  }
  class B2L implements ActionListener {
    public void actionPerformed(ActionEvent e) {
     f.setVisible(false);
    }
  }
class MyFrame extends Frame {
    Label l1=new Label("My Applet Frame");
    MyFrame(String s){
     super(s);
     setLayout(new FlowLayout());
     add(l1);
    }
}
```

运行结果：第一步小应用程序中显示两个按钮如图 5-24 所示。

点击 open 按钮打开窗口 hi menuonly（如图 5-25 左图所示），在此窗口中点击菜单 File 将弹出菜单如图 5-25 右图所示，点击 close 按钮将关闭窗口。

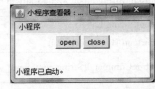

图 5-24 MenuOnly.java 运行第一步

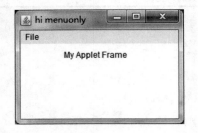 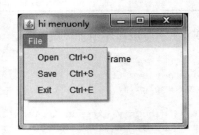

图 5-25 MenuOnly.java 运行第二步（左）和第三步（右）

（2）菜单的事件处理

MenuItem 的事件处理以动作事件为主，CheckboxMenuItem 以选项事件为主。下面的例子综合了菜单的相关技术，为了缩短程序代码的长度仅监听了 File 菜单，Exit、Search 菜单的监听留为作业由读者加入监听代码。

例 5.2.21 菜单的事件监听。在此例的代码中 setActionCommand(String command) 用于设置点击菜单项时引发的动作命令字符串，这个字符串由监听代码中的 getActionCommand() 取得，并由此判断具体是哪个菜单项引发的事件。

```
import java.awt.*;
import java.awt.event.*;
import java.applet.*;

public class MyMenu1 extends Applet {
  MyFrame f=new MyFrame("hi");           // 定义标题为 hi 的窗口
  Button b1=new Button("open");          // 定义 open 按钮
```

```java
    Button b2=new Button("close");              // 定义close按钮
    TextField tf1=new TextField(20);

    MenuBar mb1=new MenuBar();                  // 菜单栏mb1说明
    Menu fi=new Menu("File");                   // 菜单File说明
    Menu e=new Menu("Edit");                    // 菜单Edit说明
    Menu s=new Menu("Search");                  // 菜单Search说明

    Menu v=new Menu("View");                    // 菜单View说明
    CheckboxMenuItem[] vie={                    // View菜单的子菜单说明
      new CheckboxMenuItem("Text"),
      new CheckboxMenuItem("Html")
    };
    MenuItem[] file={                           //File菜单的子菜单说明
        new MenuItem("Open",new MenuShortcut(KeyEvent.VK_O)),
                                                // 定义以ctrl+o为快捷键的菜单项
        new MenuItem("Save",new MenuShortcut(KeyEvent.VK_S)),
        new MenuItem("Exit",new MenuShortcut(KeyEvent.VK_E)),
    };
    MenuItem[] edit={                           //Edit菜单的子菜单说明
      new MenuItem("Copy",new MenuShortcut(KeyEvent.VK_C)),
      new MenuItem("Cut",new MenuShortcut(KeyEvent.VK_U)),
      new MenuItem("Paste",new MenuShortcut(KeyEvent.VK_P))
    };
    MenuItem[] search={                         //Search菜单的子菜单说明
      new MenuItem("Find",new MenuShortcut(KeyEvent.VK_F)),
      new MenuItem("Replace",new MenuShortcut(KeyEvent.VK_R))
    };
    ML ml1=new ML();                            // 监听类对象，用于监听菜单引发的动作事件
    MIL mil1=new MIL();                         // 监听选项事件
    WL fwl=new WL();                            // 监听窗口的⊠是否被点击

    public void init() {
        add(b1);
        add(b2);
        add(tf1);
        f.setMenuBar(mb1);                      // 窗口中加入菜单栏mb1
        mb1.add(fi);                            // 菜单栏中加入File菜单
        for (int i=0;i<file.length ;i++)        // File菜单中加入子菜单
          fi.add(file[i]);
        for (int i=0;i<vie.length ;i++)         // View菜单中加入子菜单
          v.add(vie[i]);
        fi.add(v);
                    // 将View菜单作为File菜单的一级子菜单，View本身的子菜单为二级子菜单
        mb1.add(e);                             // 菜单栏中加入Edit菜单
        for (int i=0;i<edit.length ;i++)        // Edit菜单中加入子菜单
          e.add(edit[i]);
        mb1.add(s);                             // 菜单栏中加入Search菜单
        for (int i=0;i<search.length;i++)       // Search菜单中加入子菜单
          s.add(search[i]);
        b1.addActionListener(new B1L());        // 设置按钮的监听者
        b2.addActionListener(new B2L());
        file[0].setActionCommand("Open");
        /* 设置File菜单前三项的监听者时，先定义与菜单相关联的动作命令字符串，在监听类代码中用
           getActionCommand()取得这一字符串 */
        file[0].addActionListener(ml1);         // 设置File菜单的Open子菜单的监听者
        file[1].setActionCommand("Save");
        file[1].addActionListener(ml1);
        file[2].setActionCommand("Exit");
        file[2].addActionListener(ml1);

        vie[0].setActionCommand("Text");        // 设置File菜单的View子菜单的监听者
```

```java
      vie[0].addItemListener(mil1);
      vie[1].setActionCommand("Html");
      vie[1].addItemListener(mil1);
      f.addWindowListener(fwl);           // 设置对窗口的 ☒ 的监听者
      f.setSize(200,300);
   }
   class WL extends WindowAdapter {       // 窗口的 ☒ 的监听类
      public void windowClosing(WindowEvent e) {
         f.setVisible(false);
      }
   }
   class B1L implements ActionListener{   // 按钮 open 的监听类
      public void actionPerformed(ActionEvent e) {
         f.setVisible(true);
      }
   }
   class B2L implements ActionListener {  // 按钮 close 的监听类
      public void actionPerformed(ActionEvent e) {
         f.setVisible(false);
      }
   }

   class MyFrame extends Frame {          // 窗口的类
      Label l1=new Label("My Applet Frame");  // 定义窗口中的标签
      TextField tf=new TextField(20);         // 定义窗口中的文本域
      MyFrame(String s) {
         super(s);                        // 窗口的构造方法中先调用父类的构造方法
         setLayout(new FlowLayout());
         add(l1);
         tf.setEditable(false);
         add(tf);
         tf.setText("I am in the frame");
      }
   }
   class ML implements ActionListener{    // 菜单中动作事件的监听类
      public void actionPerformed(ActionEvent e) {
         MenuItem target=(MenuItem)e.getSource();  // 取得事件源
         String ac=target.getActionCommand();
                                          // 取得事件源的与菜单相关联的动作命令字符串
         if(ac.equals("Open")) {
            tf1.setText("select open");// 若点击的是 File 菜单的 Open, 则在 tf1 中显示 select open
         }
         else if(ac.equals("Save")) {
            tf1.setText("select save");   // 点击 File 菜单的 Save 则在 tf1 中显示 select save
         }
         else if(ac.equals("Exit")) {     // 点击 File 菜单的 Exit 则关闭窗口
            f.setVisible(false);
         }
      }
   }
   class MIL implements ItemListener{     // 确定 View 菜单的选项事件监听类
      public void itemStateChanged(ItemEvent e){
         CheckboxMenuItem target=(CheckboxMenuItem)e.getSource();// 取得事件源
         String acommand=target.getActionCommand();
             // 取得事件源的与菜单相关联的动作命令字符串
         if (acommand.equals("Text")) tf1.setText("Text is "+target.getState());
         else if (acommand.equals("Html")) tf1.setText("Html is "+target.getState());
      }
   }
}
```

运行结果：首先在小应用程序的显示区中显示 open、close 按钮和一文本域（如图 5-26 所示）。

图 5-26　MyMenu1.java 运行第一步

点击 open 显示窗口（图 5-27 左图），点击其中的 File 菜单显示 File 菜单（图 5-27 右图）。

 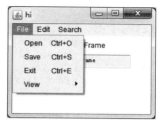

图 5-27　MyMenu1.java 运行第二、三步

点击 Open 子菜单，在小应用程序显示区域的文本域中将显示 select open，表明 Open 菜单被选中（如图 5-28 所示）。

将鼠标放在 View 菜单上，将显示其子菜单（图 5-29 左图），点击 Text 将显示图 5-30，同时窗口显示如图 5-29 右图所示。

图 5-28　MyMenu1.java 运行第四步

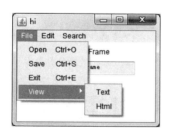 

图 5-29　MyMenu1.java 运行第五、七步

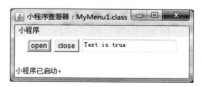

图 5-30　MyMenu1.java 运行第六步

（3）多窗口

编写多窗口程序并不需要新的技术，只需利用菜单反复打开新的窗口即可。

例 5.2.22　利用菜单实现多窗口。

```
import java.awt.*;
import java.awt.event.*;
import java.applet.*;
public class MyMenu2 extends Applet {
```

```java
    int icount;
    Integer count=new Integer(0);
    public void init() {
      icount=0;
      new MyFrame2("one");        // 在小应用程序初始化时直接生成标题为 one 的窗口
    }
    class MyFrame2 extends Frame{    // 定义窗口类
      MenuBar mb1=new MenuBar();     // 定义窗口中的菜单栏
      Menu fi=new Menu("File");      // 定义窗口的 File 菜单
      MenuItem[] file={
       new MenuItem("new Frame",new MenuShortcut(KeyEvent.VK_F)),
       new MenuItem("Exit",new MenuShortcut(KeyEvent.VK_E))
      };                             // 定义 File 菜单的子菜单
      TextField tf=new TextField(10);
      public MyFrame2(String s) {    // 窗口 MyFrame2 的构造方法
        super(s);
        setSize(300,300);
        setLayout(new FlowLayout());
        setMenuBar(mb1);
        mb1.add(fi);
        for (int i=0;i<file.length ;i++)   fi.add(file[i]);
        ML ml1=new ML();               // 定义菜单的监听者
        file[0].setActionCommand("new Frame");    // 定义与菜单相关联的动作命令字符串
        file[0].addActionListener(ml1);           // 设置 File 菜单的监听者
        file[1].setActionCommand("Exit");
        file[1].addActionListener(ml1);
        add(tf);
        setVisible(true);                         // 显示窗口
      }
      class ML implements ActionListener {        // 菜单动作事件的监听者
        public void actionPerformed(ActionEvent e) {
          MenuItem target=(MenuItem)e.getSource();
          String ac=target.getActionCommand();
          if(ac.equals("new Frame")) {            // 若选择 File 菜单的 new Frame 子菜单
            icount++;
            new MyFrame2("new"+count.toString(icount));   // 新建标题为 newxx 的窗口
            tf.setText("create new");
          }
          else if(ac.equals("Exit"))              // 若选择 File 菜单的 Exit 子菜单
            setVisible(false);                    // 将窗口设置为不显示
        }
      }
    }
  }
```

运行结果：在 appletviewer 中直接弹出图 5-31 左图，单击 File 显示如图 5-31 右图所示。

 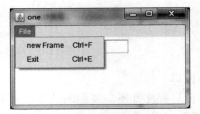

图 5-31　MyMenu2.java 运行第一、二步

选择 new Frame 弹出图 5-32 左图所示的 new1 窗口，同时在窗口 one 的文本域中显示 create new，如图 5-32 右图所示。

重复上述操作可弹出多个子窗口如图 5-33 所示。单击各窗口的 File 菜单的 Exit 子菜单可分别退出各窗口的子窗口。本例没有对 ☒ 进行监听，读者可自行加上。

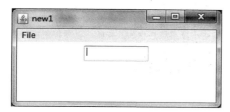 

图 5-32 MyMenu2.java 运行第三、四步

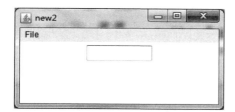 

图 5-33 MyMenu2.java 弹出的多窗口

5.2.11 对话框

对话框（Dialog）类是从一个窗口中弹出的窗口，它也是一个容器，它的使用方法与 Frame 类类似，常用的成员方法见表 5-15。对话框的事件处理也与 Frame 相似，读者可参考下面的例子学习。

表 5-15 Dialog 类的常用方法

方　法	功　能	返回类型
Dialog(Frame owner)	在指定 Frame 中构造一个无标题的、初始不可见的对话框	无
Dialog(Frame owner, boolean model)	在指定 Frame 中构造一个无标题的对话框，当 model=true 时初始可见，model=false 时初始不可见	
Dialog(Frame owner, String title, boolean model)	在指定 Frame 中构造一个对话框，标题为 title，当 model=true 时初始可见，model=false 时初始不可见	
Dialog(Dialog owner)	在指定 Dialog 中构造一个无标题的、初始不可见的对话框	
Dialog(Dialog owner, boolean model)	在指定 Dialog 中构造一个无标题的对话框，当 model=true 时初始可见，model=false 时初始不可见	
Dialog(Dialog owner, String title, boolean model)	在指定 Dialog 中构造一个对话框，标题为 title，当 model=true 时初始可见，model=false 时初始不可见	
setTitle(String title)	设置标题	void
show()	显示标题	void
setVisible(boolean b)	b=true 显示对话框	void

例 5.2.23 在小应用程序中添加对话框。与菜单相似，对话框也是隶属于一个 Frame 的。

```
import java.awt.*;
import java.awt.event.*;
import java.applet.*;

public class Dialog1 extends Applet {
  MyFrame f=new MyFrame("hi");           // 定义标题为 hi 的窗口
```

```java
    Button b1=new Button("open");              // 控制窗口hi开关的按钮
    Button b2=new Button("close");

    public void init() {
       add(b1);                                // 在小应用程序中加入按钮，以便控制窗口的开关
       add(b2);
       b1.addActionListener(new B1L());        // 设置按钮的监听者
       b2.addActionListener(new B2L());
       f.setSize(200,300);                     // 设置窗口的大小
    }
    class B1L implements ActionListener {     // 定义按钮open的监听类
      public void actionPerformed(ActionEvent e){
        f.setVisible(true);
      }
    }
    class B2L implements ActionListener {     // 定义按钮close的监听类
      public void actionPerformed(ActionEvent e) {
        f.setVisible(false);
      }
    }
    class MyFrame extends Frame {             // 定义窗口类
      Label l1=new Label("My Applet Frame");  // 窗口中的标签
      Button ob=new Button("open dialog");    // 窗口中的open dialog按钮
      BL bl1=new BL();                        // 定义按钮open dialog的监听者
      MyDialog md=new MyDialog(this,"my dialog",false);
                                              // 定义标题为my dialog的对话框对象
      WL wl=new WL();    // 定义☒的监听者

      MyFrame(String s) {
        super(s);
        add(l1);
        add(ob);
        ob.addActionListener(bl1);            // 设置open dialog按钮的监听者为bl1
        md.addWindowListener(wl);             // 设置md（MyDialog对象）的☒的监听者为wl
      }

      class BL implements ActionListener {    // 按钮open dialog的监听者类
        public void actionPerformed(ActionEvent e) {
          md.setVisible(true);                // 显示my dialog对话框
        }
      }
      class MyDialog extends Dialog {         // 对话框类的子类
        MyDialog(Frame host, String title, boolean model) {
                                              // 对话框类的构造方法，其中可加入对话框中的组件
          super(host,title,model);
          setSize(100,100);
        }
      }
      class WL extends WindowAdapter {        // 对话框的☒的监听代码
        public void windowClosing(WindowEvent e) {
          md.setVisible(false);
        }
      }
    }
  }
}
```

运行结果第一步见图 5-34。

图 5-34　dialog1.java 运行第一步

单击图 5-34 中的 open 按钮打开窗口 hi（图 5-35 左图），单击 open dialog 按钮打开对话框 my dialog（图 5-35 右图）。

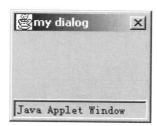

图 5-35　dialog1.java 运行第二、三步

单击图 5-34 中的 close 按钮和 my dialog 对话框的 ☒ 可分别关闭 hi 窗口和对话框 my dialog。

5.3　Swing

5.3.1　Swing 的特点

AWT（Abstract Windows Toolkit）与 Swing 都是 Java 用于实现图形用户界面的类库，Swing 是 JFC（Java Foundation Classes）的一部分，它在技术与功能上都比 AWT 迈进了一大步。与 AWT 相比，Swing 主要有以下特点：

1）Swing 组件是由纯 Java 实现的，具有很好的平台移植性，在不同的操作系统下看到的界面风格一样，我们称之为轻量级组件。AWT 组件是通过调用本地操作系统中的相关方法实现图形界面的组件，因此同样的代码在不同的操作系统平台下看到的界面风格会不一样，我们称之为重量级组件。

2）MVC（Model-View-Controller）界面组件设计模式在 Swing 组件中的使用。MVC 模式包括相互通信的三种对象，即数据模型、视图和控制器。数据模型是指用于存放构造界面所需的数据的表示方法。视图是指在屏幕上可以看见的组件，通过一定的形式对数据模型中的数据进行展示。控制器是负责处理用户对组件的操作，完成对数据模型的改变。Swing 组件的设计采用了 MVC 界面组件模式的一种变形，将视图和控制器两部分合在一起，有利于 GUI 组件的设计和应用开发。

3）Swing 组件都是 Bean，可以在支持 Bean 技术的任何开发环境中使用。JavaBeans 是建立在 Java 语言基础上的软件构件模型，Bean（或称 JavaBean，注意 JavaBeans 并不是简单地表示 JavaBean 的复数，它们一个指模型，一个指单个构件）是指软件构件，它提高了软件复用的等级。我们可以简单地将 Bean 理解为一个个可以随时随地组装在一起的零件，JavaBeans 则是生产这些零件的一系列规则，例如类的属性被命名为 xxx，则相应的方法命名为：getXxx() 和 setXxx()、isXxx() 等。

4）大多数情况下，在旧的 AWT 组件前加一个"J"即为 Swing 组件，如 JButton、JLabel、JMenu 等。当然 Swing 组件还增加了许多很实用的组件，包括一些高层组件如 JTable 表格组件和 JTree 树组件等。

除了上面这些主要特点外，Swing 组件在外观设置与操作功能上都有所丰富，例如可以设置一个或多个边框；有些组件不仅可以使用文字"标题"，还可以使用图标修饰；有些组件通过设置能使用户通过键盘操作替代鼠标操作。

5.3.2 Swing 类的继承关系

Swing 类与用 AWT 类编写的程序兼容。图 5-36 展示了 Swing 提供的替代了旧的 AWT 版本的类。

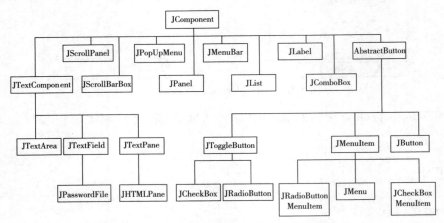

图 5-36　与 AWT 相似的类在 Swing 中的层次图

如前所述，记住新 Swing 类的名字很容易，只要把 J 加在原来 AWT 类名的前面即可。例如 Label 现在就变成了 JLabel。

但是，Swing 的组件实际上是 AWT 组件的两倍。图 5-37 展示了除去图 5-36 以外的类组件的层次图。

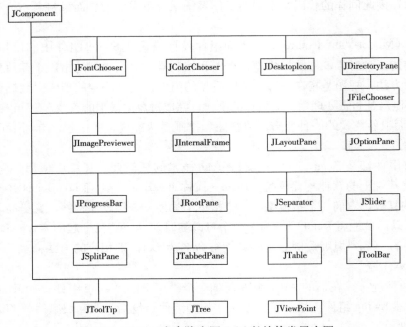

图 5-37　Swing 类中除去图 5-36 以外的类层次图

Swing 组件除了在技术上比 AWT 组件有所提高外,在外观效果上也比 AWT 有进步。下面通过实例剖析各组件的主要属性、方法及使用。

5.3.3 Swing 中的容器

1. Swing 中的容器概述

Swing 比 AWT 更加强调容器的概念,容器中可以再放置容器,也可以放置组件,各容器使用时应设置布局。Swing 共有如下几个容器:JApplet、JDialog、JFrame、JWindow、JPanel、JTabbedPane、JScrollPane、JSplitPane、JToolBar、JInternalFrame、JLayerPane、JRootPane。容器的层次结构示意图如图 5-38 所示。

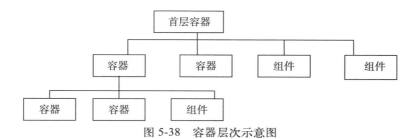

图 5-38 容器层次示意图

2. 首层容器

首层容器可以是 JApplet、JDialog、JFrame 和 JWindow 四种之一。其中 JWindow 不是很常用,与 JFrame 类似,但它没有标题栏、窗口操作按钮等窗口元素。

值得注意的是,Swing 首层容器包含了一个称为容器框架(content pane)的中间容器,Swing 组件是不能直接添加到首层容器中的,只能放置在它的容器框架中。

(1) JApplet

javax.swing.JApplet 是 java.awt.Applet 的子类,所以在上几节中所学的 Applet 的用法和属性都可以用于 JApplet,这里不再复述。作为一种首层容器,JApplet 可以添加 Swing 组件,其常用的属性及含义见表 5-16。

表 5-16 JApplet 类的属性

属 性	含 义
name	定义顶层容器的名字
background	顶层容器的背景色
cursor	顶层容器鼠标的样式
enable	定义顶层容器是否可以接受 Focus 事件(被点击时产生的事件)
font	设置字体
Layout	设置布局
visible	为 true 时显示

JApplet 常用的方法见表 5-17。

表 5-17 中的前三个方法在 java.awt.Applet 中也有。getContentPane() 方法在 Swing 中十分重要,它的功能是取得容器的容器框架,因为 Swing 中的组件都是加在容器框架中的,而 AWT 直接加在容器中。

表 5-17 JApplet 类的常用方法

方 法	功 能	返回类型
setLayout(layoutManager manager)	设置布局	void
setBackground(Color c)	设置背景色	void
setCursor(Cursor s)	设置鼠标样式	void
getContentPane( )	返回小应用程序的容器框架	Container

例 5.3.1 使用 Swing 的 JApplet 创建小应用程序。

```
package swingexample;
import java.awt.*;
import java.awt.event.*;
import java.applet.*;
import javax.swing.*;

public class JApplet1 extends JApplet {
  Container c=new Container();                      // 定义容器框架对象
  JLabel l=new JLabel("hello");                     // 定义标签 hello

  public void init() {
  c=this.getContentPane();
  // 取得小应用程序 JApplet1 的容器框架,以下操作均应在此框架中进行
  c.setLayout(new BorderLayout());                  // 设置布局
  c.setBackground(Color.blue);                      // 背景色为黄色
  c.setCursor(new Cursor(Cursor.HAND_CURSOR));      // 将鼠标设置为手形
  c.add(l,"North");                                 // 在容器框架中加入 JLabel
  }
}
```

运行结果如图 5-39 所示。

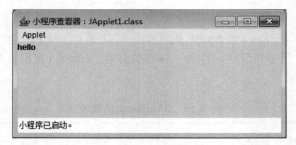

图 5-39 JApplet1.java 运行结果

（2）JDialog

javax.swing.JDialog 是 java.awt.Dialog 的子类，它们的用法也十分相似。这里介绍一下 Swing 提供的其他几种对话框。

javax.swing.JOptionPane 类也是一种对话框类，用该类可以直接构造显示多种对话框，其构造方法有如下 6 种：

```
JOptionPane( Object message, int messageType, int OptionType, Icon icon, Object[]
    options, Object initialValue)
JOptionPane( Object message, int messageType, int OptionType, Icon icon, Object[]
    options)
JOptionPane( Object message, int messageType, int OptionType, Icon icon)
JOptionPane( Object message, int messageType, int OptionType)
```

```
JOptionPane( Object message, int messageType)
JOptionPane( Object message)
```
参数含义：

Object message：对话框中显示的信息，可以为字符串或组件。

int messageType：对话框中图标的类型，可取的值为：ERROR_MESSAGE（错误信息）、INFORMATION_MESSAGE（提示信息）、WARNING_MESSAGE（警告信息）、QUESTION_MESSAGE（问题信息）、PLAIN_MESSAGE（普通信息）。

int OptionType：定义按钮组合（仅当 options 参数为 null 时有意义）：DEFAULT_OPTION、YES_NO_OPTION、YES_NO_CANCEL_OPTION、OK_CANCEL_OPTION。

Icon icon：加入自选图标。

Object[] options：列出选择选项，由用户选择。

Object initialValue：默认选项。

通常使用 JOptionPane 类时并不用上述构造方法来构造对象，而是直接使用其中的几个静态（static）方法来显示不同种类的对话框，它们是：信息确认框、信息输入框、信息选择框、信息显示框。

• 信息确认框

信息确认框的显示方法在 javax.swing.JOptionPane 中说明如下：

```
public static int showConfirmDialog(Component parentComponent, Object message,
    String title, int optionType, int messageType, Icon icon)
public static int showConfirmDialog(Component parentComponent, Object message,
    String title, int optionType, int messageType)
public static int showConfirmDialog(Component parentComponent, Object message,
    String title, int optionType)
public static int showConfirmDialog(Component parentComponent, Object message)
```

参数说明：

Component parentComponent：指明信息确认框所在的容器，若取为 null 则为当前的窗口。

String title：信息确认框标题。其余参数同 JOptionPane 类的构造方法。

• 信息输入框

信息输入框的显示方法在 javax.swing.JOptionPane 中说明如下：

```
public static Object showInputDialog(Component parentComponent, Object message,
    String title, int messageType, Icon icon, Object[] selectionValues, Object
    initialSelectionValue)
public static Object showInputDialog(Component parentComponent, Object message,
    String title, int messageType)
public static Object showInputDialog(Component parentComponent, Object message)
public static Object showInputDialog(Object message)
```

参数含义：

selectionValues：列出被选择变量，由用户选择。

InitialSelectionValue：默认的被选择变量的值。其余参数同 JOptionPane 类的构造方法。

• 信息选择框

```
public static int showOptionDialog(Component parentComponent, Object message, String
    title, int optionType, int messageType, Icon icon, Object[] selectionValues,
    Object initialSelectionValue)
```

参数含义同上。

• 信息显示框

```
public static void showMessageDialog(Component parentComponent, Object message,
    String title, int optionType, int messageType, Icon icon)
public static void showMessageDialog(Component parentComponent, Object message,
    String title, int optionType, int messageType)
public static void showMessageDialog(Component parentComponent, Object message)
```

参数含义同上。

例 5.3.2 showInputDialog（信息输入框）、showOptionDialog（信息选择框）和 showMessageDialog（信息显示框）的应用。

```java
package jinputdialog;
import java.awt.*;
import java.awt.event.*;
import java.applet.*;
import javax.swing.*;
public class JDialog1 extends JApplet {
  JButton jb1=new JButton("show message input");  //定义两个按钮，分别打开对话框
  JButton jb2=new JButton("show message Option");
  Container c=new Container();   //定义容器框架对象
  public void init() {
    c=this.getContentPane();     //取得容器框架
    c.setLayout(new FlowLayout());
    c.add(jb1);              //将按钮加入容器框架
    c.add(jb2);
    jb1.addActionListener(new JButtonListener2());
    jb2.addActionListener(new JButtonListener2());    //设置两个按钮的监听者
  }

  class JButtonListener2 implements ActionListener {    //按钮的监听类
    public void actionPerformed(ActionEvent e) {
      String inputStr=new String();
      String[] select={"red","blue","yellow","green"};//信息选择框中的可选择内容
      int i;

      if(e.getSource()==jb1){            //监听按钮"show message input"
          inputStr=JOptionPane.showInputDialog(null,"please input:",
                    "message input",JOptionPane.QUESTION_MESSAGE);
                        //显示 JOptionPane 类的信息输入对话框，并返回输入字符串
          JOptionPane.showMessageDialog(null,inputStr);
                        //在信息显示框中显示输入的内容
      }
      else if(e.getSource()==jb2){        //监听按钮"show message option"
          i=JOptionPane.showOptionDialog(null,"please select","color select",
              JOptionPane.YES_OPTION,JOptionPane.QUESTION_MESSAGE,
              null,select,select[0]);
                //显示 JOptionPane 类的信息选择对话框，并返回选择序号
          JOptionPane.showMessageDialog(null,select[i]);
                //在信息显示框中显示选择的内容
      }
    }
  }
}
```

运行结果：第一步显示有两个按钮的小应用程序如图 5-40 所示。

点击 show message input 按钮，弹出信息输入框如图 5-41 所示。

输入"try to use"点击 OK 按钮，弹出信息显示框如图 5-42 所示。

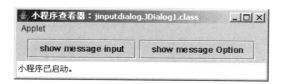

图 5-40　JDialog1.java 运行第一步结果

图 5-41　JDialog1.java 运行第二步结果　　　图 5-42　JDialog1.java 运行第三步结果

点击 OK 按钮信息显示框关闭。相似地在图 5-40 中点击 show message Option 按钮将弹出信息选择框如图 5-43 所示。

点击 blue 按钮弹出信息显示框如图 5-44 所示。

图 5-43　JDialog1.java 运行第四步结果　　　图 5-44　JDialog1.java 运行第五步结果

（3）JFrame

与上述两个类相似，javax swing.JFrame 也是 java.awt.Frame 的子类，所以基本用法也差不多，这里补充一下 getContentPane() 方法和事件处理两方面的内容。

• getContentPane() 方法

这个方法在 JApplet 中已出现过，它的作用是返回一个容器对象。在 Swing 中不再像 AWT 中那样直接用 add 将组件加入 JApplet 或 JFrame，而是用 getContentPane() 返回容器框架对象，再将组件加入该容器框架。

值得一提的是，尽管 JApplet 和 JFrame 中也可以加入 AWT 组件，但应该尽量避免放重量级组件。

• 事件处理

同 Frame 一样，JFrame 可以接收 ContainerEvent、WindowEvent、FocusEvent、KeyEvent、MouseEvent 和 ComponentEvent，其中 WindowEvent 的处理除了使用 windowListener 或 windowAdapter 外，还可以用 JFrame 类自带的 protected void processWindowEvent(WindowEvent e) 方法。使用这种方法处理窗口事件时，只需覆盖 protected void processWindowEvent(WindowEvent e) 方法，而不必再设置监听者，当 WindowEvent 被触发时该方法将自动被调用执行。

例 5.3.3　用 JFrame 类自带的 protected void processWindowEvent (WindowEvent e) 方法处理 WindowEvent。

```
package jframe1;
import java.awt.*;
import javax.swing.*;
import java.awt.event.*;

public class JFrame1 extends JFrame {
  public JFrame1() {         //JFrame1 的构造方法
     setSize(200,200);    // 设置大小
     setTitle("try to use processWindowEvent"); // 设置标题
  }
  public static void main(String[] args) {
    JFrame1 jframe1 = new JFrame1();
    jframe1.setVisible(true);    // 显示窗口 jframe1
  }
  protected void processWindowEvent(WindowEvent e){
   if ( e.getID()==WindowEvent.WINDOW_CLOSING ) {
                    // 取得事件标示并判断是何种事件

       System.exit(0);    // 点击窗口的⊠则退出并结束程序
   }
   else if (e.getID()==WindowEvent.WINDOW_ICONIFIED ) {
      this.setIconImage((new ImageIcon("middle.gif")).getImage());
      // 点击窗口的▬，将窗口图标化并设图标为自选图标❀
   }
   else if (e.getID()==WindowEvent.WINDOW_DEICONIFIED ){
      this.setIconImage(null); // 将窗口复原
   }
  }
}
```

运行结果如下，首先显示图 5-45。点击▬，窗口将图标化为 ❀try to use pr... （与默认情况不同）。

3. 其他容器

（1）JPanel

JPanel 类的说明是：

```
Class JPanel extends JComponent implements
    Accessible
```

而 Panel 类的说明是：

```
Class Panel extends Container implements Accessible
```

其中 javax.swing.JComponent 类的父类是 java.awt.Container。所以 JPanel 类虽不像前面那些 Swing 中的类直接继承 AWT 中的相应类，但实际上与 Panel 类是同源的，而且用法也类似。

JPanel 类常与 JApplet 和 JFrame 中的 getContentPane() 方法一起使用，如下：

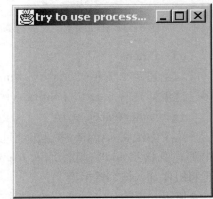

图 5-45 JFrame1.java 运行第一步结果

```
JPanel jp=new JPanel();
...
 jp=(JPanel)getContentPane();
```

（2）分页面板

所谓分页面板（JTabbedPane）就是将几个面板叠放在一起，每个面板露出一个标签（见图 5-46），可用点选标签的方法选择不同的面板。

分页面板类 JTabbedPane 的父类是 JComponent，该类在 AWT 包中没有相似的类，它的常用

方法见表 5-18。

表 5-18　JTabbedPane 类的常用方法

方　法	功　能	返回类型
JTabbedPane()	构造一个空的分页面板	构造方法无返回类型
JTabbedPane(int tabPlacement)	构造一个空的分页面板，标签放置位置为 tabPlacement，其可取值为 TOP、BOTTOM、LEFT、RIGHT	
add(Component component, Object constraints, int index)	加入一个分页，其中 component 为其中的分页组件，constraints 为分页的标签名，若其对应参数为 String 或 Icon 则用它作为标签名，否则用 component 的名称作为标签名 index 为该分页的编排序号	void
addTab(String title, Icon icon, Component component,String tip)	加入有标签名和图标的分页，title 为标签名，icon 为图标，tip 为提示信息（当鼠标在标题签上停片刻后出现）	void
setTitleat(int index,String title)	将序号为 index 的分页的标签设置为 title	void
setIconat(int index,Icon icon)	将序号为 index 的分页的图标设置为 icon	
setComponentat(int index,Component component)	在序号为 index 的分页中放入组件	
addChangeListener(Changelistener L)	加入变化事件监听者	void
getSelectedComponent()	返回被选分页	Component
getSelectedIndex()	返回被选择的分页序号	int
setSelectedComponent(Component c)	设置被选分页	void
setSelectedIndex(int index)	用序号设置被选择的分页	

由表 5-18 可见该类涉及一种新型的事件 ChangeEvent，该事件在 javax.swing.event 包中定义，当点击分页时触发该事件。

例 5.3.4　在应用程序中使用分页面板，分页面板中的每个组件均为一个面板。

```
package tabpan1;
import java.awt.*;
import javax.swing.*;
import java.awt.event.*;
import javax.swing.event.*;

public class TabPane1 extends JFrame {
  JPanel cp=new JPanel();
  JTabbedPane jtp=new JTabbedPane();     //定义分页面板对象
  JPanel jp1=new JPanel();               //定义面板对象，作为分页使用
  JPanel jp2=new JPanel();
  JPanel jp3=new JPanel();
  JButton jb1=new JButton("in one");     //定义按钮 in one
  JButton jb2=new JButton("in two");     //定义按钮 in two

  public TabPane1() {                    //窗口 TabPane1 类的构造方法
    setTitle("try to use JTabbedPane");  //设置窗口标题
    setSize(200,300);                    //设置窗口大小
    this.addWindowListener(new WindowAdapter() {   //监听窗口的
     public void  windowClosing(WindowEvent e){
      System.exit(0);
      }
    });

    cp=(JPanel)this.getContentPane();    //取得 TabPane1 类的容器框架
    ImageIcon icon=new ImageIcon("middle.gif");  //定义图标
    jp1.setLayout(new FlowLayout());     //设置面板 jp1 的布局
```

```
        jp1.add(jb1);                          // 在面板 jp1 中加入按钮 in one
        jp2.setLayout(new FlowLayout());       // 设置面板 jp2 的布局
        jp2.add(jb2);                          // 在面板 jp1 中加入按钮 in two
        jtp.add(jp1,0);                        // 在分页面板中加入面板 jp1,且将其编号设为 0
        jtp.setTitleAt(0,"one");               // 将 0 号分页的标签名设为 one
        jtp.addTab("two",icon,jp2,"hello");    // 加入标签名为 two、图标为 icon、提示信息为 hello 的分页 jp2
        jtp.setSelectedIndex(0);               // 设置 0 号分页为当前页
        jtp.addChangeListener(new ChangeListener(){ // 监听分页面板 jtp 的 ChangeEvent
          public void stateChanged(ChangeEvent e) {
            jtpState(e);     // 调用方法 jtpState(ChangeEvent e),用以处理 ChangeEvent
          }
        });
        cp.add(jtp);     // 将分页面板加入 TabPane1 类的容器框架
    }

    public static void main(String[] args) {
        TabPane1 tabpane2 = new TabPane1();    // 定义类 TabPane1 的对象 tabpane2
        tabpane2.setVisible(true);             // 将窗口对象 tabPane2 设为显示
    }

    void jtpState (ChangeEvent e) {            // 处理 ChangEvent 事件的方法
        String s=new String();
        jp3=(JPane1)jtp.getSelectedComponent(); // 取得被选分页
        if ( jp3==jp1 )  s="one";              // 若选择 jp1 则 s 取值为 one
        if ( jp3==jp2 )  s="two";              // 若选择 jp2 则 s 取值为 two
        this.setTitle(s+" is selected");       // 设置窗口标题
    }
}
```

运行结果：点击标签可选择不同面板，同时窗口标题中将显示 xx is selected 且将鼠标置于 "two" 之上时有提示信息 "hello"。

分页面板在小应用程序中的使用方法是一样的，读者不妨自己练习编写。

（3）滚动框

滚动框（JScrollPane）在 javax.swing 中也是一种容器，与其他容器不同的是它不能也不必设置布局，且只能往里面加入一个组件或容器。它的作用是当其中的组件超出显示区域时自动出现滚动条，以便滚动显示，常用方法见表 5-19。

图 5-46 TabPane1.java 运行结果

表 5-19 JScrollPane 类的常用方法

方　法	功　能	返回类型
JScrollPane(Component view, int vsbPolicy, int hsbPolicy)	创建一个滚动框，其中显示 view, vsbPolicy(hsbPolicy) 可取值为：AS_NEEDED，当 view 超出显示区域时，出现水平（垂直）滚动条；NEVER，不出现水平（垂直）滚动条；ALWAYS，水平（垂直）滚动条一直存在	无
JScrollPane()	创建一个滚动框	
JScrollPane(Component view)	创建一个滚动框，其中显示 view	
JScrollPane(int vsbPolicy, int hsbPolicy)	创建一个滚动框，确定 vsbPolicy(hsbPolicy) 的值	
setViewportView(Component view)	设置显示内容	void

例 5.3.5 用滚动框显示图片。

```
package jscroll;
import java.awt.*;
import javax.swing.*;
import java.awt.event.*;
public class ScrollP1 extends JFrame {
  JPanel cp=new JPanel();                    //面板对象
  JScrollPane  jsp=new JScrollPane(JScrollPane.VERTICAL_SCROLLBAR_ALWAYS,
    JScrollPane.HORIZONTAL_SCROLLBAR_AS_NEEDED);
//定义滚动框,该框有垂直滚动条,在图片水平方向超过显示区域时自动出现水平滚动条
  JLabel ImagL=new JLabel();                 //定义标签 ImagL 用于显示图片

  public ScrollP1(){
   ImageIcon icon=new ImageIcon("castle.jpg");
   ImagL.setIcon(icon);                      //将标签内容设置为显示 castle.jpg 图片
   this.addWindowListener(new WindowAdapter() {
    public void  windowClosing(WindowEvent e){
      System.exit(0);
     }
   });                                       //设置对滚动框⊠的监听
   jsp.setViewportView(ImagL);               //在滚动框中加入图片标签
   cp=(JPanel)this.getContentPane();         //取得显示容器框架
   this.setSize(new Dimension(300,300));     //设置显示区域大小
   cp.add(jsp);                              //将滚动框 jsp 加入显示区域
  }
  public static void main(String[] args) {
    ScrollP1 scrollP11 = new ScrollP1();
    scrollP11.setVisible(true);              //将窗口 scrollP11 显示出来
  }
}
```

运行结果如图 5-47 所示,用滚动条可滚动显示图片。

图 5-47　ScrollP1.java 运行结果

(4) 分隔框

分隔框对应的类为 javax.swing.JSplitPane,该类可以将容器分为上下或左右两部分以便显示不同的内容。JSplitPane 类的主要方法见表 5-20。

例 5.3.6 将小应用程序的显示区域分为左右两半,分别显示一个文本区域和一幅图片。

```
import java.awt.*;
import java.awt.event.*;
```

```java
import java.applet.*;
import javax.swing.*;
public class JSplitP1 extends JApplet {
    JPanel cp=new JPanel();
    JScrollPane jsp=new JScrollPane(JScrollPane.VERTICAL_SCROLLBAR_ALWAYS,
        JScrollPane.HORIZONTAL_SCROLLBAR_AS_NEEDED);       //定义滚动框
    JLabel ImagL=new JLabel();                              //定义标签ImagL
    JTextArea ta=new JTextArea();                           //定义文本区域ta
    JSplitPane js=new JSplitPane(JSplitPane.HORIZONTAL_SPLIT);//定义一水平分割的分隔框

    public JSplitP1() {                                     //小应用程序类JSplitP1的构造方法
        ImageIcon icon=new ImageIcon("castle.jpg");
        ImagL.setIcon(icon);
        jsp.setViewportView(ImagL);                         //在滚动框中加入图片
        js.setBorder(BorderFactory.createEtchedBorder());
        //设置边框的显示形式,该方法是从JSplitPane的父类JComponent中继承来的。其参数为javax.
        // swing.border.Border类对象
        js.setOneTouchExpandable(true);                     //设置分隔框提供最大最小化按钮
        js.setDividerLocation(100);                         //设置分隔条位置
        js.setDividerSize(20);                              //设置分隔条大小
        js.setLeftComponent(ta);                            //设置左边显示文本区域ta
        js.setRightComponent(jsp);                          //设置右边显示滚动框jsp
        cp=(JPanel)this.getContentPane();
        cp.add(js);                                         //将分隔框加入显示区域
    }

    public void init(){
        this.setSize(new Dimension(300,300));   //设置小应用程序的显示区域大小
    }
}
```

运行结果如图 5-48 所示。左边文本区域中可输入文字,右边显示图片。

图 5-48　JSplitP1.java 运行结果

表 5-20　JSplitPane 类的常用方法

方　　法	功　　能	返回类型
JSplitPane(int newOrientation, boolean newContainerLayout, Component newLeftComponent, Component newRightComponent)	用指定参数构造一分隔框,newOrientation 可取值为 JSplitPane.HORIZONTAL_SPLIT（水平分隔）或 JSplitPane.VERTICAL_SPLIT（垂直分隔）,newContainerLayout 取 true 时组件在分隔符位置变化时连续重画,取 False 时则到分隔位置确定再重画,newLeftComponent 指定画在左边的组件,newRightComponent 指定画在右边的组件	无
JSplitPane ()	构造一分隔框	

Java 的图形用户界面

（续）

方　　法	功　　能	返回类型
JSplitPane (int newOrientation, boolean newContainerLayout)	构造一分隔框，参数含义见上	无
JSplitPane (int newOrientation, Component newLeftComponent, Component newRightComponent)	构造一分隔框，参数含义见上	
JSplitPane (int newOrientation)	构造一分隔框，参数含义见上	
setOneTouchExpandable(boolean newValue)	newValue 取 true 时提供分隔框最大/小化的按钮	void
setBottomComponent(Component comp)	设置下部显示组件	void
setTopComponent(Component comp)	设置上部显示组件	
setLeftComponent(Component comp)	设置左部显示组件	
setRightComponent(Component comp)	设置右部显示组件	
setDividerLocation(int location)	设置分割条位置，location 为像素值	void
setDividerSize(int newsize)	设置分割条大小，newsize 为像素值	

（5）工具栏

javax.swing.JToolBar 类用于在程序中加入工具栏（JToolBar），JToolBar 实际上是一个容器，可以放置各种组件和容器，它的常用方法见表 5-21。

表 5-21 JToolBar 类的常用方法

方　　法	功　　能	返回类型
JToolBar(String name, int orientation)	建立名为 name，摆放方式为 orientation 的工具栏，orientation 取值可以为 HORIZONTAL 或 VERTICAL	无
JToolBar ()	建立无名工具栏	
JToolBar (int orientation)	指定摆放方式建立无名工具栏	
JToolBar (String name)	建立名为 name 的工具栏	
addSeparator()	加入分割线	void
setFloatable(boolean b)	b 为 true 时用户可拖动工具栏，为 false 时不可拖动	void

JToolBar 本身可以接收并处理组件、容器、焦点、键盘鼠标事件，但这些事件处理不常使用，一般对其中的按钮加入动作事件处理（如下例中可对按钮 jb 处理动作事件，有兴趣的读者可自行加上代码）。

例 5.3.7　显示一工具栏。

```
import java.awt.*;
import javax.swing.*;
import javax.swing.event.*;
import java.awt.event.*;
public class JToolBar1 extends JFrame {
  JPanel cp=new JPanel();
  JToolBar jtb=new JToolBar();                  // 工具栏对象 jtp
  JButton jb1=new JButton();                    //3 个按钮
  JButton jb2=new JButton();
  JButton jb3=new JButton();
  JLabel jl=new JLabel("tool");                 // 标签显示 tool

  public JToolBar1(){                           // 窗口构造方法
```

```
    setTitle("try to use toolbar");
    setSize(300,300);
    cp=(JPanel)this.getContentPane();
    cp.setLayout(new BorderLayout());
    this.addWindowListener(new WindowAdapter(){
      public void  windowClosing(WindowEvent e){
        System.exit(0);
      }
    });
    ImageIcon icon1=new ImageIcon("help.gif");       // 定义 3 个图标
    ImageIcon icon2=new ImageIcon("mmc.gif");
    ImageIcon icon3=new ImageIcon("print.gif");
    jb1.setIcon(icon1);                              // 设置按钮为带图标的按钮
    jb2.setIcon(icon2);
    jb3.setIcon(icon3);
    jtb.add(jl);                                     // 工具栏中加入标签，显示 tool
    jtb.addSeparator();                              // 工具栏中加入分割线
    jtb.add(jb1);                                    // 工具栏中加入 3 个按钮
    jtb.add(jb2);
    jtb.add(jb3);
    jtb.setFloatable(true);                          // 设置为可拖动工具栏
    cp.add(jtb,BorderLayout.SOUTH);                  // 将工具栏加入显示区域
  }

  public static void main(String[] args) {
    JToolBar1 jtoolbar1 = new JToolBar1();
    jtoolbar1.setVisible(true);                      // 显示窗口
  }
}
```

运行结果如图 5-49 所示。

4. 特殊的容器

图 5-49　JToolBar1.java 运行结果

javax.swing 中还有三种特殊的容器。JInternalFrame、JLayerPane 以及在创建容器 JFrame、JDialog、JApplet、JInternalFrame 时自动创建的 JRootPane。限于本书篇幅，这几种容器这里就不讲了，有兴趣的读者可自学。

5.3.4　Swing 中的常用组件

Swing 中的一半组件都与 AWT 包中的组件极为相似，除了类名改变外（大多数为 Jxx），原有的方法和使用都差不多，只是增添了一些新的功能而已。本节的第一部分将这些功能进行一下小结，第二部分介绍 AWT 中没有的新增组件。在 AWT 包的基础之上理解 Swing 中的组件是十分容易的。

1. Swing 对 AWT 中原有组件的改进

（1）按钮 JButton

javax.swing.JButton 对 java.awt.Button 的改进主要是新增了图标按钮功能（见例 5.3.7），设置图标按钮的方法：

setIcon(Icon icon)：设置按钮图标（若下面几项不设置则均使用此图标）。

setDisableIcon(Icon icon)：设置按钮不激活时显示图标。

setRolloverIcon(Icon icon)：设置鼠标移到按钮上的图标。

setPressedIcon(Icon icon)：设置鼠标按下图标。

（2）单选钮 JRadioButton

在 Swing 中将单选钮处理为 javax.swing.JRadioButton 类，但使用思想与 AWT 是一样的。也是先说明 JRadioButton 对象，再将它们组成一组。组的类名为 javax.swing.ButtonGroup。

示例代码：

```
JRadioButton jrb1=new JRadioButton("one");
JRadioButton jrb2=new JRadioButton("two");
   ...
ButtonGroup group=new ButtonGroup();
group.add(jrb1);
group.add(jrb2);

...
```

（3）单选按钮 JToggleButton

使用方法与单选钮 JRadioButton 完全相同，只是显示形式为按钮，而非选项。

（4）复选框 JCheckBox

与 AWT 中 CheckBox 相似。

（5）标签 JLabel

与 JButton 相似，JLabel 既可以是一个文字标签也可以是一个图标标签。设置图标的方法为 setIcon(Icon icon)，见例 5.3.5。

（6）文本域 JTextField

javax.swing.JTextField 与 java.awt.TextField 的用法相似。

（7）文本区域 JTextArea

javax.swing.JTextArea 的用法与 java.awt.TextArea 用法类似。

（8）菜单

使用 Swing 创建菜单与使用 AWT 创建菜单的方法相似，主要不同有以下几点：

1）Swing 中的菜单类全部是从 JComponent 类继承而来的，因此可以在任何 JContainer（包括 JApplet）中放置菜单的 JMenuBar（还记得吗？Applet 中是不能直接加入菜单的）。

2）Swing 可以用 JRadioButtonMenuItem 类来插入互斥的菜单项。

3）可以在菜单项上显示图标。

4）Swing 可以用 JPopMenu 类来创建弹出式菜单。

下面的例子讲解 Swing 中菜单的编程方法，其中用到了判断是否是右击鼠标的方法 isRightMouseButton(e)。

例 5.3.8　用 Swing 创建菜单，同时完成右击鼠标弹出弹出式菜单这一功能。

```
import java.awt.*;
import java.awt.event.*;
import java.applet.*;
import javax.swing.*;

public class MyJMenu extends JApplet {
  JMenuBar jmb=new JMenuBar();                        // 定义菜单栏
  JMenu file=new JMenu("File");                       // 定义菜单
  JMenuItem item1=new JMenuItem("Open");              // 定义菜单项
  JMenuItem item2=new JMenuItem("Save");
  JMenuItem item3=new JMenuItem("Close");
   JRadioButtonMenuItem JRMenuItem1=new JRadioButtonMenuItem("one",(Icon)new
      ImageIcon("face5.gif"));
```

```
JRadioButtonMenuItem JRMenuItem2=new JRadioButtonMenuItem("two");
//定义互斥菜单项，其中的"one"带图标
ButtonGroup bgroup=new ButtonGroup();          //定义选项组对象
JPopupMenu popup=new JPopupMenu("my popup");   //定义弹出式菜单
JMenuItem it1=new JMenuItem("popup one");      //定义弹出式菜单的菜单项
JPanel cp=new JPanel();                        //构造小应用程序
public MyJMenu(){
  jmb.add(file);                               //将菜单 File 加入菜单栏
  file.add(item1);                             //加入菜单 File 的各菜单项
  file.add(item2);
  file.add(item3);
  file.addSeparator();                         //菜单 File 中加入一分割线
  bgroup.add(JRMenuItem1);                     //将互斥菜单项加入选项组
  bgroup.add(JRMenuItem2);
  file.add(JRMenuItem1);                       //将互斥菜单项加入菜单 File
  file.add(JRMenuItem2);

  popup.add(it1);                              //将菜单项"popup one"加入弹出式菜单
  it1=new JMenuItem("popup two");              //重定义一个菜单项
  popup.add(it1);                              //将菜单项"popup two"加入弹出式菜单
}

public void init(){                            //初始化小应用程序
  cp=(JPanel)this.getContentPane();
  setJMenuBar(jmb);                            //直接在小应用程序中加入菜单
  cp.addMouseListener(new java.awt.event.MouseAdapter() { //设置对鼠标的监听
    public void mouseClicked(MouseEvent e) {
      cp_mouseClicked(e);
    }
  });
}
void cp_mouseClicked(MouseEvent e) {           //若鼠标右键按下则将弹出式菜单弹出
  if(SwingUtilities.isRightMouseButton(e)){
    popup.show(e.getComponent(),e.getX(), e.getY());
                                               //在事件源区域内鼠标点击处弹出弹出式菜单
  }
}
}
```

运行结果：如图 5-50 所示，左边为下拉菜单（其中的 one、two 为互斥菜单），右边为弹出式菜单。

图 5-50　MyJMenu.java 运行结果

2. Swing 中新增的组件

上面讲述的组件要么是在 AWT 中原来就存在，只是 Swing 中增加了一些功能，要么就是在 AWT 中有相似组件。下面讲述的是 AWT 中没有而且也找不到相似组件的 Swing 组件。

Java 的图形用户界面

（1）密码域 JPasswordField

javax.swing.JPasswordField 专门用于密码输入，除构造方法外，其常用方法仅有两个：

1）setEchoChar(char c)：设置密码的显示字符，例如可设置密码显示为"#"，默认值为"*"。

2）getPassword()：返回输入的密码。

例 5.3.9 用密码域输入密码，并在程序中验证密码的有效性。该程序除密码域外还用了 3 个按钮，"OK"按钮用于确认密码输入并在其监听代码中判断密码是否正确，"reinput"按钮用于清空密码域以便重新输入，单击"cancel"按钮则可以退出程序。

```java
import java.awt.*;
import javax.swing.*;
import java.awt.event.*;
import javax.swing.event.*;
public class PassFrame1 extends JFrame {   //窗口类的子类 PassFrame1
   JPanel cp=new JPanel();
   JPasswordField jpf=new JPasswordField(30);   //说明密码域对象 jpf
   JLabel l=new JLabel();                       //标签对象 l
   JButton jb1=new JButton("ok    ",new ImageIcon("face5.gif"));//3 个带图标的按钮
   JButton jb2=new JButton("reinput",new ImageIcon("face4.gif"));
   JButton jb3=new JButton("cancel ",new ImageIcon("face3.gif"));
   Jb1Listener jb1l=new Jb1Listener();   //定义按钮的监听者
   Jb2Listener jb2l=new Jb2Listener();
   Jb3Listener jb3l=new Jb3Listener();

   public PassFrame1(){             //PassFrame1 类的构造方法
     cp=(JPanel)this.getContentPane();
     cp.setLayout(new FlowLayout());
     setTitle("try to use password");
     setSize(200,300);
     jpf.setEchoChar('#');                       // 设置密码的回显字符
     l.setIcon(new ImageIcon("face.gif"));       // 设置标签的图标
     l.setText("please input password:");        // 设置标签的文本
     jb1.addActionListener(jb1l);                // 设置按钮的监听者
     jb2.addActionListener(jb2l);
     jb3.addActionListener(jb3l);
     cp.add(l);                                  // 在显示区域中显示标签等
     cp.add(jpf);
     cp.add(jb1);
     cp.add(jb2);
     cp.add(jb3);
   }

   protected void processWindowEvent(WindowEvent e) {
     if(e.getID()==WindowEvent.WINDOW_CLOSING)
       System.exit(0);
   }

   public static void main(String[] args){
     PassFrame1 passFrame1 = new PassFrame1();
     passFrame1.setVisible(true);                // 显示窗口 passFrame1
   }
 }
 class Jb1Listener implements ActionListener {   // 单击 OK 按钮，输入密码并判断正确性
     public void actionPerformed(ActionEvent e) {
        jb1_actionperformed(e);
     }
 }
 void jb1_actionperformed(ActionEvent e){        // 若 password 为"thank"则密码正确否则错误
```

```
        String pw=new String(jpf.getPassword());  // 取得输入密码
        if(pw.equals("thank"))
          JOptionPane.showMessageDialog(null,"welcome");
                // 若密码正确则在信息显示框中显示 welcome
        else
          JOptionPane.showMessageDialog(null,"wrong password");
                // 若密码不正确则在信息显示框中显示 wrong password
    }
    class Jb2Listener implements ActionListener{      // 点击 reinput 将密码域清空
      public void actionPerformed(ActionEvent e) {
        jb2_actionperformed(e);
      }
    }
    void jb2_actionperformed(ActionEvent e) {
       jpf.setText("");                   // 将密码域清空
    }
    class  Jb3Listener implements ActionListener {    // 点击 cancel 退出
      public void actionPerformed(ActionEvent e) {
        jb3_actionperformed(e);
      }
    }
    void jb3_actionperformed(ActionEvent e) {
      System.exit(0);
    }
}
```

运行结果见图 5-51。

图 5-51　PassFrame1.java 运行结果

（2）格式化文本区域 JTextPane 和 JEditPane

javax.swing.JTextPane 与 java.awt.TextArea 的用法差不多，只是它可以设置显示格式，且可显示图片。javax.swing.JEditPane 不但可以显示文本还可以显示网页。

（3）树 JTree

javax.swing.JTree 可以构造我们常见的树，它在 Swing 中内容十分巨大，因此要熟悉它的使用需要不少经验。本节只介绍如何创建一棵简单的树。使用树必须打开 javax.swing.tree.* 包。创建树必须先创建节点，Swing 中提供 DefaultMutableTreeNode 作为节点，并常用如下构造方法创建树：

```
JTree tree=new JTree(DefaultMutableTreeNode node)
```

例 5.3.10　创建一棵简单的树。本程序的主要部分是 createTree(DefaultMutableTreeNode root) 方法，该方法以 root 为根，依据需要加入各子节点。

```java
import java.awt.*;
import javax.swing.*;
import javax.swing.tree.*;
import java.awt.event.*;
import javax.swing.event.*;
public class JTree2 extends JFrame{
  JPanel cp=new JPanel();
  JTree jtree;                        // 说明树对象 jtree
  DefaultMutableTreeNode root;        // 说明根节点对象 root
  public JTree2() {                   // 窗口 JTree2 的构造方法
   this.setSize(300,300);
   this.setTitle("try to use tree");
   cp=(JPanel)this.getContentPane();
   cp.setLayout(new BorderLayout());
   root=new DefaultMutableTreeNode("school");   // 树根节点，内容为 school
   createTree(root);// 调用 createTree 方法（定义见后面，以上句建立的 root 为根建树
   jtree=new JTree(root);    // 将根加入一个树对象
   cp.add(jtree,BorderLayout.CENTER);   // 将树对象加入显示区域
  }
  public static void main(String[] args) {
    JTree2 JTree2 = new JTree2();
    JTree2.setVisible(true);            // 显示窗口 JTree2
  }

  private void createTree(DefaultMutableTreeNode root) {
    DefaultMutableTreeNode classroom=null;
    DefaultMutableTreeNode number=null;
    classroom=new DefaultMutableTreeNode("classroom"); // 一个子节点，内容为 classroom
    root.add(classroom);         // 将 classroom 加入树根，作为一级子节点
    for(int i=1;i<=8;i++){
      number=new DefaultMutableTreeNode("No."+String.valueOf(i));
                    // 子节点，内容为 No.1 到 No.8
      if(i==4)          // 给子节点 No.4 加入子节点的子节点
        for(int j=1;j<=5;j++)
          number.add(new DefaultMutableTreeNode("seat"+String.valueOf(j)));
      classroom.add(number);    // 给 classroom 加子节点
    }
  }
  protected void processWindowEvent(WindowEvent e) {    // 监听
    if(e.getID()==WindowEvent.WINDOW_CLOSING)
      System.exit(0);
  }
}
```

运行结果如图 5-52 所示。

树所涉及的事件最多的是树选项事件（TreeSelectionEvent），当单击某一节点时触发该事件，其处理方法与其他事件也没有太大区别，只要使用接口 TreeSelectionListener 并实现其方法 void valueChanged(TreeSelectionEvent e) 就可以了。

例 5.3.11 树的事件处理。为了显示方便，此例在上例的基础上加入了一个 JSplitPane（分隔框）和两个 JScrollPane（滚动框）。该例的效果是将被点选的节点名称和其他信息显示在右边文本域中。

```java
import java.awt.*;
```

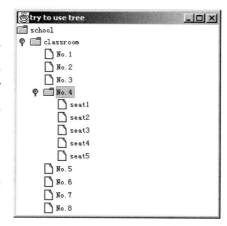

图 5-52 JTree2.java 运行结果

```java
import javax.swing.*;
import javax.swing.tree.*;
import java.awt.event.*;
import javax.swing.event.*;

public class JTree3 extends JFrame{
  JPanel cp=new JPanel();
  JTree jtree;
  DefaultMutableTreeNode root;
  JSplitPane jspane1=new JSplitPane();      // 分隔框对象
  JScrollPane jscrpane1=new JScrollPane();   // 两个滚动框对象
  JScrollPane jscrpane2=new JScrollPane();
  JTextArea jta1=new JTextArea("tree selected:");// 文本区域中显示树节点被点选的情况

  public JTree3(){          // 窗口 JTree3 构造方法
   this.setSize(300,300);
   this.setTitle("try to use tree");
   cp=(JPanel)this.getContentPane();
   cp.setLayout(new BorderLayout());

   jspane1.setDividerSize(10);               // 设置分隔框的分割线大小
   jspane1.setOneTouchExpandable(true);
   jspane1.setDividerLocation(150);          // 设置分隔框的分割线位置

   root=new DefaultMutableTreeNode("school"); // 树根内容为 school
   createTree(root);// 调用后面定义的 createTree 方法建立以 root 为根的树
   jtree=new JTree(root);

   jscrpane1.getViewport().add(jtree);       // 将树显示在滚动框 jscrpane1 中
   jspane1.add(jscrpane1,JSplitPane.LEFT);// 将 jscrpane1 显示在分隔框 jspane1 左边

   jscrpane2.getViewport().add(jta1);        // 将文本区域显示在滚动框 jscrpane2 中
   jspane1.setRightComponent(jscrpane2);     // 将 jscrpane2 显示在分隔框 jspane1 右边
   cp.add(jspane1,BorderLayout.CENTER);// 将分隔框 jspane1 显示在区域中间

   jtree.addTreeSelectionListener(new TreeSelectionListener() { // 树的选项事件监听
    public void valueChanged(TreeSelectionEvent e) {
     DefaultMutableTreeNode node=new DefaultMutableTreeNode();
     node=(DefaultMutableTreeNode)jtree.getLastSelectedPathComponent();// 取最后被选节点
     if(node==null) return;
     Object info=node.getUserObject();   // 取被选节点信息
     if(node.isLeaf())                   // 判断是否为叶节点
       jta1.append(info.toString()+"is selected,it is a leaf"+"\n"); // 显示信息
     else
       jta1.append(info.toString()+"is selected,it is not a leaf"+"\n");
    }
   });
  }
  public static void main(String[] args) {
    JTree3 JTree3 = new JTree3();
    JTree3.setVisible(true);    // 显示窗口 JTree3
  }

  private void createTree(DefaultMutableTreeNode root) { // 建立树
   DefaultMutableTreeNode classroom=null;
   DefaultMutableTreeNode number=null;

   classroom=new DefaultMutableTreeNode("classroom");
   root.add(classroom);

   for(int i=1;i<=8;i++)  {
```

```
      number=new DefaultMutableTreeNode("No."+String.valueOf(i));
      if(i==4)
       for(int j=1;j<=5;j++)
         number.add(new DefaultMutableTreeNode("seat"+String.valueOf(j)));
       classroom.add(number);
     }
   }

   protected void processWindowEvent(WindowEvent e) {
     if(e.getID()==WindowEvent.WINDOW_CLOSING)
       System.exit(0);
   }
}
```

运行结果如图 5-53 所示。

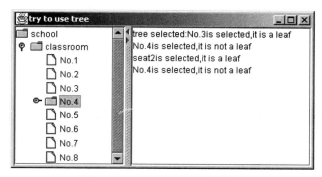

图 5-53　JTree3.java 运行结果

(4) 表格 JTable

与树 JTree 一样，表格 JTable 在 Swing 中也相当庞大。同样使用它时也必须打开一个名为 javax.swing.table.* 的包。

在容器中加入一个表格的方法并不复杂，最简单的方法是使用构造方法：

```
JTable table = new JTable(Object[][] rowData, Object[] columnNames);
```

使用这个构造方法只要给出表格行列内容的数组 rowData 和列名称数组 columnNames 就可以了。

例 5.3.12　建立并显示一表格。运行结果如图 5-54 所示。

```
import java.awt.*;
import javax.swing.*;
import java.awt.event.*;
import javax.swing.table.*;
import javax.swing.event.*;

public class JTable1 extends JFrame{
  JPanel cp=new JPanel();
  JTable jtable1;
  JScrollPane jscrp1=new JScrollPane();   // 滚动框 jscrp1

  public JTable1(){
   cp=(JPanel)this.getContentPane();
   this.setTitle("try to use table");
   this.setSize(500,200);
   cp.setLayout(new FlowLayout());
```

```
    Object[][] data=        // 表格内容数组
    {{"Jenny","female","football",new Integer(20),"ENGLISH"},
     {"May","female","music",new Integer(20),"ENGLISH"},
     {"Lili","female","art",new Integer(20),"CHINESE"}
    };
    Object[] columnNames={"name","sex","hobby","age","nationality"};
                                            // 表的标题名称数组
    jtable1=new JTable(data,columnNames);   // 用构造方法生成表格
    jtable1.setRowHeight(20);               // 设置行高

    jscrp1.getViewport().add(jtable1);      // 将表格加入滚动框容器
    cp.add(jscrp1);                         // 将滚动框加入显示区域
  }
  public static void main(String[] args) {
    JTable1 JTable1 = new JTable1();
    JTable1.setVisible(true);               // 显示窗口
  }
  protected void processWindowEvent(WindowEvent e){    // 监听
    if(e.getID()==WindowEvent.WINDOW_CLOSING){
      System.exit(0);
    }
  }
}
```

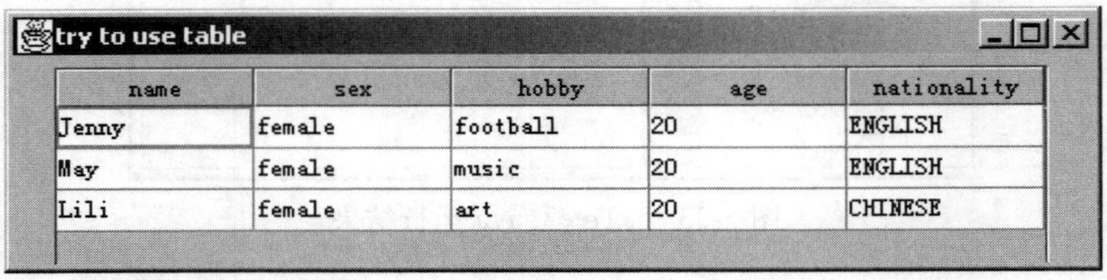

图 5-54　JTable1.java 运行结果

表格常处理的事件是 ListSelectionEvent，它对应的接口是 ListSelectionListener，当表格中数据被选择时触发该事件。该事件也可应用于 JList 和 JTree。ListSelectionListener 接口中需实现的方法是 void valueChanged(ListSelectionEvent e)。其中 ListSelectionEvent 类中常用的方法如下：

1）getFirstIndex()：返回所选范围的第一个标识。

2）getLastIndex()：返回所选范围的最后一个标识。

3）getValueAdjusting()：测试除 ListSelectionEvent 之外是否还有其他事件发生。

例 5.3.13　利用 ListSelectionEvent 显示表格被选中单元格的行号和列号。由于表格中的事件监听是分别针对行/列设置的，所以只有所选单元格的行/列与前一次选定的单元格的行/列都不相同才同时触发两个事件，否则只触发行/列之一。

```
import java.awt.*;
import javax.swing.*;
import java.awt.event.*;
import javax.swing.table.*;
import javax.swing.event.*;

public class JTable3 extends JFrame{
  JPanel cp=new JPanel();
  JPanel panel=new JPanel(new FlowLayout());
  JTable jtable1;
  JTextArea ta=new JTextArea("selected:",10,20);
  JScrollPane jscrp1=new JScrollPane();
```

```java
JScrollPane jscrp2=new JScrollPane();
JButton jb=new JButton("show selected position");
// 该按钮的作用是显示当前的行列号
int SelectedRow=0;
int SelectedColumn=0;

public JTable3(){
 cp=(JPanel)this.getContentPane();
 this.setTitle("try to use table");
 this.setSize(500,500);
 cp.setLayout(new BorderLayout());

 Object[][] data=
 {{"Jenny","female","football",new Integer(20),"ENGLISH"},
  {"May","female","music",new Integer(20),"ENGLISH"},
  {"Lili","female","art",new Integer(20),"CHINESE"}
 };
 Object[] columnNames={"name","sex","hobby","age","nationality"};

 jtable1=new JTable(data,columnNames);
 jtable1.setRowHeight(20);

 ListSelectionModel rowSM = jtable1.getSelectionModel();// 取行

 rowSM.addListSelectionListener(new ListSelectionListener() {// 对上述行设置监听
    public void valueChanged(ListSelectionEvent e) {
       if (e.getValueIsAdjusting()) return;   // 若还有其他事件发生则返回
       //one way to get selected line number     // 取行号方法1
         // ListSelectionModel lsm = (ListSelectionModel)e.getSource();
         // SelectedRow = lsm.getMinSelectionIndex();
       //another way to get selected line number
       SelectedRow=jtable1.getSelectedRow();    // 取行号方法2
       ta.append("row change to:" + SelectedRow +"\n"); // 输出行
    }
  });

  ListSelectionModel colSM =jtable1.getColumnModel()
                             .getSelectionModel();  // 取列
  colSM.addListSelectionListener(new ListSelectionListener() {// 对上述列设置监听
    public void valueChanged(ListSelectionEvent e) {
       if (e.getValueIsAdjusting()) return;
       //one way to get selected column number   // 取列号方法1
          //ListSelectionModel lsm = (ListSelectionModel)e.getSource();
          //SelectedColumn = lsm.getMinSelectionIndex();
       //another way to get selected column number
       SelectedColumn=jtable1.getSelectedColumn();   // 取列号方法2
       ta.append("column change to:" + SelectedColumn+"\n");
    }
  });

  jb.addActionListener(new ActionListener() {
   // 对按钮的监听，用于同时显示当前行 / 列号
   public void actionPerformed(ActionEvent e) {
      ta.append("NOW AT row:" + SelectedRow + "column:" + SelectedColumn+"\n");
    }
  });

 jscrp1.getViewport().add(jtable1); // 显示各组件
 jscrp2.getViewport().add(ta);
 panel.add(jscrp2);
 panel.add(jb);
```

```
    cp.add(jscrp1,BorderLayout.CENTER);
    cp.add(panel,BorderLayout.SOUTH);
  }

  public static void main(String[] args){
    JTable3 JTable3 = new JTable3();
    JTable3.setVisible(true);
  }

  protected void processWindowEvent(WindowEvent e){
    if(e.getID()==WindowEvent.WINDOW_CLOSING){
      System.exit(0);
    }
  }
}
```

运行结果如图 5-55 所示。

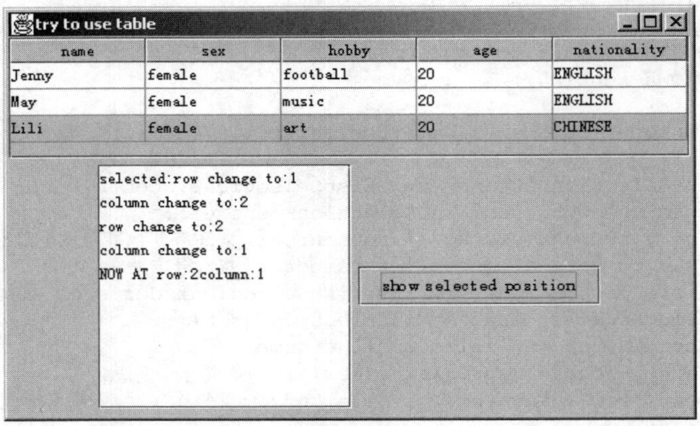

图 5-55　JTable3.java 运行结果

表格中另一种常处理的事件是当表格内容发生改变时触发的 TableModelEvent。这个事件的处理由 TableModel 类来完成。

例 5.3.14　输出更改过的表格单元格的内容。

```
import java.awt.*;
import javax.swing.*;
import java.awt.event.*;
import javax.swing.table.*;
import javax.swing.event.*;

public class JTable4 extends JFrame{
  JPanel cp=new JPanel();
  JTable jtable1;
  JTextArea ta=new JTextArea("input string is:"+"\n",10,20);
  // 文本区域用于显示更改的内容
  JScrollPane jscrp1=new JScrollPane();    // 两个滚动框
  JScrollPane jscrp2=new JScrollPane();

  public JTable4(){    // 窗口 JTable4 构造方法
    cp=(JPanel)this.getContentPane();
    this.setTitle("try to use table");
    this.setSize(500,500);
    cp.setLayout(new BorderLayout());

    Object[][] data=
```

Java 的图形用户界面

```
    {{"Jenny","female","football",new Integer(20),"ENGLISH"},
     {"May","female","music",new Integer(20),"ENGLISH"},
     {"Lili","female","art",new Integer(20),"CHINESE"}
    };
    Object[] columnNames={"name","sex","hobby","age","nationality"};

    jtable1=new JTable(data,columnNames);
    jtable1.setRowHeight(20);

    final TableModel tm=jtable1.getModel();// 当表格内容改变时触发该事件
     tm.addTableModelListener(new TableModelListener() {
      public void tableChanged(TableModelEvent e){
       int row=e.getFirstRow();     // 取得改变值的行/列号
       int column=e.getColumn();

       Object data=tm.getValueAt(row,column);  // 取得新值
       ta.append((String)data+"\n");           // 输出值到 textArea
      }
     });

    jscrp1.getViewport().add(jtable1);    // 将表格加入滚动框
    jscrp2.getViewport().add(ta) ;        // 将文本域加入滚动框
    cp.add(jscrp1,BorderLayout.CENTER);   // 将滚动框加入显示区域
    cp.add(jscrp2,BorderLayout.SOUTH);
   }

   public static void main(String[] args){
     JTable4 JTable4 = new JTable4();
     JTable4.setVisible(true);      // 显示窗口
   }

   protected void processWindowEvent(WindowEvent e){
    if(e.getID()==WindowEvent.WINDOW_CLOSING){
     System.exit(0);
    }
   }
  }
```

运行结果如图 5-56 所示。

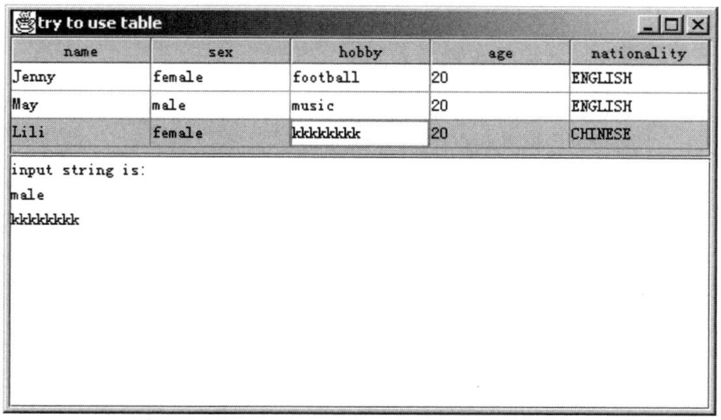

图 5-56 JTable4.java 运行结果

5.3.5 Swing 中的事件

正如前面在讲述 java.awt 中组件时所述的，Java 中的事件种类繁多，事件、事件源、事件

的监听者之间是多对多的关系。

由于 Swing 中新增了许多组件,所以也增加了许多需处理的事件。表 5-22 给出了 AWT 和 Swing 中常用的事件、接口、适配器、接口适配器中的方法和支持这一事件的组件一览表,但由于 Swing 事件模型是可扩展的,所以编程时还会遇到更多新老种类的事件。读者可在本章教学基础上进一步学习。

表 5-22 事件综述

事件、接口、适配器	接口、适配器中的方法	支持该事件的组件
ActionEvent ActionListener	actionPerformed(ActionEvent e)	JButton、JList、JTextField、JMenuItem 及其子类:JCheckBoxMenuItem、JMenu、JPopupMenu
AdjustmentEvent AdjustmentListener	adjustmentValueChanged(AdjustmentEvent e)	JScrollbar 及程序中自建的 implements Adjustable 接口的类或接口
ComponentEvent ComponentListener ComponentAdapter	componentHidden(ComponentEvent e) componentShown(ComponentEvent e) componentMoved(ComponentEvent e) componentResized(ComponentEvent e)	Component 及其子类:JButton、JCheckBox、JComboBox、Container、JPanel、JApplet、JScrollPane、Window、JDialog、JFileDialog、JFrame、JLabel、JList、JScrollbar、JTextArea、JTextField
ContainerEvent ContainerListener ContainerAdapter	componentAdded(ContainerEvent e) componentRemoved(ContainerEvent e)	Container 及其子类:JPanel、JApplet、JScrollPane、Window、JDialog、JFileDialog、JFrame
FocusEvent FocusListener FocusAdapter	focusGained(FocusEvent e) focusLost(FocusEvent e)	Component 及其子类(见上面)
KeyEvent KeyListener KeyAdapter	keyPressed(KeyEvent e) keyReleased(KeyEvent e) keyTyped(KeyEvent e)	Component 及其子类(见上面)
MouseEvent(点击或拖动) MouseListener MouseAdapter	mouseClicked(MouseEvent e) mouseEntered(MouseEvent e) mouseExited(MouseEvent e) mousePressed(MouseEvent e) mouseReleased(MouseEvent e)	Component 及其子类(见上面)
MouseEvent(点击或拖动) MouseMotionListener MouseMotionAdapter	mouseDragged(MouseEvent e) mouseMoved(MouseEvent e)	Component 及其子类(见上面)
WindowEvent WindowListener WindowAdapter	windowOpened(WindowEvent e) windowClosing(WindowEvent e) windowClosed(WindowEvent e) windowActivated(WindowEvent e) windowDeactivated(WindowEvent e) windowIconified(WindowEvent e) windowDeiconified(WindowEvent e)	Window 及其子类:JDialog、JFileDialog、JFrame
ItemEvent ItemListener	itemStateChanged(ItemEvent e)	JCheckBox、JCheckBoxMenuItem、JComboBox、JList 及所有 implements ItemSelectable 的类及接口
TreeSelectionEvent TreeSelectionListener	valueChanged(TreeSelectionEvent e)	JTree
ListSelectionEvent ListSelectionListener	valueChanged(ListSelectionEvent e)	JList
TableModelEvent TableModelListener	tableChanged(TableModelEvent e)	JList、JTree

值得说明的是,较好的进一步学习的方法是掌握 Java 事件的模型,在本章学习基础上学会建立自己的 Event 类型和相应的 Listener,而类库中提供的 Event 类型和相应的 Listener 只要在需使用时查阅手册能够使用即可。刻意花时间去熟悉每个库中的事件是不必要的。

5.4 二维图形设计

本节主要介绍使用 java.awt.Graphics 类进行绘图的方法,更复杂的图形技术读者可参考第 10 章 "Java 的多媒体应用"。

在 Java 中绘图离不开 java.awt 中的 Graphics 类,与其他类的用法不同,该类的对象通常不是在程序中用 new 产生的,而是由系统或其他程序将产生的 Graphics 对象作为参数传递给 public void paintComponent(Graphics g) 方法(该方法在 java.awt.Container 中定义),或 public void paint(Graphics g)(该方法在 java.awt.Component 中及其子类 Container 中定义),再由程序员直接利用对象 g 进行绘图。

5.4.1 二维图形的坐标系统

绘制图形离不开坐标系统,Java Graphics 上的坐标原点(0,0)位于显示区域的左上角,x、y 轴的坐标值必须为整数,如图 5-57 所示。

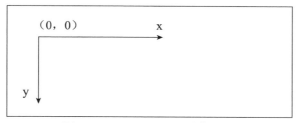

图 5-57 Java Graphics 坐标系统

5.4.2 字体

Java 的图形中可以放置文本,文本还可以设置不同的字体。Java 中设置字体的方法是先应用 java.awt 包中的 Font 类的构造方法创建字体对象:

```
Font 对象名 =Font(String 字体名,int 字体风格,int 字体大小);
```

再用 java.awt.Graphics 类对象 g 和 setFont(Font font)方法设置字体:

```
g.setFont(Font 对象名);
```

其中字体名是指 Java 所支持的字体,如宋体、TimesRoman、Dialog、Courier 等。字体风格可为:Font.BOLD(粗体,常数值为 1,可与其他字体混用)、Font.ITALIC(斜体,常数值为 2,可与其他字体混用)、Font.PLAIN(普通,常数值为 3)。

例 5.4.1 演示 Java 中的字体。

```
import java.awt.*;
import java.awt.event.*;
import java.applet.*;

public class FontDemo extends Applet {
  public void paint(Graphics g){
    Font font=new Font("宋体",Font.ITALIC,16);

    g.setFont(font);
    g.drawString("是宋体、斜体、16 号大小",20,20);
  }
}
```

运行结果如图 5-58 所示。

> 是宋体，斜体，16号大小

图 5-58　字体设置

5.4.3　颜色

绘图常常涉及颜色的设置，Java 中用 java.awt.Color 和 Graphics 类对象设置颜色。

```
g.setColor(Color.yellow);
```

或自己调色：

```
Color c= new Color(int red_color, int green_color, int blue_color);
g.setColor(c);
```

其中三个整数值分别代表 red、green、blue 的成分多少，取值 0 ~ 255。

Color 类中其他颜色常量还有许多，如 blue（蓝色）、red（红色）、green（绿色）、black（黑色）、yellow（黄色）和 white（白色）等，读者可以参考 Java API 用户手册。

5.4.4　绘图

最简单的绘图方法是直接在小应用程序中用 paint(Graphics g) 方法绘制。

例 5.4.2　一个简单的绘制直线的程序。

```
import java.awt.*;
import java.applet.*;

public class Paint extends Applet{
  public void paint(Graphics g){
    g.drawString("try to draw line",10,10);
    g.setColor(Color.red);
    g.drawLine(30,20,30,50);   // 以 (30, 20) 为起点,(30, 50) 为终点绘制直线
  }
}
```

该程序的 paint() 方法会在小应用程序执行期间自动执行，记得吗？这部分内容在 5.1.4 节应用程序的生命周期中讲解过。

除了绘制直线 java.awt.Graphics 外提供的绘图方法还有很多，用法也很简单，见表 5-23。

表 5-23　java.awt.Graphics 提供的绘图方法

方　法	功　　能	返回类型
drawString(String text, int x, int y)	在指定位置 (x,y) 上绘制字符串 text	void
drawLine(int x1, int y1, int x2, int y2)	以 (x1,y1) 为起点,（x2,y2) 为终点画线	void
drawRect(int x, int y, int width, int height)	以 (x,y) 为左上角绘制宽为 width、高为 height 的矩形	void
fillRect(int x, int y, int width, int height)	以 (x,y) 为左上角绘制宽为 width，高为 height 的矩形，矩形内填充用 setColor 设置的颜色	void
drawRoundRect(int x, int y, int width, int height, int arcWidth, int arcHeight)	绘制圆角矩形，其中 arcWidth 为圆角弧的横向直径，arcHeight 为圆角弧的纵向直径	void
fillRoundRect(int x, int y, int width, int height, int arcWidth, int arcHeight)	绘制圆角矩形，并填充色	

Java 的图形用户界面

（续）

方法	功能	返回类型
draw3DRect(int x, int y, int width, int height, boolean raised)	绘制三维矩形，raised 取 true 上凸，取 false 下凹	void
fill3DRect(int x, int y, int width, int height, boolean raised)	绘制三维矩形并填充色	
drawOval(int x, int y, int width, int height)	绘制以 (x,y) 为左上角 width 宽 height 高的矩形的内接（椭）圆	void
fillOval(int x, int y, int width, int height)	绘制（椭）圆并填充色	
drawArc(int x, int y, int width, int height, int startAngle, int arcAngle)	绘制以 (x,y) 为左上角 width 宽 height 高的矩形的内接圆的起始角度为 startAngle、终止角度为 arcAngle 的弧	void
fillArc(int x, int y, int width, int height, int startAngle, int arcAngle)	绘制弧并填充色	
drawPolyline(int[] xPoints, int[] yPoints, int nPoints)	绘制多折线，xPoints 为 x 坐标数组，yPoints 为 y 坐标数组，nPoints 为点的数目	void
drawPolygon(int[] xPoints, int[] yPoints, int nPoints)	绘制多边形，自动将起点终点连起来	void
fillPolygon(int[] xPoints, int[] yPoints, int nPoints)	绘制多边形并填充色	

例 5.4.3 绘制各种图形。

```java
import java.awt.*;
import java.awt.event.*;
import java.applet.*;

public class Shape extends Applet {
    int polyx[]={10,30,50,50,30,10};
    int polyy[]={30,50,30,60,55,70};

    public void init(){
      resize(500,500);
    }

    public void paint(Graphics g){
    g.drawRect(10,10,20,20);
    g.setColor(Color.blue);
    g.fillRect(10,10,20,20);

    g.setColor(Color.black);
    g.drawRoundRect(40,10,20,20,5,5);

    g.setColor(Color.cyan);
    g.fill3DRect(70,10,20,20,true);
    g.fill3DRect(100,10,20,20,false);

    g.setColor(Color.red);
    g.drawOval(130,10,30,20);
    g.drawArc(170,10,20,20,0,90);
    g.fillArc(200,10,20,20,0,180);

    g.drawPolygon(polyx,polyy,6);
    }
}
```

运行结果如图 5-59 所示。

若绘图时要响应事件，则编程时需要加入事件处理代码。在事件处理代码中调用 repaint() 方法来重新绘制图形。

图 5-59 绘制各种图形

例 5.4.4 设计一个 Java 程序完成在小应用程序中画圆,用按钮选择颜色(red,blue)并用该颜色填充圆的功能。

```java
import java.awt.*;
import java.awt.event.*;
import java.applet.*;

public class ChangeColor extends Applet implements ActionListener{
Label label1 = new Label();
Button b1=new Button("red");
Button b2=new Button("blue");
Color newcolor;

public void init(){
    this.setBackground(Color.lightGray);
    this.setForeground(Color.black);
    label1.setText("please select colour:");
    this.setLayout(new FlowLayout());
    this.add(label1);
    this.add(b1);
    this.add(b2);
    b1.addActionListener(this);
    b2.addActionListener(this);
  newcolor=Color.green;
}

public void actionPerformed(ActionEvent e){
    if(e.getSource()==b1){
        newcolor=new Color(255,0,0);
        repaint();
    }
    if(e.getSource()==b2){
        newcolor=new Color(0,0,255);
        repaint();
    }
}

public void paint(Graphics g){
  g.setColor(newcolor);
  g.fillOval(100,100,30,30);
}
}
```

运行结果:圆最初的颜色为 green,点击按钮可变为 red 或 blue,如图 5-60 所示。

除了上面介绍的方法外还可以继承 JPanel 类,并覆盖 paintComponent(Graphics g) 方法,将绘图的内容放置其中。这样系统便会在需绘制图形时,自动调用 paintComponent() 方法来进行绘图。

覆盖 paintComponent() 方法时可先调用其基类的版本 super.paintComponent(g),然后再自由添加自己想绘制的图形代码。

图 5-60 ChangeColor.java 用按钮改变圆的颜色

例 5.4.5 程序中加入一个滑动条来控制直线的长短。滑动条也是 swing 中的组件,其构造方法中三个参数的含义为:滑动条取值的最小值、最大值、移动砝码时的增量值。滑动条涉及的事件是 ChangeEvent,本例中用 addChangeListener 设置对该事件的监听,并实现

stateChanged() 方法完成了根据滑动条的位置改变直线长短的任务。

```java
import java.awt.*;
import java.awt.event.*;
import java.applet.*;
import javax.swing.*;
import javax.swing.event.*;

class DrawLine extends JPanel{            // 定义类 DrawLine 来进行绘图
  private int startX;
  private int startY;
  private int length;
  public DrawLine(int x,int y,int l) {    // 构造方法用于设置参数
    this.setBackground(Color.lightGray);
    this.setForeground(Color.blue);
    startX=x;
    startY=y;
    length=l;
  }

  public void setLength(int l) {          // 设置直线的长度并重画
    length=l;
    repaint();     // 调用 repaint 方法重绘图形
  }

  public void paintComponent(Graphics g) { // 绘制直线,该方法将在 repaint() 中被自动调用
    super.paintComponent(g);
    g.drawString("try to draw line",10,10);
    g.setColor(Color.red);
    g.drawLine(startX,startY,startX+length,startY);
  }
}

public class JPaint2 extends JApplet{      // 小应用程序
  private DrawLine drawline1=new DrawLine(30,20,30);  // 定义 DrawLine 类的对象
  private JSlider adjustCycles = new JSlider(1, 100, 5);   // 加入滑动条
  public void init(){
    Container cp=this.getContentPane();
    cp.add(drawline1);

    adjustCycles.addChangeListener(new ChangeListener() {
    //监听滑动条事件,以便改变线的长短
      public void stateChanged(ChangeEvent e) {
        drawline1.setLength(
          ((JSlider)e.getSource()).getValue());  // 调用 setLength 方法重绘直线
      }
    });
    cp.add(BorderLayout.SOUTH, adjustCycles);    // 显示区域中显示滑动条
  }
}
```

运行结果如图 5-61 所示,当滑动条移动时直线的长短将随之改变。

5.4.5 Timer 与 TimerTask 类

定时任务是指在指定的时间执行事先约定的任务,主要有以下几种情况:

- 在指定的时间到时执行一次任务。

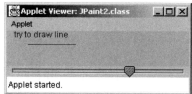

图 5-61 JPaint2.java 运行结果

- 在指定的延迟到后执行一次任务。
- 在指定的时间到时每隔一段时间执行一次任务。
- 在指定的延迟到后每隔一段时间执行一次任务。

定时器（Timer）与定时器任务（TimerTask）相结合可以完成定时任务工作。

1. Timer 类

定时器（Timer）类提供了调度任务的功能，其常用方法如表 5-24 所示。

表 5-24　Timer 类的常用方法

方　　法	功　　能	返回类型
Timer()	构造一个定时器	无
cancel()	终止定时器，丢弃所有当前已安排的任务	void
schedule(TimerTask task, Date time)	安排在指定的时间到时执行指定的任务	void
schedule(TimerTask task, Date firstTime, long period)	安排指定的任务在指定的时间到时每隔一段时间执行一次	void
schedule(TimerTask task, long delay)	安排在指定延迟后执行指定的任务	void
schedule(TimerTask task, long delay, long period)	安排指定的任务从指定的延迟后每隔一段时间执行一次	void

Timer 类的其他方法请参考 Java API 用户手册。

2. TimerTask 类

定时器任务（TimerTask）类提供给 Timer 调度的任务，其常用方法如表 5-25 所示。

表 5-25　TimerTask 类的常用方法

方　　法	功　　能	返回类型
TimerTask()	创建一个定时器任务	无
cancel()	取消定时器任务	boolean
run()	定时器任务在执行的操作	void

TimerTask 类的其他方法请参考 Java API 用户手册。

例 5.4.6　用定时任务方式动态绘制奥运图案。程序执行 1 秒后，每次间隔 2 秒画一个圆，图案完整后再从头开始绘制，不断重复。本例中用到了 Timer 类的调度方法 schedule(new MyTask(), 1000, 2000), 方法中的 3 个参数分别是任务对象、延迟时间（单位 ms）和间隔时间（单位 ms）。如果在程序中改变间隔时间，奥运图案的绘制速度将随之改变。

```
import java.awt.*;
import java.awt.event.*;
import java.io.IOException;
import java.util.Timer;
public class TimerTest {
    static Olimpic mt=new Olimpic("Olimpic",50,50,420,320);
    public static void main(String[] args){
        mt.setVisible(true);
        Timer timer = new Timer();
        timer.schedule(new MyTask(), 1000, 2000);// 在1秒后执行任务，每次间隔2秒
        while(true){                             // 循环执行程序和此任务
            try {
                int ch = System.in.read();
                if(ch-'c'==0){
```

```java
                    timer.cancel();                    // 退出任务
                }
            }
            catch (IOException e){
                e.printStackTrace();
            }
        }
    }
    static class MyTask extends java.util.TimerTask{
        public void run() {
            mt.repaint();
        }
    }
}
class Olimpic extends Frame {
    static int count=0;
    Color c0=new Color(128,200,238);
    Color c1=new Color(57,60,69);
    Color c2=new Color(220,44,31);
    Color c3=new Color(242,176,54);
    Color c4=new Color(52,162,67);
    public Olimpic(String title, int x, int y, int width, int height) {
        setBounds(x,y,width,height);
        setTitle(title);
        addWindowListener(new WindowAdapter() {
            public void windowClosing(WindowEvent e) {
                System.exit(0);
        }});
    }
    public void paint(Graphics g){
        count=count%5;
        System.out.print(count);
        switch(count){
                case 0:
                    g.setColor(c0);
                    g.drawOval(50, 50, 100, 100);
                    break;
                case 1:
                    g.setColor(c0);
                    g.drawOval(50, 50, 100, 100);
                    g.setColor(c1);
                    g.drawOval(160, 50, 100, 100);
                    break;
                case 2:
                    g.setColor(c0);
                    g.drawOval(50, 50, 100, 100);
                    g.setColor(c1);
                    g.drawOval(160, 50, 100, 100);
                    g.setColor(c2);
                    g.drawOval(270, 50, 100, 100);
                    break;
                case 3:
                    g.setColor(c0);
                    g.drawOval(50, 50, 100, 100);
                    g.setColor(c1);
                    g.drawOval(160, 50, 100, 100);
                    g.setColor(c2);
                    g.drawOval(270, 50, 100, 100);
                    g.setColor(c3);
                    g.drawOval(105, 100, 100, 100);
                    break;
```

```
                case 4:
                    g.setColor(c0);
                    g.drawOval(50, 50, 100, 100);
                    g.setColor(c1);
                    g.drawOval(160, 50, 100, 100);
                    g.setColor(c2);
                    g.drawOval(270, 50, 100, 100);
                    g.setColor(c3);
                    g.drawOval(105, 100, 100, 100);
                    g.setColor(c4);
                    g.drawOval(220, 100, 100, 100);
                    break;
            }
            count++;
        }
    }
```

程序运行后的图案是动态变化的，图案完整时的情况如图 5-62 所示。

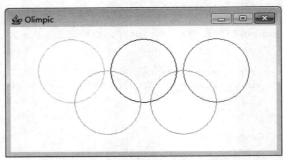

图 5-62　TimerTest.java 运行结果

5.5　本章概要

1. Applet 的概念，包括运行方式、安全模型、与其他类的关系及生命周期。

2. AWT 包中主要组件的使用，包括：标签、文本域、按钮、文本区域、复选框单选钮、下拉列表、列表、菜单、对话框、布局、面板和窗口。

3. Java 的事件处理机制。

4. Swing 的特点及使用。

5. 二维图形设计基本方法。

5.6　思考练习

一、思考题

1. 简述 Applet 与 Application 的区别。

2. 简述小应用程序在其生命周期中，init()、start()、stop()、destroy()、repaint() 方法执行次数各为多少？

3. 简述事件处理机制的基本编程方法。

4. Swing 与 AWT 的异同。

二、填空题

1. 下列程序输出结果为_____。

```
Choice c1=new Choice()
c1.add("first");
c1.addItem("second");
c1.add("third");
System.out.println(c1.getItemCount());
```

2. 小应用程序的公共类必须是_____的子类。
3. 小应用程序生命周期中_____方法只执行一次,_____方法可被反复执行多次。
4. java.applet.Applet 类的直接父类是_____。
5. Label、TextField 或 TextArea 中 setText(String s) 方法的作用是_____。
6. TextField 中 setEchoChar(char c) 方法的作用是_____。
7. 设置键盘事件监听者的方法是_____。
8. GridLayout(7,3) 将显示区域划分为_____行_____列。
9. TextField 组件和 TextArea 组件的区别是_____。
10. 将复选框用_____进行分组即得到单选钮。
11. CheckBox 类中 getState() 方法的作用是_____。
12. ItemEvent 类中 getItemSelectable() 方法的作用是_____。
13. ItemEvent 类中 getStateChange() 方法的作用是_____。
14. ItemEvent 类中 getItem() 方法的作用是_____。
15. Choice、List 类中 getItem(int index) 方法的作用是_____。
16. 返回 Choice 类对象中被选中的内容的方法是_____。
17. 判断 List 类对象中的选项是否被选中可用_____方法。
18. 与窗口对应的类是_____。
19. 小应用程序中加入菜单要用到_____、_____和_____这三个类的对象。
20. 与对话框对应的类是_____。
21. Swing 中的首层容器可以是_____、_____和_____三种之一。
22. 分页面板对应的类是_____,其中每个分页对应的类是_____。
23. 分页面板 JTabbedPane 类中加入分页的方法是_____。
24. 点选分页面板的不同分页引发_____事件。
25. 取得分页面板被选分页对象的方法是_____。
26. JScrollPane 类对应的是_____,JSplitPane 类对应的是_____,JToolBar 类对应的是_____。
27. 点选树的节点引发_____事件。
28. 对于表格可以选择其中某区域,用_____和_____方法可以得到所选范围的第一和最后一个标识。
29. java.awt.Font 类用于设置_____。
30. 绘制直线、圆、弧、多边形等绘图方法在_____包中。

第 6 章　Java 的异常处理

程序都难免有这样那样的错误，错误总体上可分为编译错误和执行错误。编译错误主要是程序中的语法错误，可以在程序编译过程中发现。而执行错误就复杂得多，有些只在程序执行过程中才会暴露出来。正确处理运行时所发生的错误，就是异常处理的目的所在。

Java 语言提供了一套行之有效的错误处理机制——异常处理，它可以监视某段代码是否有错，并且将各种错误方便地进行集中处理。

6.1 异常和异常对象

Java 语言用面向对象的方式来处理异常，图 6-1 给出了一些异常类的继承关系。

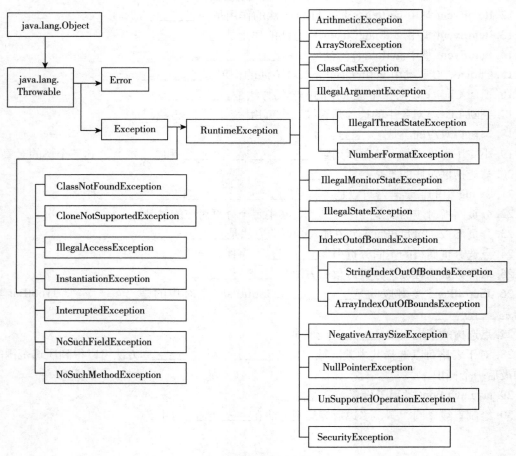

图 6-1　异常类的继承关系

除了上面这些类外，在 java.io 包中还定义了 IOException（java.lang.Exception 的子类）及其子类，如图 6-2 所示。此外，java.net 包、java.util 包中也有异常类的定义，这里不再叙述，有兴趣的读者可自学。

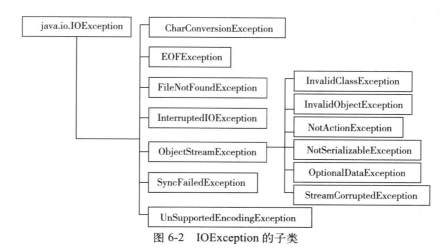

图 6-2 IOException 的子类

一般来说 Java 程序不捕获也不抛出类 Error 的对象（包括动态链接失败、虚拟机错误等），而只处理 Exception 类的各子类对象。

6.2 异常的捕获与处理

Java 中异常处理的一般形式是：

```
try{
    ...    // 被监视的代码块
}
catch(<异常类 1>   <对象名 1>){
    ...    // 异常类 1 的异常处理代码块
}
catch(<异常类 2>   <对象名 2>){
    ...    // 异常类 2 的异常处理代码块
}
    ...
finally{
    ...    // 在 try 块结束前被执行的代码块
}
```

其中，try 块用来监视这段代码执行过程中是否发生异常，若发生则产生异常对象并抛出；catch 用于捕获异常并处理它；finally 块中的语句无论是否发生异常都将被执行。由于 Java 语言中有"垃圾收集器"会自动管理内存，所以 finally 块一般只在要进行文件关闭、断开网络连接等情况下才使用。

当程序运行中发生异常时，Java 的异常处理机制将按以下步骤处理：

1）产生异常对象（这个对象可以由系统产生，也可以在程序中用 new 创建）并中断当前正在执行的代码，抛出异常对象。

2）自动按程序中 catch 的编写顺序查找"最接近的"异常匹配，一旦找到就认为异常已经得到控制，不再进行进一步查找。这个匹配不需要非常精确，子类对象可以与父类的 catch 相匹配。

3）若有匹配则执行相应的处理代码，然后继续执行本 try 块之外的其他程序。否则这个没有被程序捕获的异常将由默认处理程序处理，默认处理程序将显示异常的字符串、异常发生位置等信息，终止整个程序的执行并退出。

无论哪种情况都不可能再回到错误发生的地方继续执行。

例 6.2.1　下述程序没有捕获异常，所以程序将在发生异常处终止，并由默认处理程序输出错误信息。输出的错误信息如图 6-3 所示。

```
package ex6_2_1;
public class Frame1 {
  public Frame1() {
    int d=0;
    int a=10/d;      //被 0 除，产生异常
    System.out.println("never run this sentence");   //此语句将不被执行
  }
  public static void main(String[] args) {
    Frame1 frame1 = new Frame1();
  }
}
```

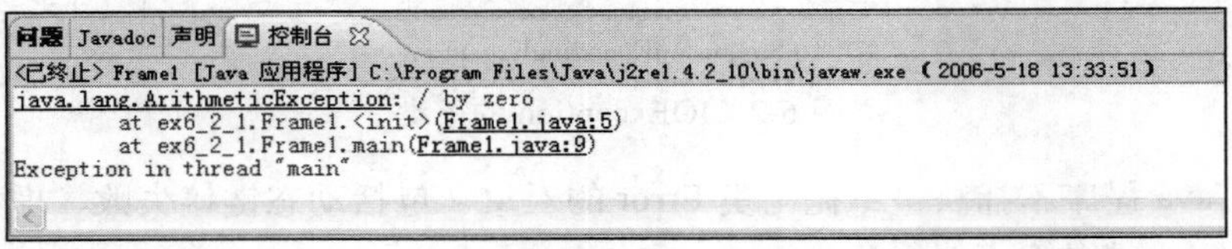

图 6-3　Frame1.java 运行结果

输出信息的含义是：

java.lang.ArithmeticException 异常：被 0 除

在 ex6_2_1.Frame1.<init>(Frame1.java 的第 5 行中)

在 ex6_2_1.Frame1.main(Frame1.java 的第 9 行中)

main 进程中有异常

例 6.2.2　本例捕获了异常，同时很好地说明了 try、catch、finally 各块之间的处理关系。

```
package ex6_2_2;
public class Exception2 {
    int count=1;

    public Exception2(){
      while(true){
        try{
          int x=6/(count--);
          System.out.println("in try,no exception");
        }
        catch(ArithmeticException e){
          System.out.println("in catch,divided by zero");
        }
        finally{
          System.out.println("in finally");
          if ( count == -1 ) break;
        }
      }//while
      System.out.println("end of program");
    }
    public static void main(String[] args) {
      Exception2 exception2 = new Exception2();
    }
}
```

输出结果如图 6-4 所示。

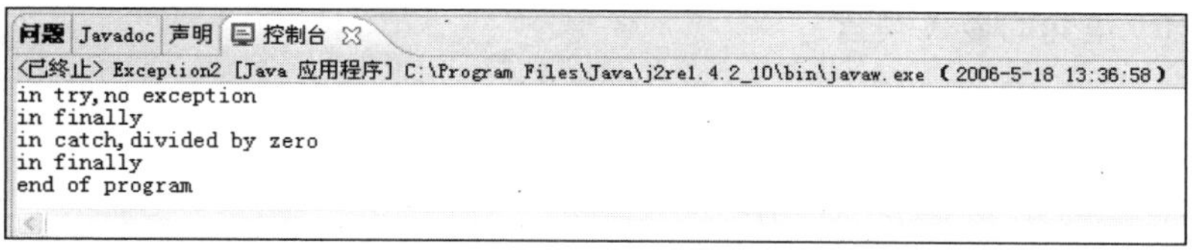

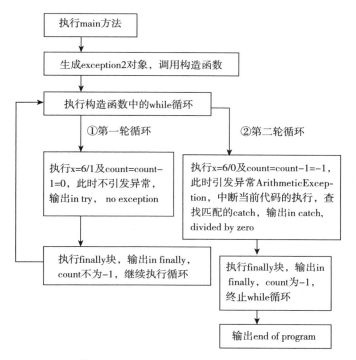

图 6-4　Exception2.java 运行结果

为什么会得出以上结果呢？分析一下可知程序的执行顺序如图 6-5 所示，仔细阅读一下该图就明白了。

图 6-5　Exception2.java 运行过程分析

此外在编程时，我们还可以用 Throwable 类提供的几个方法获得异常的信息：

```
String getMessage();                    // 获得详细的异常信息
String getLocalizedMessage();           // 获得本区域异常信息
String toString();                      // 返回对 Throwable 的说明，包括详细的信息
void printStackTrace();
void printStackTrace(java.io.PrintWriter printwriter);
// 打印 Throwable 和 Throwable 的调用堆栈路径，即显示到达异常抛出点的各方法的调用次序
```

6.3　try 语句的嵌套

try 语句的嵌套有显式嵌套和隐式嵌套两种形式，下面分别进行讲解。

1. 显式嵌套

在某个方法中，某个 try 块又包含另一个 try 块，当内层 try 块抛出异常对象时，首先对内层 try 块的 catch 语句进行检查，若与抛出异常类型匹配则由该 catch 处理，否则由外层 try 块的 catch 处理。

例 6.3.1 try 语句的显式嵌套。

```
package ex6_3_1;
import java.awt.Graphics;
public class ArrayDivideby extends java.applet.Applet{
    public void paint(Graphics g) {
      try{
        int I=1,j=0,f;
        try{
          int c[]={1};
          c[12]=99;
        }
        catch (ArrayIndexOutOfBoundsException e){
          System.out.println(" 数组下标越界 :"+e);
        }
        f=I/j;
      }
      catch(ArithmeticException e){
        System.out.println(" 被 0 除 "+e);
      }
    }
}
```

程序输出如图 6-6 所示。

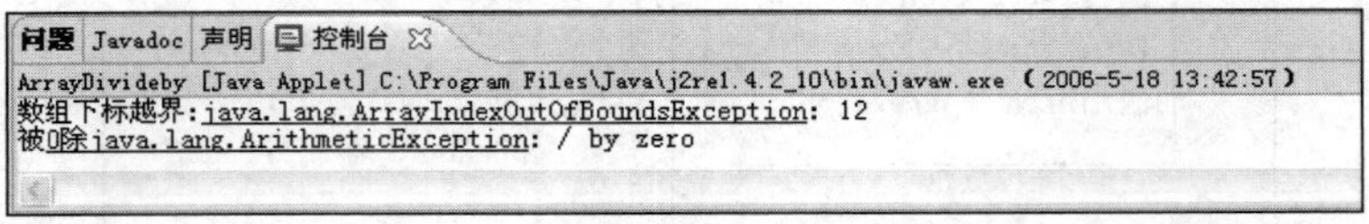

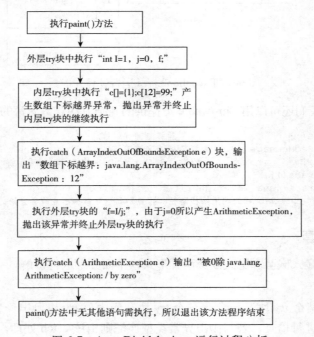

图 6-6 ArrayDivideby.java 运行结果

分析一下这个程序可见其执行顺序如图 6-7 所示。

图 6-7 ArrayDivideby.java 运行过程分析

2. 隐式嵌套

在不同的方法中，若方法 1 的 try 块中调用方法 2，而方法 2 又包含一个 try 块，则方法 1 中的 try 块为外层，方法 2 中的 try 块为内层。

例 6.3.2　try 语句的隐式嵌套。

```
package ex6_3_2;
import java.awt.Graphics;
public class ArrayDivideby2 extends java.applet.Applet{
   public void paint(Graphics g){
      try{
        int I=1,j=0,f;
        Array();
        f=I/j;                    //产生被 0 除异常
      }
      catch(ArithmeticException e){
        System.out.println(" 被 0 除异常："+e);
      }
   }
   static void Array(){
   try{
      int c[]={1};
      c[2]=99 ;                  // 内层 try 块产生数组下标异常
     }
     catch(ArrayIndexOutOfBoundsException e){
        System.out.println(" 数组下标异常："+e);
     }
   }
}
```

程序输出如图 6-8 所示。

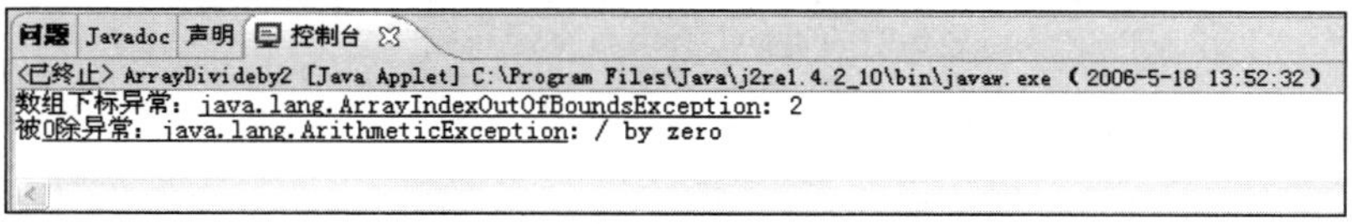

图 6-8　ArrayDivideby2.java 运行结果

容易看出这个程序的执行顺序和例 6.3.1 是完全相同的。

6.4　throw 语句

Java 程序中的异常情况一般都是由系统抽取出的，但是编程人员也可以用 throw 语句自行抛出异常，throw 语句的语法如下：

throw <Throwable 类或其子类的对象 >；

throw 语句执行后，其后继语句将不再执行，执行流程将直接寻找后面的 catch 语句，如果 catch 语句中的参数能匹配 throw 语句抛出的 Throwable 对象，则执行相应的异常处理程序。如果 catch 语句中的参数没有一个能与该对象相匹配，则由默认的异常处理器终止程序的执行并输出相应的异常信息。

例 6.4.1　本例中 demo() 将人为地抛出一个异常，所以 cp.add(tf2) 将不再被执行。

```
package ex6_4_1;
import java.awt.*;
import java.awt.event.*;
```

```java
import java.applet.*;
import javax.swing.*;
public class ThrowDemo extends JApplet{
   JTextField tf1=new JTextField("try to use throw",50);
   JTextField tf2=new JTextField("this will not show on the screen");

   public void init(){
     try{
      Container cp=new Container();
      cp=this.getContentPane();
      cp.setLayout(new BorderLayout());
      cp.add(tf1,BorderLayout.NORTH);
      demo();            // 此方法中人为抛出异常，同样具有终止程序执行的功能
      cp.add(tf2);         //cp.add(tf2) 将不再被执行
     }
     catch(NullPointerException e){   // 捕获 demo() 抛出的 NullPointerException
       tf1.setText("catch an exception: "+e);
     }
   }
   void demo(){
     throw new NullPointerException("this exception is thrown by init");
   }
}
```

运行结果如图 6-9 所示。

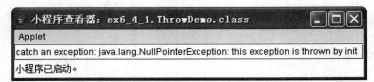

图 6-9　ThrowDemo.java 运行结果

该程序的执行顺序如图 6-10 所示。

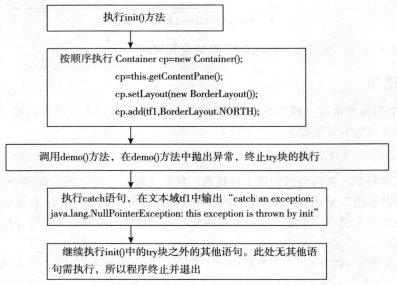

图 6-10　ThrowDemo.java 运行过程分析

6.5 throws 语句

throws 语句用于声明一个方法可能引发的所有异常,这些异常要求调用该方法的程序进行处理。其语法为:

```
type〈方法名〉(参数表) throws  异常类型表{
  ...      //方法体
}
```

例 6.5.1   本例中小应用程序的 init() 方法调用了 f() 方法, f() 方法利用 throw new Exception ("throw from f") 语句产生并抛出异常,而且 f() 方法又用 throws Exception 将处理异常的任务交给调用 f() 的方法(此处为 init()),在 init() 的 catch 块中用 e.printStackTrace() 打印相关信息。

```
package ex6_5_1;
import java.awt.*;
import java.awt.event.*;
import java.applet.*;
import javax.swing.*;

public class ThrowsDemo extends JApplet {
  // 初始化小应用程序
  public void init(){
    try{
      f();                  // 调用 f() 方法
    }
    catch(Exception e){
      e.printStackTrace();  // 在控制台上显示异常信息
    }
  }
  void f() throws Exception{             // 将异常处理任务交给调用者
    throw new Exception("throw from f"); // 产生并抛出异常
  }
}
```

运行结果如图 6-11 所示。

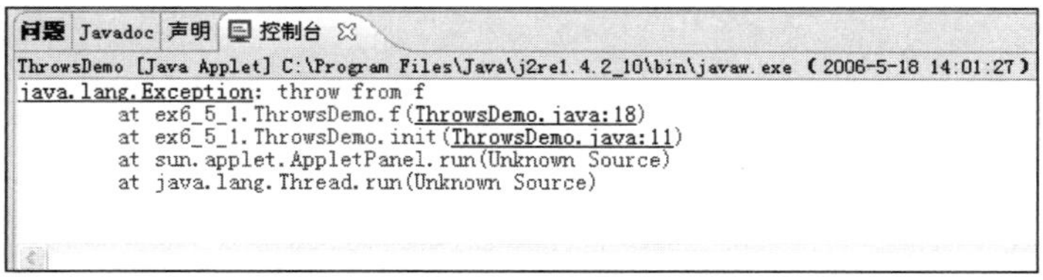

图 6-11 ThrowsDemo.java 运行结果

6.6 使用异常处理的准则

异常处理的主要目的是在程序运行过程中捕获错误并进行相应的处理,以便程序可以在修正错误的基础上继续执行。因此编写异常处理代码应遵循以下两个原则:

1)尽可能在当前程序中解决问题,否则应将异常向更外层的程序抛出。
2)简化编码。不要因加入异常处理而使程序变得复杂难懂。

6.7　本章概要

1. 异常类的继承关系。
2. try 块的语法和执行。
3. throw 和 throws 语句的应用。
4. 异常处理准则。

6.8　思考练习

1. 什么时候发生异常？
2. 要被监视异常的代码必须放在哪个语句块中？
3. catch 起什么作用？
4. 异常未被捕获会出现什么结果？
5. 在嵌套的 try 块中，内部代码块没有捕获的异常如何处理？
6. throws 起什么作用？

第 7 章 Java 的多线程程序设计

7.1 线程的概念

7.1.1 进程和线程

1. 进程

我们知道程序（program）是指令的集合，它包括对数据的描述和操作。当执行一个程序时，要给程序分配内存、外设等资源，并等候处理器的调度执行程序中的指令。程序执行完毕后，系统要收回所分配的资源。这样一个过程就是进程（process）。

进程是一个具有一定独立功能的程序在一个数据集合上的一次动态执行过程。进程是存储器、外设等资源的分配单位，也是处理器的调度对象。

一个程序可以同时被运行若干次（如同时打开两个 Word 文档），即系统可以为一个程序同时创建若干个进程。但每个进程有自己独立的内存空间和资源，进程之间不会共享系统资源。

2. 线程

线程（thread）就是比进程更小的运行单位，一个进程可以被划分成多个线程。在一个支持线程的系统中，线程是处理器的调度对象。

线程作为处理器的调度单位，相当于进程中的一个控制点。由于进程是资源的分配单位，所以一个进程中的线程共享进程的资源。线程之间的通信要比进程之间的通信更方便。

7.1.2 线程和多任务

多任务是指在系统中同时运行多个程序，如果只有一个处理器，在每一时刻只有一个进程的一条指令被执行。可以使这些任务交替执行，由于间隔的时间短，这些程序看上去好像同时在运行。如果将进程再划分成线程，每个线程轮流占用处理器，可以减少并发控制的时间。

Windows98/NT/2000 操作系统就是将进程划分为线程来支持多任务的并发处理。如在 Windows 系统下复制一个文件，在文件复制的过程中，我们看到屏幕上有个小窗口，上面有一段视频动画（一张纸从一个文件夹飘到另一个文件夹中）。这里就有磁盘读写和视频播放两个任务同时在进行。

7.1.3 Java 对多线程的支持

Java 语言提供了对多线程的支持。通过对 Thread 类的继承或对 Runnable 接口的实现，实现多线程编程。

7.2 线程的创建

为了将进程划分成线程，要在程序中创建多个线程对象。Thread 类用来创建和控制线程。一个线程要从 run() 方法开始执行，run() 方法的声明在 java.lang.Runnable 接口中。每个程序至少有一个主线程。

7.2.1 Runnable 接口

在 Runnable 接口中，只声明了一个方法 run()：

```
public void run();
```

run() 方法必须在一个对象中实现，已实现的 run() 方法称为该对象的线程体。在创建并启动了一个线程后，run() 方法被系统自动调用。

7.2.2 Thread 类

在 Thread 类中，run() 方法被实现为空方法。Thread 类的声明格式如下：

```
public class Thread extends Object implements Runnable
```

下面介绍 Thread 中的方法。

1. 构造方法

```
public Thread();
public Thread(String name)
public Thread(Runnale target)
public Thread(Runnable target, String name)
public Thread(ThreadGroup group, Runnable target)
public Thread(ThreadGroup group, String name)
public Thread(ThreadGroup group, Runnable target, String name)
```

其中：name 是线程名；target 是执行线体的目标对象，它必须实现 Runnable 接口的 run() 方法；group 是线程所属的线程组的名字。

2. Thread 的成员方法

```
public final String getName()                    // 返回线程名
public final void setName(String name)           // 将线程的名字设置为 name
public void start()                              // 启动已创建的线程对象
public final Boolean isAlive()                   // 线程是否已启动
public final ThreadGroup getThreadGroup()        // 返回线程所属的线程组
public String toString()                         // 以字符串的形式得到线程的名字、优先级和
                                                 // 所属的线程组等信息
```

3. Thread 的静态成员方法

```
public static Thread currentThread()             // 返回当前正在执行的线程对象
public static int activeCount()                  // 返回当前线程组的活动线程个数
public static int enumerate(Thread [] tarray)    // 将当前线程组中的活动线程
                                                 // 包括子线程复制到数组 tarray 中
```

7.2.3 创建线程的方法

1. 继承 Thread 方法创建线程

例 7.2.1 从 Thread 类派生出子类 Thread1_ex。由于 Thread 类将 Runnable 的 run() 方法实现为空方法，在 Thread1_ex 中覆盖 Thread 的 run() 方法，在此方法中，通过循环产生 26 个大写（小写）的英文字母。

在 main() 方法中创建两个 Thread1_ex 的线程对象 th1 和 th2，用 start() 方法启动两个线程，执行 run() 方法。

```
public class Thread1_ex extends Thread{
  char c;
  public Thread1_ex(String name,char c){
    super(name);
    this.c=c;
  }
  public void run(){
    int k;
    char ch=c;
    System.out.println();
    System.out.print(getName()+": ");
    for (k=0;k<=25;k++){
      ch=(char)(c+k);
      System.out.print(ch+" ");
    }
    System.out.println(getName()+" end!");}
  public static void main(String args[]){
    Thread1_ex th1=new Thread1_ex("th1",'A');
    Thread1_ex th2=new Thread1_ex("th2",'a');
    th1.start();
    th2.start();
    System.out.println("activecount="+Thread.activeCount());
  }
}
```

程序运行的结果如图 7-1 所示。

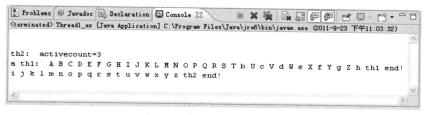

图 7-1 例 7.2.1 运行结果

因为 main() 方法也是一个线程（主线程），所以 Thread.activeCount() 方法的返回值为 3。由于 3 个线程同时作为处理器的调度对象，线程中的指令被交替执行。而且每次运行程序，屏幕输出的结果是不一样的。

2. 实现 Runnable 接口创建线程

例 7.2.2 用实现 Runnable 接口的方法创建线程（要求同上例）。

```
public class Runnable1_ex implements Runnable{
  char c;
  public Runnable1_ex(char c){
    this.c=c;
  }
  public void run(){
    int k;
    char ch=c;
    System.out.println();
    System.out.print(getName()+": ");
    for(k=0;k<=25;k++){
      ch=(char)(c+k);
      System.out.print(ch+" ");
      System.out.println(getName()+" end!");
  }
```

```
public static void main(String args[]){
  Runnable1_ex ru1=new Runnable1_ex('A');
  Runnable1_ex ru2=new Runnable1_ex('a');
  Thread th1=new Thread(ru1);
  Thread th2=new Thread(ru2);
  th1.start();
  th2.start();
  System.out.println("activecount="+Thread.activeCount());
  }
}
```

此例执行的结果和上例相似。类 Runnable1_ex 实现了接口 Runnable 的 run() 方法，它不是 Thread 的子类。所以在此例中，对象 ru1 和 ru2 并不是线程对象，而是线程对象的目标对象。语句：

```
Thread th1=new Thread(ru1);
Thread th2=new Thread(ru2);
```

就是以 ru1 和 ru2 为目标对象，创建了线程对象 th1 和 th2。

因为在 Java 中只支持单重继承，所以当一个类已继承了另一个类时，就不能通过继承 Thread 类的方法来创建线程，只能用实现 Runnable 接口的方法来创建线程。

7.3 线程的状态与控制

线程随着程序的运行而产生，随着程序的结束而消亡。每个线程都存在一个从创建、运行到消亡的生命周期。在生命周期中，一个线程具有创建、可运行、运行中、阻塞和死亡 5 种状态。Thread 类中的方法可以改变线程的状态。

7.3.1 线程的状态

1. 创建状态

用 new 运算符创建一个线程后，该线程处于创建状态（new thread）。这时它仅是一个空对象，并未得到系统的资源。

2. 可运行状态

用 start() 方法启动了一个线程后，系统为该线程分配了除处理器以外的资源。此时该线程进入线程队列排队，即进入可运行状态（runnable），等待被处理器执行。

3. 运行中状态

通过系统的调度选中一个 runnable 线程，使该线程占用处理器，执行该线程的 run() 方法。此时该线程进入运行中状态（running）。

4. 阻塞状态

由于某种原因使得运行中的线程不能继续运行，该线程进入阻塞状态也称不可运行状态（not runnable）。

在引起阻塞的原因被取消之前，即使处理器空闲，该线程也不会被执行。只有当引起阻塞的原因被取消，该线程重新转入 runnable 状态，到线程队列中排队等待再次被处理器执行。若在执行时被中断，该线程将从原来的中止处继续运行。

引起线程阻塞的原因有许多，如：输入/输出、等待消息、睡眠和锁定等。

5. 死亡状态

线程运行结束后进入死亡状态（dead）。有两种情况会导致线程死亡：自然撤销或被停止。

当 run() 方法结束后，该线程就自然撤销。当一个应用程序因故停止运行时，系统将终止该程序正在运行的所有线程。

方法 isAlive() 用来返回线程的状态。如果此方法返回 true，线程处于 runnable、running 或 not runnable 这几种状态之一。如果此方法返回 false，线程处于 new thread 或 dead 状态。

图 7-2 反映了线程在 5 种状态之间的转换。

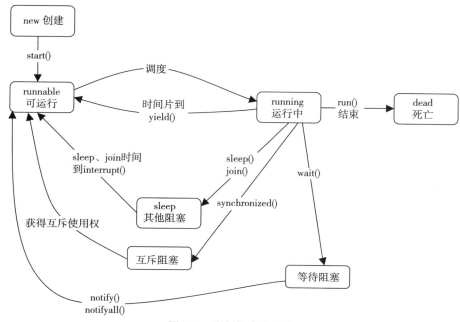

图 7-2　线程状态的转换

7.3.2　对线程状态的控制

在 Thread 类中有若干个方法，用于改变线程的状态。

1. 使线程进入睡眠的 sleep() 方法

```
public static void sleep(long millis) throws InterruptedException
```

其中 millis 是指定的睡眠时间。

当线程进入睡眠，线程进入了不可运行状态，睡眠时间过后再进入可运行状态，sleep() 方法抛出一个 InterruptedException 异常。

2. 暂停线程的 yield() 方法

```
public static void yield()
```

yield() 方法暂停线程的执行，但此时线程仍在可运行状态（未进入阻塞状态）。系统选择同优先级的线程执行，若无同优先级的线程则继续执行该线程。

3. join() 方法

```
public final void join() throws InterruptedException
public final void join(long millis) throws InterruptedException
```

join() 方法使本线程暂停执行，直到调用该方法的线程执行结束后再继续执行本线程。参数 millis 给出了等待的时间。如果无参数或参数为 0，本线程要等到调用该方法的线程结束后再继续执行。

4. wait() 和 notify()(notifyall()) 方法

这几个方法在 java.lang.Object 中。wait() 方法使当前线程进入阻塞状态，notify()(notifyall()) 方法唤醒等待队列中的其他线程，使它们进入可运行状态。

5. 与中断线程有关的方法

```
public void interrupt()
public void boolean isInterrupted()
public static boolean interrupted()
```

方法 interrupt() 为线程设置一个中断标记，当 run() 方法运行时，用 isInterrupted() 方法检测此标记。

在线程方法进入睡眠状态(sleep)，如调用 interrupt() 方法，会捕获一个 sleep() 方法抛出的 InterruptedException 异常，中断 sleep 状态。每一个抛出的 InterruptedException 都会清除中断标记。

静态方法 interrupted() 检测线程是否被中断，如果是则清除中断标记并返回 true。

例 7.3.1 设计程序窗口如图 7-3 所示。点击 Start 按钮启动线程，左侧文本域中的字符串朝左移动。文本域 sleep time 中是调用 sleep() 方法时的参数（随机产生）。点击 Interrupt 按钮，调用 interrupt() 方法。

此例中线程在睡眠状态的时间越长，字符串移动越慢。调用了 interrupt() 方法后，字符串的移动速度会快。在屏幕上显示：

```
sleep interrupted
```

而后中断标记被清除（抛除 InterruptException）。字符又以原来的速度移动（再次进入 sleep）。

```
import java.awt.*;
import java.awt.event.*;
public class Threadstate extends WindowAdapter{
  static Frame f;
  static Thread1 th1,th2;
  public static void main(String arg[]){
    Threadstate ts=new Threadstate();
    ts.display();
    th1=new Thread1("Java Language");
    th2=new Thread1("Program");
    th1.start();
    th1.setButton();
  }
  public void display(){
    f=new Frame("Threadstate");
    f.setSize(300,350);
    f.setLocation(300,150);
    f.setBackground(Color.lightGray);
    f.setLayout(new GridLayout(2,2));
    f.addWindowListener(this);
    f.setVisible(true);
  }
  public void windowClosing(WindowEvent e){
    System.exit(0);
  }
}
```

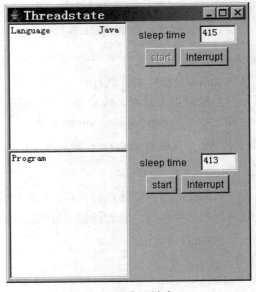

图 7-3　程序设计窗口

```java
class Thread1 extends Thread implements ActionListener{
  Panel p1;
  Label lb1;
  TextField tf1,tf2;
  Button b1,b2;
  int sleeptime=(int)(Math.random()*1000);
  public Thread1(String str){
    super(str);
    for(int i=0;i<10;i++)
      str=str+" ";
    tf1=new TextField(str);
    Threadstate.f.add(tf1);
    p1=new Panel();
    p1.setLayout(new FlowLayout(FlowLayout.CENTER));
    lb1=new Label("sleep time");
    tf2=new TextField(""+sleeptime);
    p1.add(lb1);
    p1.add(tf2);
    b1=new Button("start");
    b2=new Button("Interrupt");
    p1.add(b1);
    p1.add(b2);
    b1.addActionListener(this);
    b2.addActionListener(this);
    Threadstate.f.add(p1);
    Threadstate.f.setVisible(true);
  }
  public void run(){
    String str;
    while(this.isAlive()&&!this.isInterrupted()){
      try{
        str=tf1.getText();
        str=str.substring(1)+str.substring(0,1);
        tf1.setText(str);
        this.sleep(sleeptime);
      }
      catch(InterruptedException e){
        System.out.println(e);
      }
    }
  }
  public void setButton(){
    if(this.isAlive())b1.setEnabled(false);
  }
  public void actionPerformed(ActionEvent e){
    if((e.getSource()==Threadstate.th1.b1||e.getSource()==Threadstate.th1.b2))
      actionPerformed(e,Threadstate.th1);
    if((e.getSource()==Threadstate.th2.b1||e.getSource()==Threadstate.th2.b2))
      actionPerformed(e,Threadstate.th2);
  }
  public void actionPerformed(ActionEvent e,Thread1 th){
    if(e.getSource()==th.b1){
      th.sleeptime=Integer.parseInt(th.tf2.getText());
      th.start();
    }
    if(e.getSource()==th.b2)    th.interrupt();
    th.setButton();        // 调用setButton函数，使start按钮处于非激活状态
  }
}
```

7.4 线程的优先级和调度

如果有若干个线程同时处于可运行状态，哪个线程会被最先执行？这个问题和线程本身的优先级和系统的调度机制有关。优先级高的线程会先被执行，同优先级的线程则要排队或争用处理器。

7.4.1 线程的优先级

线程的优先级用整数 1～10 表示。最低和最高的优先级分别是 1 和 10。默认的优先级为 5。也可用 Thread 类的公用静态常量表示。

```
public static final int NORM_PRIORITY=5
public static final int MIN_PRIORITY=1
public static final int MAX_PRIORITY=10
```

可用方法 getPriority() 获得线程优先级，用方法 setPriority() 设置线程优先级：

```
public final int getPriority()
public final setPriority(int newPriority)
```

7.4.2 线程的调度

线程的调度是负责线程排队以及 CPU 在线程之间的分配。由线程调度算法进行调度，被选中的线程获得处理器进入运行状态。

线程的调度采用占先原则，即优先级高的线程只要进入可运行状态，总能被优先执行，即使有一个优先级低的线程正在执行。而优先级低的线程在执行时，会因为有优先级高的线程进入可运行状态，而使其被中断运行。

对于优先级相同的线程，有分时和独占两种调度方式。如果采用分时方式，每个线程分到一个时间片，用完时间片，让出处理器，进入可运行状态，等待下一次时间片。所有同优先级的线程排队等待处理器资源。在独占方式下，同优先级的线程争用处理器，直到线程执行完毕才让出处理器（除非用高优先级的线程进入可运行状态或线程进入了 wait、sleep 和其他阻塞状态）。

7.5 线程组

7.5.1 线程组概述

每个线程都是一个线程组的成员，线程组把多个线程集合为一个对象。java.lang 包中的 ThreadGroup 类实现了线程组的创建和对线程组的操作。对线程组的操作就是对线程组中的所有线程的操作。

在线程组中还可以创建线程组，形成树形结构。在 Java 应用程序中，最高层的组就是 main 线程组。

7.5.2 ThreadGroup 类

1. ThreadGroup 的构造函数

```
public ThreadGroup(String name)
```

创建一个名字为 name 的线程组。

```
public ThreadGroup(ThreadGroup parent,String name)
```

在线程组 parent 中创建一个线程组 name。

2. ThreadGroup 的方法

```
public final String getName()            //返回线程组的名
public final ThreadGroup getParent()     //返回线程组的父线程组
public int activeCount()                 //返回当前线程组中活动线程的个数
public int enumerate(Thread list[])
public int enumerate(ThreadGroup list[])
   //将当前线程组中的活动线程复制到线程数组或线程组数组中
   public int enumerate(Thread list[],boolean recurse)
   public int enumerate(ThreadGroup list[],boolean recurse)
   //将当前线程组中的活动线程(包括子线程中的)复制到线程数组或线程组数组中
```

7.6 线程的同步

7.6.1 线程的同步机制

把进程划分为线程获得了更高的执行效率,但当多个线程对同一个的数据进行操作时就会产生一些问题。如在例 7.6.1 中,对于类 Sharevalue 中的变量 value,就有若干个线程对它进行读或写。在没有对线程进行同步控制的情况下,在屏幕上未能把 value 值的正确变化显示出来。

例 7.6.1 声明类 Sharevalue,其中有私有成员变量 value。方法 getvalue() 和 putvalue() 对它进行操作,方法 total() 返回 value 的值。类 Put 继承了 Thread,它调用 Sharevalue 的方法 putvalue() 使 Sharevalue 的成员变量 value 的值增加。类 Get 继承了 Thread,它调用 Sharevalue 的方法 getvalue() 使 Sharevalue 的成员变量 value 的值减少。由于没有对线程进行同步控制,所以运行结果产生了问题。程序代码如下:

```
class Sharevalue{              //声明类 Sharevalue
  private int value;
  void putvalue(int v){        //此方法使 value 的值增加
    value=value+v;
  }
  int getvalue(int v){         //此方法使 value 的值减少
    if(value-v>=0)
      value=value-v;
    else{
      v=value;
      value=0;
      System.out.println("Empty");
    }
    return v;
  }
  int total(){                 //此方法返回 value 的值
    return value;
  }
}
class Put extends Thread{      //声明类 Put
Sharevalue sv;
  int value;
  public Put(Sharevalue s,int v){
    sv=s;
    value=v;
```

```java
    }
    public void run(){
        int n=sv.total();              // 得到 Sharevalue 的 value 的值
        try{                           // 进入睡眠状态
            sleep(1);
        }
        catch(InterruptedException e) {
            System.out.println(e);
        }
        sv.putvalue(value);            // 使 Sharevalue 的 value 值增加
        System.out.println("Value: "+n+"Put vlaue: "+value+"Total value: "
                        +sv.total());  // 显示 Sharevalue 的 value 的原值和增加后的值
    }
}
class Get extends Thread{              // 声明类 Get
    Sharevalue sv;
    int value;
    public Get(Sharevalue s,int v){
        sv=s;
        value=v;
    }
    public void run(){
        int n=sv.total();              // 得到 Sharevalue 的 value 的值
        try{                           // 进入睡眠状态
            sleep(1);
        }
        catch(InterruptedException e){
            System.out.println(e);
        }
        System.out.println("Value:"+n+"Getvalue:"+sv.getvalue(value)+
                    "Total value:"+sv.total()); // 显示 Sharevalue 的 value 值
        // 调用 getvalue 将 Sharevalue 的 value 值减少并显示减少后的值
    }
}
public class Datashare_ex{
    public static void main(String args[]){
        Sharevalue sv=new Sharevalue();// 创建类 Sharevalue 的对象
        Put p1=new Put(sv,100);        // 创建线程对象用于增加类 Sharevalue 的 value 值
        Put p2=new Put(sv,200);        // 创建线程对象用于增加类 Sharevalue 的 value 值
        Get g=new Get(sv,50);          // 创建线程对象用于减少类 Sharevalue 的 value 值
        p1.start();                    // 启动线程,将类 Sharevalue 的 value 值增加 100
        g.start();                     // 启动线程,将类 Sharevalue 的 value 值减少 50
        p2.start();                    // 启动线程,将类 Sharevalue 的 value 值增加 200
    }
}
```

由于线程调度的不确定,下面给出此例可能的两种运行结果:

运行结果 1:

```
Empty
Value: 0   Get value: 0 Total value: 0
Value: 0   Put value: 100 Total value: 100
Value:100  Put value: 200 Total value: 300
```

运行结果 2:

```
Value: 0   Put value: 100 Total value: 100
Value: 0   Get value: 50   Total value: 50
Value: 0   Put value: 200 Total value: 250
```

出现上面问题的原因是没有能保证三个线程 p1、g 和 p2 按照程序中设计的顺序执行,也不

能保证每个线程能独占处理器直到执行完其中的全部指令。

在此例中,在线程中都调用了 sleep() 方法进入睡眠状态(虽然很短),因此在线程没有执行完全部指令时,处理器就转去执行其他线程。读者可以将 Put 和 Get 类中调用 sleep() 方法的代码段去掉,看一看运行结果。

为了避免上面的问题出现,Java 语言提供了线程的同步控制机制。

1)对共享数据的线程的"互斥"锁定:对于共享的数据对象,在任何时刻只能有一个线程对它进行操作。这样可以保证数据的完整和一致。

2)传送数据的线程的同步运行:为了保证传送的数据能及时正确收到,需要传送数据的线程必须同步运行。

7.6.2 共享数据的互斥锁定

可以用关键字 synchronized 使一段代码或一个方法锁定在一个对象上,即此段代码或方法对对象进行的操作不会中断。

1)用 synchronized 使代码锁定对象的格式如下:

```
synchronized(<对象名>){
  <语句>
}
```

此时线程对象的此段代码对锁定的对象进行操作,直到此段代码执行完毕,锁被释放。在同一时间,任何线程中对同一对象进行锁定的代码都不能运行,要等待锁释放,获得锁后再运行。而没有对此对象锁定的代码可以在锁未释放时对此对象进行操作。

2)用 synchronized 锁定方法的格式如下:

```
synchronized <方法首部声明>{
  <方法体>
}
```

或:

```
<方法首部声明>{
  synchronized(this){
    <方法体>
  }
}
```

此时只有一个线程对象可以执行此方法,因此锁定的方法称为互斥方法。直到此方法执行完毕(锁释放),线程的其他对象获得锁,才能执行同一方法。但此时线程的其他方法仍能被执行。

例 7.6.2 对例 7.6.1 进行修改,用 synchronized 使类 Put 和类 Get 对类 Sharevalue 的成员变量 value 进行操作的代码锁定在操作对象上。

```
class Sharevalue{
  private int value;
  void putvalue(int v){
    value=value+v;
  }
  int getvalue(int v){
    if(value-v>=0)
      value=value-v;
    else{
```

```java
        v=value;
        value=0;
        System.out.println("Empty");
      }
      return v;
    }
    int total(){
     return value;
    }
  }
  class Put extends Thread{
    Sharevalue sv;
    int value;
    public Put(Sharevalue s,int v){
      sv=s;
      value=v;
    }
    public void run(){
      synchronized(sv) {      // 使下面代码锁定对 Sharevalue 的 value 的操作
        int n=sv.total();
        try{
          sleep(1);
        }
        catch(InterruptedException e){
          System.out.println(e);
        }
        sv.putvalue(value);
        System.out.println("Value:"+n+"Put vlaue:"+value+"Total value:"
                     +sv.total());
      }
    }
  }
  class Get extends Thread{
    Sharevalue sv;
    int value;
    public Get(Sharevalue s,int v){
      sv=s;
      value=v;
    }
    public void run(){
      synchronized(sv){    // 使下面代码锁定对 Sharevalue 的 value 的操作
        int n=sv.total();
        try{
          sleep(1);
        }
        catch(InterruptedException e){
          System.out.println(e);
        }
        System.out.println("Value:"+n+"Get value:"+sv.getvalue(value)+
                      "Total value: "+sv.total());
      }
    }
  }
  public class DatashareSyn_ex{
    public static void main(String args[]){
      Sharevalue sv=new Sharevalue();
      Put p1=new Put(sv,100);
      Put p2=new Put(sv,200);
      Get g=new Get(sv,50);
      p1.start();
      g.start();
```

```
        p2.start();
    }
}
```

因为没有能控制线程的执行顺序,所以下面是本例可能的两种运行结果:

运行结果 1:

```
Empty
Value: 0   Put value: 100 Total value: 100
Value: 100  Get value: 50 Total value: 50
Value: 50  Put value: 200 Total value: 250
```

运行结果 2:

```
Value: 0   Get value: 0 Total value: 0
Value: 0   Put value: 200 Total value: 200
Value: 200  Put value: 100 Total value: 300
```

由于可能出现结果 2 这样的情况,所以还要对线程的执行顺序进行控制。读者可将例 7.6.2 中两代码中的锁去掉一个再试运行一下,看看有什么问题(前面曾分析过)。在试运行多线程程序时要注意多运行几次,才能发现问题。

7.6.3 数据传送时的同步控制

在例 7.6.2 运行时出现的运行结果 2,是因为下面语句:

```
p1.start();
g.start();
p2.start();
```

即 3 个线程没有按我们设计的顺序执行。实际上,只要保证在执行取数据的方法前,有一个写入数据的方法被执行,并且执行完毕就可以了。

要满足上面的要求,要做到:

1) 用关键字 synchronized 锁定写入或读出数据的方法。

2) 设置读写操作标志,并用 wait() 方法使不能进行操作的线程进入等待状态,再用 notify() 或 notifyall() 方法唤醒在 wait 状态的线程。

前面已经讲过方法锁定的目的,但方法的锁定并不能保证两种不同的方法互斥。在例 7.6.2 中,如果分别锁定了类 Sharevalue 的 getvalue() 和 putvalue() 方法,只能保证两个线程不会同时执行 getvalue() 方法或不会同时执行 putvalue() 方法,但两个线程可能会同时执行 getvalue() 和 putvalue() 方法。

要使这两个方法 getvalue() 和 putvalue() 不会同时执行,可在这两个方法(或其中的一个)中用操作标志决定是执行操作还是进入等待状态。如在例 7.6.2 的 Sharevalue 类中设置逻辑变量 empty,如果 value 的值为 0,即没有进行过任何写操作,则 empty 为 true。在方法 getvalue() 中,对 empty 进行判断,如果其值为 true,则调用 wait() 方法,使调用 getvalue() 的线程进入等待状态。

如果 putvalue() 方法被调用,并执行完毕,则在 putvalue 方法中将 empty 设置为 false,然后调用 notify() 方法,唤醒在 wait 状态的线程。如果有多个线程在 wait 状态,可调用 notifyall() 将它们全部唤醒。

例 7.6.3 修改例 7.6.2,使 Sharevalue 类中的 value 值为 0 时不会执行取数据的操作(getvalue()

方法）。

```java
class Sharevalue{
  private int value;
  private boolean empty=true;        // 读写操作标志
  synchronized void putvalue(int v){  // 锁定此方法
    value=value+v;
    empty=false;      // 将empty设置为false，表示数据非空，可取数据
    notify();         // 唤醒在wait状态的线程
  }
  synchronized int getvalue(int v){  // 锁定此方法
    while(empty)      // 如果数据空（value为0），线程进入等待状态
      try{
        this.wait();
      }
      catch(InterruptedException e){
        System.out.println(e);
      }
    // 被notify()方法唤醒，同时empty为false，执行以下代码
    if(value-v>=0)
      value=value-v;
    else{
      v=value;
      value=0;
      System.out.println("Empty");
    }
    empty=false;
    return v;
  }
  int total(){
    return value;
  }
}
class Put extends Thread{
  Sharevalue sv;
  int value;
  public Put(Sharevalue s,int v){
    sv=s;
    value=v;
  }
  public void run(){
    synchronized(sv){
      int n=sv.total();
      try{
        sleep(1);
      }
      catch(InterruptedException e){
        System.out.println(e);
      }
      sv.putvalue(value);
      System.out.println("Value:"+n+"Put vlaue:"+value+"Total value:"
                 +sv.total());
    }
  }
}
class Get extends Thread{
  Sharevalue sv;
  int value;
  public Get(Sharevalue s,int v){
    sv=s;
    value=v;
  }
```

```
    public void run(){
      synchronized(sv){
        int n=sv.total();
        try{
          sleep(1);
        }
        catch(InterruptedException e){
          System.out.println(e);
        }
        System.out.println("Value:"+n+"Get value:"+sv.getvalue(value)+
                          " Total value: "+sv.total());
      }
    }
}
public class DatashareWN_ex{
  public static void main(String args[]){
    Sharevalue sv=new Sharevalue();
    Put p1=new Put(sv,100);
    Put p2=new Put(sv,200);
    Get g=new Get(sv,50);
    p1.start();
    g.start();
    p2.start();
  }
}
```

运行此程序，会发现 getvalue() 方法总在 putvalue() 方法之后被执行。本例中对数据的写操作没有进行限制，在 putvalue() 方法中没有使用操作标志变量对线程的运行进行控制。

由于用 wait() 方法使线程进入等待状态，如果没有 notify() 将它唤醒，此线程就一直在阻塞状态，这样就引起了"死锁"。

7.6.4 死锁

如果有线程处于等待状态而无法唤醒，就构成了死锁。一般是由于每个线程所需要的资源被其他线程占有，这样相互等待其他线程释放资源而造成了死锁。

Java 不会发现死锁，只有靠程序设计者在设计程序时自己注意，以避免死锁出现。对于因为某个条件未满足的线程，不能让它继续占有资源。如果对某个对象有互斥访问，应确定线程获得锁的顺序，并保证以相反的顺序解锁。

我们可以考虑这样一个例子，一个线程产生 4 个数据，依次被另外 4 个线程收到。这个例子的关键是产生数据的线程要先执行，而接收数据的线程必须按顺序执行。

例 7.6.4 按照上面要求，设计一个多线程程序。

```
class Databuf{
  private int value;                    // 此变量是产生和接收数据线程的共享数据
  private boolean writeable=true;       // 设置读写标志变量，初值为 true，表示先可写一个数据
  int sort=0;                           // 此变量表示接收数据的顺序
  synchronized void senddata( ){        // 产生数据的方法
    while(!writeable)                   // 如果不可写（产生数据）则进入等待状态
      try{
        this.wait();
      }
      catch(InterruptedException e){
        System.out.println(e);
      }
    value=(int)(Math.random()*10);      // 产生一个随机数
```

```java
      writeable=false;  // 此变量为false表示接下去应该是读（接收）数据
      notifyAll( );     // 唤醒其他线程
    }
    synchronized int receivedata(int num){  // 接收数据的方法
      while(writeable||sort%4+1!=num)    // 如果正在执行产生数据的方法
                                         // 或接收数据顺序不对，进入等待状态
        try{
          this.wait();
        }
        catch(InterruptedException e){
          System.out.println(e);
        }
      // 可以接收（读）数据，且顺序正确，执行下面代码
      sort=sort+1;
      writeable=true;          // 读数据结束，接下去应该进行写数据操作
      notifyAll( );            // 唤醒其他线程
      return value;
    }
    int getvalue(){            // 返回当前数据的值
      return value;
    }
}
class Send extends Thread{     // 此类产生数据
  Databuf da;
  public Send(Databuf d){
    da=d;
  }
  public void run(){
    int i;
    synchronized(da){
      for(i=1;i<=4;i++){       // 通过循环，产生4个数据
        try{
          sleep(1);
        }
        catch(InterruptedException e){
          System.out.println(e);
        }
        da.senddata();  // 调用Datebuf类的senddata方法产生数据
        System.out.println("Send data"+i+": "+da.getvalue()); // 显示产生的数据
      }
    }
  }
}
class Receive extends Thread{  // 此类接收数据
  Databuf da;
  int num;
  public Receive(Databuf d,int n){
    da=d;
    num=n;
  }
  public void run(){
    synchronized(da){
      try{
        sleep(1);
      }
      catch(InterruptedException e){
        System.out.println(e);
      }
      System.out.println("Number"+num+" get data:   "+da.receivedata(num));
    }
  }
}
```

```
}
public class SenRec_ex{
  public static void main(String args[]){
    Databuf da=new Databuf();
    Send s1=new Send(da);
    Receive r1=new Receive(da,1);
    Receive r2=new Receive(da,2);
    Receive r3=new Receive(da,3);
    Receive r4=new Receive(da,4);
    s1.start();
    r1.start();
    r2.start();
    r3.start();
    r4.start();
  }
}
```

为了保证按照产生一个数据接收一个数据的顺序工作，而且接收数据的 4 个线程必须按 r1、r2、r3 和 r4 的顺序接收数据，除了用 synchronized 锁定相应代码和方法外，还用 writeable 作为是否可对数据进行读或写的标志。用变量 sort 和线程的序号比较，控制接收数据的顺序。在代码中，如果不用 notifyAll() 来唤醒程序，就会造成死锁。读者可自己试一下（要多运行几遍程序，才会发现问题，如果进入死锁状态，可用 Ctrl+c 键退出程序）。

7.7 本章概要

1. 线程的相关概念。
2. 创建线程的两种方法：Thread 类和 Runnable 接口。
3. 线程的状态及转换控制。
4. 线程的优先等级与调度原则。
5. 线程的同步控制机制。

7.8 思考练习

一、思考题

1. 线程有哪些特点？
2. 什么是线程的生命周期？线程是怎样在各种状态下转换的？
3. 一个多线程的程序怎么会出现死锁？

二、填空题

1. 线程是_____的调度对象。
2. 在 Thread 类的构造方法 public Thread(String name) 中，参数 name 是_____。
3. Thread 类的成员方法 start() 的作用是_____。
4. _____方法唤醒等待队列中其他线程，使它们进入可运行状态。
5. 线程的优先级分_____级，最高是_____级。

第 8 章 Java 的输入输出流

8.1 流的基本概念

8.1.1 输入输出流与缓冲流

输入输出是程序设计中的一个重要内容。任何程序都需要有数据输入，对输入的数据进行运算后，再将数据输出。在面向对象程序设计语言中，用数据流来实现输入和输出。数据流是指一组有序的、有起点和终点的字节集合。

1. 输入流和输出流

输入流（InputStream）用于将程序中需要的数据从键盘或文件中读入。

输出流（OutputStream）用于将程序中产生的数据写到文件中，或在屏幕上显示、在打印机上打印出来。

整个输入输出的过程就是数据流入程序再从程序中流出的过程。由于采用了数据流的概念，在程序设计中我们不必关心系统如何具体实现输入输出，也不必关心输入输出的设备，只需要注意数据流的工作方式。例如，用键盘写入数据与采用写入文件的方式是一样的。

2. 缓冲流

直接向外围设备输出数据或直接从外围设备输入数据，都会降低程序的执行效率。因此在计算机中，通过建立输入输出缓冲区，来提高数据输入输出的效率。即在输出数据时先把数据写入缓冲区，然后在处理器空闲时将缓冲区中的数据再输出到磁盘等外围设备。读入数据时，先从外围设备读入一批数据到缓冲区，程序执行时需要读数据就先从缓冲区取数据，如果需要的数据不在缓冲区，再到外围设备去读取。

Java 中的缓冲流（buffer stream）就是为数据流配的一个缓冲区，即专门用于传送数据的一块内存区域。

8.1.2 Java 的标准输入输出

标准输入输出是指在命令行方式下的输入输出方式。用键盘输入数据是标准输入（stdin），以屏幕为对象的输出是标准输出（stdout），还有以屏幕为对象的标准错误输出（stderr）。

用 java.lang 包中的 System 类实现了标准输入输出功能。它被声明成一个 final 类：

```
public final class System extends Object
```

System 类不能创建对象，但其中定义了三个成员变量：in、out 和 err。它们的作用域在 System 中被声明为 public 和 static，这意味着程序的任何部分都不需要引用指定的 System 对象就可以使用它们。

Java 通过 System.in、System.out 和 System.err 来实现标准输入输出和标准错误输出。

1. System.in

in 是字节输入流 InputStream 类的一个对象，其中由 read() 方法从键盘读入数据：

```
public int read() throws IOException
```

此方法将读入的一个字节作为整数返回,如没有字节,返回 –1。

```
public int read(byte[] b) throws IOException
```

此方法读入若干字节到字节数组 b 中,返回实际读入的字节数。

2. System.out

out 是流 PrintStream 类的一个对象,其中有 print() 和 println() 方法向屏幕输出数据。

```
public void print(输出参数)
public void println(输出参数)
```

这两个方法支持任何类型的数据的输出,println() 方法在输出数据后再输出一个回车符。

3. System.err

与 System.out 一样是 PrintStream 类的一个对象,用于向屏幕输出错误信息。

例 8.1.1 标准输入输出的实例。

```
public class Stdin_out{
  public static void main(String args[]){
    byte buffer[]=new byte[200];      // 创建字节数组
    int i,d=0,count=0;
    System.out.print("Input a string:");
    try{
      count=System.in.read(buffer);   // 读入若干字节到 buffer 数组 count 为读入的字节数
    }
    catch(Exception e){
      System.out.print(e);
    }
    for(i=0;i<=count-1;i++)
      System.out.print((char)buffer[i]); // 将 buffer 数组中的元素转为字符型数据输出
      System.out.println("Input  ten char: ");
      for(i=1;i<=10;i++)
        try{
          d=System.in.read();         // 输入一个字节返回给 d
          System.out.println((char)d); // 将 d 转化为字符型数据输出
        }
        catch(Exception e){
          System.out.print(e);
        }
    }
}
```

当程序执行到 read() 语句时就等待用户从键盘输入数据,当数据输入完毕再执行以后的语句。

System.in.read() 要抛出异常,如果输入出现错误将显示异常信息。

8.1.3 java.io 包中的数据流

在 java.io 数据包中提供了输入输出流,支持两种类型的数据流:字节流(binary stream)和字符流(character stream)。字节流为处理字节的输入输出提供了便利的方法,它在处理文件时也是非常有用的。字符流用于处理字符的输入输出,因为它使用 Unicode 编码,利于程序的国际化,而且在有些情况下字符流比字节流效率更高。在 java.io 包中,字节流和字符流分别由多层类的结构定义,其中 InputStream 和 OutputStream 作为字节输入输出流的超类,Reader 和

Writer 作为字符输入输出流的超类，它们都是抽象类，另外还有文件类 File。

在标准输入时用到的 System.in 对象是 InputStream 类的对象，而 System.out 则是 OutputStream 的子类 PrintStream 的对象。

8.2 字节流

8.2.1 InputStream 和 OutputStream 类

作为面向字节的输入输出流的超类，从这两个类创建的几个类提供了许多用于字节输入输出的方法，包括数据的读取、写入、标记位置、获取数据量以及关闭数据流等。图 8-1 和图 8-2 给出了类 InputStream 和 OutputStream 的层次结构。不要害怕类的数量，只要你会使用其中一个字节流，其他的就可以很快地掌握了。

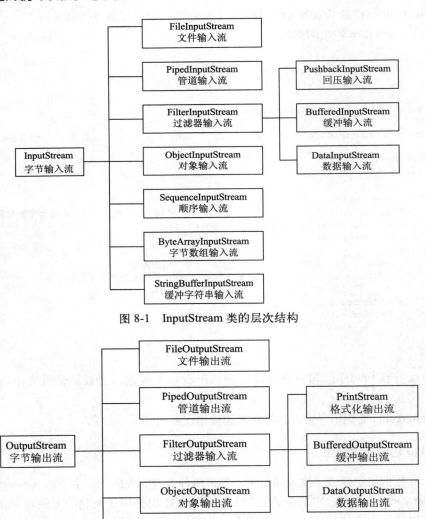

图 8-1　InputStream 类的层次结构

图 8-2　OutputStream 类的层次结构

8.2.2 文件字节流与文件的读写

InputStream 和 OutputStream 类是不能实例化的，实际上我们用的是它们的子类。如文件输入输出流 FileInputStream 和 FileOutputStream。

在 Java 中对文件的读写操作主要有如下步骤：创建文件输入输出流的对象；打开文件；用文件读写方法读写数据；关闭数据流。FileInputStream 和 FileOutputStream 实现了对文件的顺序访问，以字节为单位对文件进行读写操作。

1. 创建文件字节流对象并打开文件

（1）创建 FileInputStream 的对象，打开要读取数据的文件

FileInputStream 的构造方法是：

```
public FileInputStream(String name) throws FileNotFoundException
public FileInputStream(File file) throws FileNotFoundException
```

其中：name 是要打开的文件名，file 是文件类 File 的对象。

如下面语句可以创建文件的输入流对象，并打开要读取数据的文件 c:\javafile\pro1.java：

```
FileInputStream rf=new FileInputStream("c:\\javafile\\pro1.java");
```

如果要打开的文件没找到，抛出 FileNotFoundException。

（2）创建 FileOutputStream 的对象，打开要写入数据的文件

FileOutputStream 的构造方法是：

```
public FileOutputStream(String name) throws FileNotFoundException
public FileOutputStream(String.name,Boolean append) throws FileNotFoundException
public FileOutputStream(File file) throws FileNotFoundException
```

其中：name 是要打开的文件名，file 是文件类 File 的对象。如果 append 的值为 true，则在原文件的尾部添加数据，否则覆盖（重写）原文件内容。如果该文件不存在就创建一个新文件。

如下面语句可以创建文件的输出流对象，并打开要写入数据的文件 c:\javafile\pro2.java：

```
File f=new File("c:\\javafile\\pro2.java");
FileOutputStream wf=new FileOutputStream(f);
```

如果要打开的文件没找到，抛出 FileNotFoundException。

2. 读写文件

用从超类继承的 read() 和 write() 方法对打开的文件进行读写。

（1）用 read() 方法读取文件的数据

```
public int read() throws IOException
```

此方法返回从文件中读取的一个字节。

```
public int read(byte[] b) throws IOException
public int read(byte[] b,int off,int len) throws IOException
```

上面两个方法从文件中读取若干个字节到字节数组 b 中。其中 off 是 b 中的起始位置，len 是读取的最大长度。这两个方法返回读取的字节数。如果 b 的长度为 0，返回 0。

如果输入流已结束，返回 –1。

如果 b 是空（null），抛出运行时异常 NullPointerException。如果 off 或 len 为负数，或 off+len 大于数组的长度，则抛出运行时异常 IndexOutOfBoundsException。

（2）用 write() 方法将数据写入文件

```
public void write(int b) throws IOException
```

此方法向文件写入一个字节，b 是 int 类型，所以将 b 的低 8 位写入。

```
public void write(byte[] b) throws IOException
public void write(byte[] b,int off,int len) throws IOException
```

上面两个方法将字节数组写入文件，其中 off 是 b 中的起始位置，len 是写入的最大长度。

如果 b 是空（null），抛出运行时异常 NullPointerException。如果 off 或 len 为负数，或 off+len 大于数组的长度，则抛出运行时异常 IndexOutOfBoundsException。

3. 文件字节流的关闭

当读写操作完毕时，要关闭输入或输出流，释放相关的系统资源。如果发生 I/O 错误，抛出 IOException 异常。关闭数据流的方法是：

```
public void close() throws IOException
```

例 8.2.1　将磁盘文件读入内存，在屏幕上显示文件内容。

```java
import java.io.*;
public class FileIn{
  public static void main(String args[]){
    try{
      FileInputStream rf=new FileInputStream("d:\\datafile\\file1.txt");
        // 创建文件输入流对象，打开文件
      int b;
      while((b=rf.read( ))!= -1) // 如果输入流未结束，继续读文件
      System.out.print((char)b); // 将读出来的数据转换成字符型数据在屏幕输出
      rf.close();
    }    // 关闭输入流
    catch(IOException ie){
      System.out.println(ie);
    }
    catch(Exception e){
      System.out.println(e);
    }
  }
}
```

运行此程序之前，先按照创建输入流对象的语句中给出的参数，在磁盘上建立文件并输入一些字符。

例 8.2.2　将磁盘文件 file1.txt 复制到磁盘文件 file2.txt。

```java
import java.io.*;
public class FileIn_Out{
  public static void main(String args[]){
    try{
      FileInputStream rf=new FileInputStream("d:\\datafile\\file1.txt");
          // 创建文件输入流对象，打开源文件
      FileOutputStream wf=new FileOutputStream("d:\\datafile\\file2.txt");
          // 创建文件输出流对象，打开目标文件
      byte b[]=new byte[512];
      while((rf.read(b,0,512))!= -1)         // 从源文件中读入若干字节到字节数组 b 中
                                             // 从 0 开始，最多读 512 个
        wf.write(b);                         // 将字节数组 b 中的数据写入目标文件
        rf.close();                          // 关闭输入流
        wf.close();                          // 关闭输出流
```

```
        }
        catch(IOException ie){
          System.out.println(ie);
        }
        catch(Exception e){
          System.out.println(e);
        }
      }
    }
```

8.3 字符流

8.3.1 Reader 和 Writer 类

Reader 和 Writer 类是面向字符输入输出流的超类，在这两个类中有许多以字符为单位的输入输出方法。这两个类也是抽象类。图 8-3 和图 8-4 给出了这两个类的层次结构。

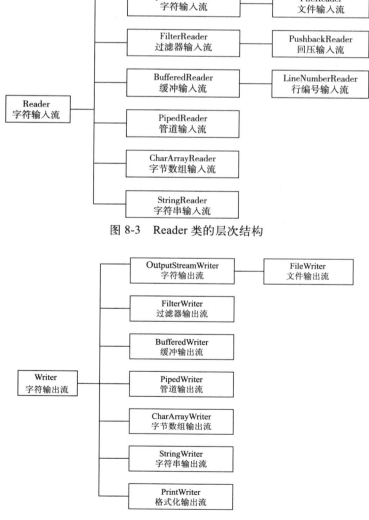

图 8-3　Reader 类的层次结构

图 8-4　Write 类的结构层次图

8.3.2 文件字符流与文件的读写

FileReader 和 FileWriter 类是用于字符流文件的输入和输出，功能和 FileInputStream 和 FileOutputStream 类相似。即先创建对象打开文件，然后用读写方法从文件中读取数据或将数据写入文件，最后关闭数据流。

1. 创建文件字符流对象并打开文件

创建 FileReader 或 FileWriter 对象，打开要读写的文件。FileReader 和 FileWriter 的构造方法如下。

FileReader 的构造方法：

```
public FileReader(String filename)
public FileReader(File file)
```

FileWriter 的构造方法：

```
public FlieWriter(String filename)
public Filewriter(File file)
```

其中：filename 是要打开的文件名，file 是文件类 File 的对象。

2. 文件字符流的读写

用从超类继承的 read() 和 write() 方法可以对打开的文件进行读写。

读取文件数据的方法：

```
int read() throws IOException
```

此方法返回读取的一个字符（用整型表示）。

```
int read(char b[]) throws IOException
int read(char b[],int off,int len) throws IOException
```

上面两个方法读取文件中的数据到数组 b 中，其中 off 为在 b 中的起始位置，len 为要读入的字符数。这两个方法返回实际读入的字符个数。

数据写入文件的方法：

```
void write(char b) throws IOException
void write(char b[]) throws IOException
void write(char b[],int off,int len) throws IOException
```

上面 3 个方法将字符 b 或字符数组 b 写入文件，其中 off 为在 b 中的起始位置，len 为要写入的字符数。

3. 文件字符流的关闭

对文件操作完毕要用 close() 方法关闭数据流。

```
public void close() throws IOException
```

例 8.3.1 从键盘输入一行字符，写入文件 d:\datafile\file3.txt 中。

```
import java.io.*;
public class FilecharOut{
  public static void main(String args[]){
    char c[]=new char[512];
    byte b[]=new byte[512];
    int n,i;
```

```
      try{
        FileWriter wf=new FileWriter("d:\\datafile\\file3.txt");
        //创建文件字符输出流对象,打开文件
        n=System.in.read(b); //用键盘输入一行字符到字节数组b,并返回输入字符的个数
        for(i=0;i<n;i++)      //将字节数组b的元素转换成字符,放入字符数组c
          c[i]=(char)b[i];
        wf.write(c);          //将字符数组写入文件
        wf.close();           //关闭数据流
      }
      catch(IOException e){
        System.out.println(e);
      }
    }
  }
```

8.3.3 字符缓冲流与文件的读写

类 FileReader 和 FileWriter 以字符为单位进行输入输出,传输的效率很低,BufferedReader 和 BufferedWriter 类则以缓冲区方式对数据进行输入输出。

1. BufferedReader 类

类 BufferedReader 用于字符缓冲流的输入,其构造方法如下:

```
public BufferedReader(Reader in)
public BufferedReader(Reader in, int sz)
```

其中:in 为超类 Reader 的对象,sz 为用户设定的缓冲区大小。

在 BufferedReader 类中,除了从超类中继承的方法外,还有:

```
public String readLine() throws IOException
```

用于从文件中读出一行字符。

2. BufferedWriter 类

类 BufferedWriter 用于字符缓冲流的输出,其构造方法如下:

```
public BufferedWriter(Writer out)
public BufferedWriter(Writer out, int sz)
```

其中:out 为超类 Writer 的对象,sz 为用户设定的缓冲区大小。

在 BufferedWriter 类中,方法:

```
public void newLine() throws IOException
```

用于写入一个行分隔符。

例 8.3.2 从文件 d:\datafile\file1.txt 中读出数据,并在屏幕上显示。

```
import java.io.*;
public class FilebufIn{
  public static void main(String args[]){
    String s="";
    try{
      FileReader rf=new FileReader("d:\\datafile\\file1.txt");
            //创建文件字符输入流,打开文件
      BufferedReader brf=new BufferedReader(rf);
            //用文件字符流对象作为参数,创建字符缓冲输入流对象
            //将打开的文件和字符缓冲流联系起来,通过缓冲区读取文件的数据
      String rs;
```

```
      while((rs=brf.readLine())!=null)
        s=s+rs+"\n";          // 通过循环将文件中的字符按行读到字符串对象 rs 中
                              // 如果读出的数据为 null，结束循环
                              // 将读出的串接到字符串对象 s 后面
      brf.close();
    }
    catch(IOException e){
      System.out.println(e);
    }
    System.out.print(s);
  }
}
```

字符缓冲输入输出流的构造方法以超类的对象作为参数，但超类 Reader 或 Writer 是抽象类，不能创建对象。按照子类对象就是超类对象的原则，可用 Reader 或 Writer 类的子类对象作为字符缓冲输入输出流的构造方法的参数。在此例中，因为有读字符文件的操作，所以先创建字符文件输入流的对象 rf，再用 rf 作为参数，创建 BufferedReader 的对象 brf。

8.4 文件类与文件的操作

8.4.1 文件类 File

类 File 提供了对文件的操作，如创建目录、创建临时文件、改变文件名和删除文件等。同时还提供了获取文件信息的方法，如文件名、文件所在的路径和文件的长度等。在 Java 中，目录也是一种特殊的文件。

File 类的构造方法是：

```
public File(String pathname)
public File(File parent,String child)
public File(String parent,String child)
```

其中：child 是文件名，parent 是文件所在的路径名，pathname 是路径名。路径名可以是字符串，也可以是 File 的对象。

下面是 File 类的常用方法。

1. 访问文件对象

```
public String getName()               // 返回文件（对象）名，不含路径信息
public String getPath()               // 返回相对路径名和文件名
public String getAbsolutePath()       // 返回绝对路径名和文件名
public String getParent()             // 返回文件所在的路径名
public File getParentFile()           // 返回文件所在的路径对象
```

2. 获得文件的属性

```
public long length()                  // 返回文件的长度
public Boolean exists()               // 判断文件是否存在
public long lastModified()            // 返回文件的最后修改时间
```

3. 文件操作

```
public Boolean renameTo(File dest)    // 文件重命名
public Boolean delete()               // 删除文件或空目录
```

4. 目录操作

```
public Boolean mkdir()              // 创建目录
public String[] list()               // 列出目录中所有的文件和子目录名
public File[] listFiles()            // 列出目录中所有的文件和子目录对象
```

例 8.4.1 假定在磁盘上已建立了文件 d:\datafile\file1.txt 和目录 d:\data2，以这两个文件（目录）创建 File 类的对象 f 和 d。显示文件和目录的信息。同时创建 File 类的另一个对象 d1，用于在 d:\data2 下面再创建一个目录 data3。

```java
import java.io.*;
import java.util.*;
public class File_ex{                                      // 声明类 File_ex
  void FileInformation(File f){                            // 此方法显示文件的信息
    System.out.println(f.getName());
    System.out.println(f.getAbsolutePath());
    System.out.println(f.getParent());
    System.out.println(f.length());
    System.out.println(new Date(f.lastModified( )));
          // 返回文件最后修改的时间，并用它作为参数
          // 创建 Date 的对象，在屏幕上显示时间和日期
  }
  void DirectoryInformation(File d){                       // 此方法显示目录的信息
    System.out.println(d.getName());
    System.out.println(d.getParent());
    String lt[]=new String[10];
    int i=0;
    lt=d.list();          //list 方法将目录中的文件和子目录名返回给 String 数组 lt
                          //lt 数组的元素就是目录中的文件或子目录名
    while(i<lt.length){   //length 是数组中元素的个数
      System.out.println(lt[i]);   // 在屏幕上显示 lt 数组的每个元素
      i++;
    }
  }
  public static void main(String args[]){
    File f=new File("d:\\datafile","file1.txt");// 用文件名和文件所在的路径创建文件对象
    File d=new File("d:\\data2");             // 创建文件对象，表示一个已存在的目录
    File d1=new File("d:\\data2\\data3");     // 创建一个文件对象，表示一个还没有建立的目录
    File_ex fe=new File_ex();                 // 创建 File_ex 类的对象
    fe.FileInformation(f);                    // 显示文件的信息
    fe.DirectoryInformation(d);               // 显示目录的信息
    d1.mkdir();
  }
}
```

如果创建对象时没给出要创建目录的上级目录，那么用 mkdir() 方法创建的目录默认为当前目录的子目录，否则就是给出上级目录的子目录。

8.4.2 文件过滤器

文件过滤就是对文件名的过滤，即将符合条件的文件选择出来进行操作。Java 中用接口 Filter 和 FilenameFilter 来实现这一功能。

1. Filter 和 FilenameFilter 接口

这两个接口中有 accept() 方法，接口的说明如下：

```java
public interface FilFilter{
  public Boolean accept(File pathname);
}
```

参数 pathname 是要过滤目录中的文件对象。

```
public interface FilenameFilter{
   public Boolean accept(File dir, String name);
}
```

参数 dir 是要过滤的目录，name 是目录中的文件名。

2. 过滤功能的使用

要实现过滤的功能，就要声明一个类实现 Filter 和 FilenameFilter 接口中的方法。这个类可以作为一个过滤器。在使用 File 类的 list() 和 listFiles() 方法时，以一个过滤器对象作为参数，就可实现对文件名的过滤。

```
public String[] list(FilenameFilter filter)
public File[] listFiles(FilenameFilter filter)
public File[] listFlies(Filter filter)
```

在调用 list() 方法时，对原始清单中的每个项目调用 accept() 方法，如果返回 true 则此项目留在清单内，否则从清单内除去。

例 8.4.2 显示 c:\windows 目录下文件名前两个字母为 bl，扩展名为 bmp 文件。即过滤条件为 bl*.bmp。

```
import java.io.*;
class ListFilter implements FilenameFilter{   //声明类 ListFilter，实现 FilenameFilter 接口
   private String pre="",ext="";              //pre 用来表示"*"前的字符子串，ext 用来表示
                                              // 扩展名的字符串
    public ListFilter(String filterstr){ // 构造方法，参数 filterstr 为过滤条件
                       // 在此参数中，取出"*"前面的字符子串和"."后面的字符子串
       int i,j;
       filterstr=filterstr.toLowerCase();
       i=filterstr.indexOf("*");
       j=filterstr.indexOf(".");
       if(i>0)
         pre=filterstr.substring(0,i);
       else if(i==-1)
        if(j>0)
           pre=filterstr.substring(0,j-1);
       if(j>=0)
          ext=filterstr.substring(j+1);

   }
   public boolean accept(File dir,String filename){ //accept()方法，参数 filename
                                           // 是原始清单中的一个文件名
      boolean y=true;
      try{
        filename=filename.toLowerCase();
        y=filename.startsWith(pre)&filename.endsWith(ext);
        // 判断 filename 是否以串 pre 开始，以串 ext 结束
      }
      catch(NullPointerException e){}
      return y;
   }
}
public class Dis_File{
   public static void main(String args[]){
      ListFilter ls=new ListFilter("bl*.bmp");     // 创建过滤器对象
      File f=new File("c:\\windows");              // 创建文件对象（c 盘上的一个目录）
      System.out.println(f.getAbsolutePath());     // 在屏幕显示文件对象的路径信息
```

```
      String str[]=f.list(ls);  // 以过滤器对象为参数，调用文件对象的 list() 方法
                                // 将满足条件的文件名返回给字符串数组
      for(int i=0;i<str.length;i++)
      System.out.println(str[i]);
   }
}
```

8.4.3 文件对话框与文件的操作

第 5 章中我们学习了对话框的相关内容，但没有提及文件对话框和通过文件对话框对文件进行打开和保存的内容，学习了上述 I/O 流之后，我们可以使用文件对话框对文件进行操作。

1. 文件对话框

文件对话框（FileDialog）是对话框（Dialog）的子类，通过 FileDialog 类构造的对象分为打开文件对话框和保存文件对话框两种。这两种对话框均为有模式的对话框，即对话框打开时总在窗口的最前面，如果对话框不关闭的话就不能对其他窗口进行操作。

（1）文件对话框的构造方法

```
public FileDialog(Frame parent)
public FileDialog(Frame parent,String title)
public FileDialog(Frame parent,String title,int mode)
```

其中，参数 parent 指定对话框所依赖的窗口对象，title 是对话框的标题，mode 用于指定打开的对话框类型。当 mode 的取值为 LOAD 时，表示对话框为打开文件对话框，此时文件对话框中有"打开"和"取消"按钮；当 mode 的取值为 SAVE 时，表示对话框为保存文件对话框，此时文件对话框中有"保存"和"取消"按钮。

（2）文件对话框的其他主要方法

```
public String getFile()                        // 获取选择的文件名
public String getDirectory()                   // 获取选择的路径
public FilenameFilter getFilenameFilter()      // 获取文件名过滤器
```

说明：
- 构造的文件对话框默认是不可见的，需要时调用 setVisible(true) 方法显示。
- 当选择"打开"、"取消"或"保存"按钮后，文件对话框将自动消失。
- 文件对话框的事件由系统自动进行处理。
- 只有在对话框中单击了"保存"或"打开"按钮，getFile() 方法才能获得相应的文件名。

文件对话框仅提供了文件操作的界面，要真正实现对文件的操作，必须与 I/O 流相结合。

2. 使用文件对话框对文件进行操作

（1）使用文件对话框打开文件

例 8.4.3 通过窗口中的按钮打开文件对话框，并将文件中的内容显示在窗口中的文本区域内，程序运行界面如图 8-5 和图 8-6 所示。

```
import java.awt.*;
import java.io.*;
import java.awt.event.*;
public class File_Open{
  public static void main(String args[]){
    FileOpen win=new FileOpen();
  }
}
```

```java
class FileOpen extends Frame implements ActionListener{
    FileDialog f_Open;
    Button b;
    TextArea text;
    BufferedReader in;
    FileReader f_reader;
    FileOpen(){
        super("打开文件对话框的窗口");
         b=new Button("打开文件对话框");
        setSize(300,300);
        setVisible(true);
        b.addActionListener(this);
        f_Open=new FileDialog(this,"打开文件对话框",FileDialog.LOAD);
        f_Open.addWindowListener(new WindowAdapter(){
           public void windowClosing(WindowEvent e){
              f_Open.setVisible(false);
           }
        });
        addWindowListener(new WindowAdapter(){
           public void windowClosing(WindowEvent e){
              System.exit(0);
           }
        });
        text=new TextArea(10,10);
        add(b,BorderLayout.NORTH);
        add(text,BorderLayout.CENTER);
        validate();
   }
   public void actionPerformed(ActionEvent e){
      f_Open.setVisible(true);
      text.setText(null);
      String s;
      if(f_Open.getFile()!=null){
         try{
             File file=new File(f_Open.getDirectory(),f_Open.getFile());
             f_reader=new FileReader(file);
             in=new BufferedReader(f_reader);
             while((s=in.readLine())!=null)
                text.append(s+'\n');
             in.close();
             f_reader.close();
         }
         catch(IOException e2){}
      }
   }
}
```

图 8-5　打开文件对话框窗口

Java 的输入输出流

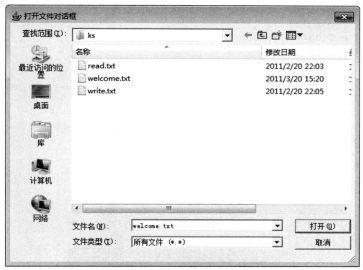

图 8-6 打开文件对话框

(2) 使用文件对话框保存文件

例 8.4.4 通过窗口中的按钮打开保存文件对话框，并将窗口中文本区域内的内容写入到指定的文件中，程序运行界面如图 8-7 和图 8-8 所示。

```
import java.awt.*;
import java.io.*;
import java.awt.event.*;
public class Lx1{
  public static void main(String args[]){
    FileSave win=new FileSave();
  }
}
class FileSave extends Frame implements ActionListener{
   FileDialog f_Save;
   Button b;
   TextArea text;
   BufferedWriter out;
   FileWriter f_writer;
   FileSave(){
      super("打开保存文件对话框的窗口");
        b=new Button("保存文件对话框");
      setSize(300,300);
      setVisible(true);
      b.addActionListener(this);
      f_Save=new FileDialog(this,"保存文件对话框",FileDialog.SAVE);
      f_Save.addWindowListener(new WindowAdapter(){
         public void windowClosing(WindowEvent e){
            f_Save.setVisible(false);
         }
      });
      addWindowListener(new WindowAdapter(){
         public void windowClosing(WindowEvent e){
            System.exit(0);
         }
      });
      text=new TextArea(10,10);
      add(b,BorderLayout.NORTH);
      add(text,BorderLayout.CENTER);
```

```
      validate();
   }
   public void actionPerformed(ActionEvent e){
      f_Save.setVisible(true);
      if(f_Save.getFile()!=null){
         try{
             File file=new File(f_Save.getDirectory(),f_Save.getFile());
             f_writer=new FileWriter(file);
             out=new BufferedWriter(f_writer);
             out.write(text.getText(),0,(text.getText()).length());
             out.flush();
             out.close();
             f_writer.close();
         }
         catch(IOException e2){}
      }
   }
}
```

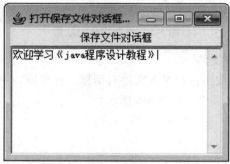

图 8-7　打开保存文件对话框窗口

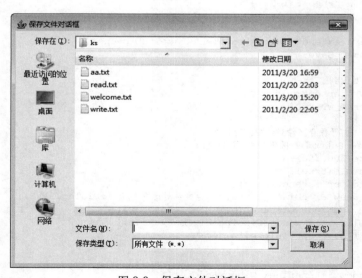

图 8-8　保存文件对话框

以上两个例子的界面操作都是通过单击窗口中的按钮来打开文件对话框，如果将两个程序稍作修改，加入菜单并进行合并，就可成为实际应用中常见的通过单击菜单命令方式操作文件对话框的程序。

8.5 文件的随机读写

8.5.1 RandomAccessFile 类

前面我们讲到对文件的访问都是顺序进行的，即从头到尾依次读出数据或写入数据，而且对一个文件不能同时进行读和写。

而另一种访问文件的方式是在文件的任意位置读或写数据，而且可以同时进行读和写的操作。这就是 RandomAccessFile 类提供的对文件随机访问方式。

RandomAccessFile 类直接继承了类 Object，并实现了接口 DataInput 和 DataOutput。RandomAccessFile 类不是数据流。

8.5.2 RandomAccessFile 的构造方法

```
public RandomAccessFile(File file,String mode) throws FileNotfoundException
public RandomAccessFile(String name,String mode) throws FileNotfoundException
```

其中，file 和 name 是文件对象和文件名字符串。mode 是对访问方式的设定：r 表示读，w 表示写，rw 表示读写。

8.5.3 RandomAccessFile 的方法

```
public long length() throws IOException            // 返回文件的长度
public void seek(long pos) throws IOException      // 改变文件指针的位置
public final int readInt() throws IOException      // 读一个整型数据
public final void writeInt(int v) throws IOException  // 写入一个整型数据
public long getFilePointer() throws IOException    // 返回文件指针的位置
public void close() throws IOException             // 关闭文件
```

当上面的方法在执行时出错，将抛出 IOException 异常。当读到文件尾时，抛出 EOFException 异常。

例 8.5.1 产生 10 个随机整数（1 ~ 100），每产生一个随机整数就写到文件中，要求文件中的数据按从小到大的顺序排列。

```
import java.io.*;
public class RandomAcc{
  private int d;
  public void creat(RandomAccessFile rwf){//此方法产生10个随机数写到
                                          // 文件并按从小到大的顺序排列
    int i,j,k,t;
    try{
        rwf.seek(0);
        for(i=1;i<=10;i++){
            d=(int)(Math.random()*100)+1;// 产生一个1~100之间的整数
            if(i==1)              // 如果是第一个产生的整数，直接写入文件
              rwf.writeInt(d);
            else{
              if(d>rwf.readInt()){// 新产生的数据大于文件中最后一个数据
                rwf.seek((i-1)*4); // 文件指针移到最后一个数据后面
                rwf.writeInt(d);
              } // 新数据写入文件
              else{
                for(j=1;j<=i-1;j++){ // 此循环从文件头开始，寻找新数据插入的位置
                  rwf.seek((j-1)*4);
                  if(d<rwf.readInt())break; // 找到插入的位置，中止循环，
```

```
                    }
                for(k=i-1;k>=j;k--){      // 此循环从文件最后一个数据开始，
                                          // 到第j个数据为止，将数据向后移
                    rwf.seek((k-1)*4);
                     t=rwf.readInt();
                    rwf.seek(k*4);
                    rwf.writeInt(t);}
                    rwf.seek((j-1)*4);    // 文件指针指向第j个数据的位置
                    rwf.writeInt(d);      // 将新数据写入
                }
            }
            rwf.seek((i-1)*4);   // 文件指针移向文件的最后一个数据
        }
    }
    catch(EOFException e){}
    catch(IOException e){}
}
public void showdata(RandomAccessFile rwf){   // 此方法在屏幕上显示文件中的数据
    int i=0,d=0;
    try{
        rwf.seek(i*4); // 文件指针指向第一个数据
        while(true){ // 进入循环
            d=rwf.readInt(); // 读出数据
            System.out.print(d+",");// 在屏幕显示
            i++;
            rwf.seek(i*4); // 文件指针后移
        }
    }
    catch(EOFException e){} // 捕获指针指向文件尾的异常
    catch(IOException e){}
}
public static void main(String args[]){
    try{
        RandomAcc ra=new RandomAcc();
        RandomAccessFile rwf=new RandomAccessFile("d:\\datafile\\file3.dat","rw");
        ra.creat(rwf);
        ra.showdata(rwf);
        rwf.close();
    }
    catch(FileNotFoundException e){}
    catch(IOException e){}
}
}
```

此例实际上是一个插入排序的问题，因为直接对文件进行操作，所以用 seek() 方法移动文件的指针。文件中的数据要用 readInt() 方法读出，与产生的随机数比较。同时又要移动文件上的数据，让新产生的数据插进去，所以除了用读数据的方法，还要用写数据的方法 writeInt()。文件用 "rw" 方式打开。

8.6 DataInputStream 和 DataOutputStream 与文件的操作

8.6.1 数据流 DataInputStream 和 DataOutputStream 类

前面介绍的数据流类只能通过字节或字符方式对数据进行操作，本节介绍的两个数据流类 DataInputStream 和 DataOutputStream，分别继承了 InputStream 和 OutputStream 类，同时分别实现了 DataInput 和 DataOutput 接口。这里的 Data 是指 Java 的基本数据类型（包括 byte、int、char、long、float、double、boolean 和 short）和 String。DataInputStream 和 DataOutputStream 类

提供了对 Java 基本数据类型和 String 类型数据的操作，这两个流很有用，通过这两个流读写数据时就可以无须关心被读写数据的字节数，也不需要进行数据类型转换。

1. 构造方法

`public DataInputStream(InputStream in)`

创建一个由参数 in 指定的数据输入流。

`public DataOutputStream(OutputStream out)`

创建一个由参数 out 指定的数据输出流。

2. 其他方法

数据流类中的数据操作方法为 readXXX() 和 writeXXX()，其中 XXX 代表基本数据类型或者 String，如表 8-1 所示。

表 8-1 数据流类的部分方法

DataInputStream 的方法	简单描述	DataOutputStream 的方法	简单描述
boolean readBoolean()	读取一个布尔值	Void witeBoolean (boolean)	写入一个布尔值
byte readByte()	读取一个字节	void writeByte(byte)	写入一个字节
double readDouble()	读取一个双精度值	void writeDouble(double)	写入一个双精度值
float readFloat()	读取一个单精度值	void writeFloat(float)	写入一个单精度值
int readInt()	读取一个整型值	void writeInt(int)	写入一个整型值
long readLong()	读取一个长整型值	void writeLong(long)	写入一个长整型值
short readShort()	读取一个短整型值	void writeShort(short)	写入一个短整型值
String readUTF()	读取一个 UTF 字符串	void writeUTF(String str)	写入一个 UTF 字符串
char readChar()	读取一个字符	void writeChar(char)	写入一个字符

8.6.2 使用 DataInputStream 和 DataOutputStream 类对文件操作

例 8.6.1 下面通过示例演示数据流的使用方法。

```java
import java.io.*;
public class Test8_6{
  public static void main(String arg[]){
    try{
     int i=0;
     // 添加方式创建文件输出流并写入学号和姓名
       FileOutputStream fout = new FileOutputStream(" 学生数据 .dat",true);
       DataOutputStream dout = new DataOutputStream(fout);
       dout.writeInt(++i);
       dout.writeChars(" 张伟国 "+"\n");
       dout.writeInt(++i);
       dout.writeChars(" 李志平 "+"\n");
       dout.close();
    }
    catch (IOException e1){}
    try{
       FileInputStream fin = new FileInputStream(" 学生数据 .dat");
       DataInputStream din = new DataInputStream(fin);
       int i = din.readInt();
       while (i!=-1){
```

```
            String name="";
            char ch ;
            System.out.print(i+"   ");
            while ((ch=din.readChar())!='\n')
               name=name+ch;
            System.out.println(name);
            i = din.readInt();
         }
         din.close();
      }
      catch (IOException e2){}
   }
}
```

程序运行结果如图 8-9 所示。

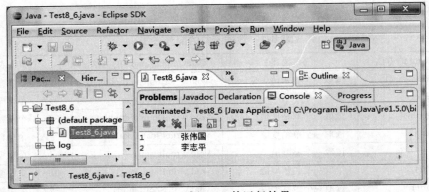

图 8-9　例 8.6.1 的运行结果

8.7　本章概要

1. 输入输出流的概念。
2. 标准输入输出的定义和读写。
3. 字节流的层次结构定义及对文件的读写。
4. 字符流的层次结构定义及对文件的读写。
5. 文件类、文件对话框与文件的操作。
6. 文件的随机读写方法。
7. DataInputStream 和 DataOutputStream 与文件的操作。

8.8　思考练习

一、思考题

1. 有哪些输入输出流与文件读写有关？
2. 简述缓冲流在数据输入输出中的作用。
3. 当到达文件末尾时，read() 返回什么？

二、填空题

1. System.err 方法的作用是_____。
2. 对文件进行读写操作完毕后，要_____释放系统资源。

3. 类 BufferedReader 用于字符缓冲输入,其构造方法:
public BufferedReader(Reader in,int sz) 中的参数 sz 表示_____。

4. 字符文件流的读写时,用 read() 方法可以对打开的文件进行读入,int read(char b[ ]) throws IOException 这个方法的返回值是_____。

5. 在 RandomAccessFile 类中,方法_____能获得文件指针的位置。

第 9 章 Java 的网络应用

Java 从诞生时就与网络紧密联系在一起，而且 Java 的发展也离不开网络的发展。因此学习 Java 程序设计的一个重要部分就是要学习 Java 在网络中的应用。通过本章的学习你将对 Java 的网络应用有一定的了解，并将掌握以下内容：
- 使用 URL 类访问 Internet。
- 应用套接字实现网络通信。
- Java 的网络安全特性和安全基本原则。

9.1 网络的基本概念

计算机网络实现多个计算机相互连接，彼此之间进行数据交换。如同在城市中一定要为道路通行制定交通规则一样，计算机网络也需要相应的规则——计算机网络协议。网络协议规定了计算机之间连接的机械（网线与网卡的连接规则）、电气（有效的电平范围）等特性以及计算机之间的相互寻址规则、数据发生冲突的解决、长的数据分段传送与接收的方式等。与不同的城市可能有不同的交通规则一样，目前的网络协议也有多种，其中 TCP/IP 协议就是一个非常有用的网络协议，它是 Internet 所遵循的协议，是一个"既成事实"的标准，并且广泛应用在大多数的操作系统上，也应用于大多数局域网和广域网上。下面我们就来简单介绍一下计算机网络方面的基础知识。

9.1.1 IP 地址和端口号

要让网络中的计算机能够互相通信，必须为每一台计算机制定一个标识号，通过这个标识号来识别要接收数据的计算机和发送数据的计算机，在 TCP/IP 协议中，这个标识号就是 IP 地址。目前 IP 地址在计算机中用 4 个字节，也就是 32 位的二进制数来表示。为了方便记忆和使用，我们通常采用以十进制数表示每个字节，并且每个字节之间用圆点隔开的格式来表示 IP 地址，如 202.120.144.59。

由于人们习惯使用字母表示的名字，所以表示网络中的计算机还可以用大家所熟悉的 DNS（域名服务）形式表示。例如，Oracle 公司的域名是 www.oracle.com.。域名是由"."分割的几个子域组成的。但是每次使用这种域名地址时，系统都会自动地将其转换成数字形式的 IP 地址后才能使用。在网络中，IP 地址是唯一的，一个域名对应一个 IP 地址，而一个 IP 地址可以有多个域名对应。

因为一台计算机上可以同时运行多个网络程序，IP 地址只能保证把数据送到该计算机，但不能保证把这些数据交给对应的网络应用程序，因此，每个被发送的网络数据包的头部都包含一个称为"端口"的部分，它是一个整数，用于表示该数据包应交给接收数据的那个网络应用程序。因此我们必须为网络程序制定一个端口号，不同的网络应用程序接收不同端口上的数据，同一台计算机不能运行两个使用同一端口号的网络应用程序。端口数范围为 0～65 535 之间。0～1023 之间的端口数是给一些知名的网络服务和应用使用的，例如，21 用于 FTP 服务，23 用于 Telnet 服务，80 用于 HTTP 服务。用户的网络应用程序应该使用 1024 以上的端口数，从而避免端口号已被另一个应用或系统服务所用。如果一个网络程序指定了自己所用的端口号为 1234，那么其他网络程序发送给这个网络程序的数据包中必须指明接收程序的端口号为 1234，当数据到达网络程序所在的计算机后，驱动程序根据数据包中的端口号 1234，就知道将这个数据包交给这个网络程序。

9.1.2　URL

互联网是连接全球计算机的网络，人们通过它来获取所需要的信息资源。这些资源的集合就是 World Wide Web，通常也称为 Web 或 WWW。它按人们的需求提供信息。资源的范围包括文件、数据库的查询等。为了提供资源的标准识别方式，由欧洲粒子物理研究室（CERN）的物理学家 Tim Berners-Lee 设计了一个定位所有网络资源的标准方法。URL 就是其中一部分。

URL（Uniform Resource Locator）是统一资源定位器的简称。它提供了互联网上资源的统一标识，也就是资源的地址。使用过浏览器的人一般都用过 URL。由浏览器解析给定的 URL，从而在网络中找出对应的文件或资源。

URL 的一般格式为：

协议 ：资源地址

URL 由两部分组成：协议部分和资源地址部分，中间用冒号分隔。协议部分表示获取资源所使用的传输协议，如 HTTP、FTP、Telnet 和 Gopher。

按照这种格式：mailto:dwb@netspace.org 表示发一封电子邮件到地址为 netspace.org 机器上的"dwb"邮箱中；ftp://dwb@netspace.org 表示与 netspace.org 的 FTP 服务器连接并且使用 dwb 帐号登录。

资源地址部分应该是资源的完整地址，包括主机名、端口号、文件名等。资源地址的一般格式如下：

```
host:port/file-info
```

host 是网络中计算机的域名或 IP 地址，port 是该计算机中用于监听服务的端口号。因为大部分应用程序协议定义了标准端口，除非使用的是非标准端口，所以 port 和用于将 host 和 port 分开的冒号"："是可以省略的。file-info 就是网络所要求的资源。通常是一个文件，并包含文件存放的路径。

下面是几个 URL 的例子：

```
http://202.120.144.2
http://www.dhu.edu.cn/xxcol/index.htm
http://www.dhu.edu.cn:100/bmxx/bumenxx.htm
```

9.1.3　TCP 与 UDP

在 TCP/IP 协议中，有两个高级协议是网络应用程序编写者应该了解的，它们是"传输控制协议"（Transmission Control Protocol，简称 TCP）和"用户数据报协议"（User Datagram Protocol，简称 UDP）。

TCP 是面向连接的通信协议，它提供两台计算机之间的可靠无差错的数据传输。应用程序利用 TCP 进行通信时，源和目标计算机会建立一个虚拟连接。这个连接一旦建立，两台计算机之间就可以进行双向交流数据。就如同我们打电话，互相能听到对方的说话，也知道对方的回应是什么。

UDP 是无连接通信协议，UDP 不保证数据的可靠传输，但能够向若干个目标发送数据，接收发自若干个源计算机的数据。简单地说，如果一个主机向另外一台主机发送数据，这一数据就会立即发出，而不管另外一台主机是否已准备接收数据。如果另外一台主机收到了数据，它不会确认收到与否。就像传呼台给用户发信息一样，传呼台并不知道用户是否能收到信息。

TCP、UDP 数据包（也叫数据帧）的基本格式如图 9-1 所示。

| 协议类型 | 源 IP | 目标 IP | 源端口 | 目标端口 | 帧序号 | 帧数据 |

图 9-1 TCP、UDP 的数据帧格式图例

其中"协议类型"用于区分 TCP 和 UDP。

9.1.4 Socket

Socket，有人也称其为套接字，我们不用从字面上去理解它，它只不过是一个事物或概念的代名词，只要理解了该事物或概念本身，就自然理解了它的实际意义。同理 Socket 是网络驱动层提供给应用程序编程的接口和一种机制，我们先掌握和理解了这个机制，自然明白了什么是 Socket。

我们可以把 Socket 看作是应用程序创建的一个港口码头，发送方的应用程序只要把装着货物的集装箱（在程序中就是要通过网络发送的数据）放到港口码头上，就算完成了货物的运送，剩下的工作就由货运公司来处理了（在计算机中由驱动程序来充当运货公司）。接收方的应用程序也要创建一个港口码头，然后就一直等待货物到达该码头，然后取走货物（发给该应用程序的数据）。

Socket 在应用程序中创建，通过一种绑定机制与驱动程序建立关系，说明自己所对应的 IP 和 port。此后，应用程序送给 Socket 的数据，由 Socket 交给驱动程序向网络发送出去。计算机从网络上收到与该 Socket 绑定的 IP 和 port 相关的数据后，由驱动程序交给目的 Socket，应用程序便可以从该 Socket 中提取收到的数据。网络应用程序就是这样通过 Socket 进行数据的发送与接收的。

Java 为 UDP 和 TCP 两种通信协议提供了相应的编程类，这些类存放在 java.net 包中，与 UDP 对应的是 DatagramSocket，与 TCP 对应的是 ServerSocket（用于服务器端）和 Socket（用于客户端）。本章仅对 TCP 的相关内容进行讨论，若读者有兴趣的话，可参照有关资料进一步学习。

更确切地说，网络通信不是两台计算机之间在收发数据，而是两个网络程序之间在收发数据，我们也可以在一台计算机上进行两个网络程序之间的通信，但是这两个程序要使用不同的端口号。

9.2 URL 的使用

Java 提供的基本网络功能包含在 java.net 软件包中。在本节中通过学习其中的 URL 类及相应的类实现与 Internet 的连接和访问。

9.2.1 使用 URL 的方法

URL 类使用的是 World Wide Web 上资源的标准地址格式。一个 URL 类似于一个文件名，

它给出了可以获取信息的位置。按照以下步骤应用 URL 类访问 Internet。

1. 应用 URL 类构造方法创建 URL 对象

创建一个 URL 对象可以使用以下几种构造方法：

```
1) public URL(String fullURL)
2) public URL(String protocol, String hostname, String filename)
3) public URL(String protocol, String hostname, int portNumber, String filename)
4) public URL(URL contextURL, String spec)
```

第一种构造方法使用一个代表完整 URL 的字符串创建 URL 对象。例如：

```
URL queHomePage=new URL("http://www.quecorp.com");
```

第二、三种方法通过给出协议、主机名、文件名及一个可选择的端口号来创建一个 URL 对象。例如，queHomePage 对象的创建可用如下方法实现：

```
URL queHomePage=new URL("http","www.quecorp.com","que");
```

或：

```
URL queHomePage=new URL("http","www.quecorp.com",80,"que");    //80 是默认的 http 端口
```

如果用户已经建立了一个 URL，并且想基于已有的 URL 的某些信息创建一个新的 URL，可使用第四种构造方法创建 URL 对象。假设我们在存放小应用程序的 .html 文件的同一目录下，存放了一个称为 myfile.txt 的文件，则 Applet 可按如下方式为 myfile.txt 创建一个 URL：

```
URL myfileURL=new URL(getDocumentBase(),"myfile.txt");
```

如果我们将 myfile.txt 文件存放在小应用程序的 class 文件所在的目录下（可以是也可以不是 .html 文件所在目录），Applet 将按如下方式为 myfile.txt 创建一个 URL：

```
URL myfileURL=new URL(getCodeBase(),"myfile.txt");
```

这种方法常用于小应用程序中，因为 Applet 类为小应用程序的 .class 文件所驻留的目录返回一个 URL。我们可以得到关于存放小应用程序文档的目录的一个 URL。

URL 类的构造方法都要声明抛弃非运行时异常 MalformedURLException，因此创建 URL 对象时的格式如下：

```
Try {
    URL  url = new URL（…）;
    ...
} catch (MalformedURLException e){
    ...         //异常处理代码
}
```

2. 获取 URL 对象的信息

URL 对象的信息包括对象本身的属性，如协议名、主机名、端口号、文件名等。下面是获取有关属性的方法：

```
1) public String GetProtocol()     // 返回该 URL 对象的协议名
2) public String GetHost()         // 返回该 URL 对象的主机名
3) public String GetPort()         // 返回该 URL 对象的端口号
4) public String GetFile()         // 返回该 URL 对象的文件名
5) public String GetRef()          // 返回该 URL 对象在文件中的引用标签。这是 HTML 页面的可选索
                                      引项，它在文件名之后，以一个 # 号开始
```

6) public String toString()   // 获取代表 URL 对象的字符串

除了可以获取 URL 对象的属性外,还可以使用以下两种方法获取存放在 URL 对象上的信息:

1)使用 openConnection 得到一个与 URL 的 URLConnection 连接。

通过 URL 类中的 openConnection 方法生成 URLConnection 类的对象,然后由 URLConnection 类提供的 getInputStream() 方法获取网络信息。下面是有关方法的定义:

public URLConnection openConnection() throws IOException

该方法返回 URL 对象指定的一个远程对象的连接,它是一个 URLConnection 对象。

public InputStream getInputStream()

该方法返回一个 InputStream 类的对象。

2)使用 openStream() 方法得到一个到 URL 的 InputStream 流。

应用 URL 类的 openStream() 方法可以与指定的 URL 建立连接并从中获取信息。其方法的定义如下:

public final InputStream openStream() throws IOException

下面的代码段打开一个 URL 输入流并使用一次读一个字节的方式,将一个 URL 的内容复制到 System.out 流:

```
try {
    URL myURL=new URL(getDocumentBase(),"foo.html");
    InputStream in=myURL.openStream();          // 为 URL 获得输入流
    int b;
    while((b=in.read())!=-1) {                  // 读取下一个字节
      System.out.print((char)b);                // 输出读取的字节
    }
} catch(Exception e){
  e.printStackTrace();                          // 出现某种错误
}
```

9.2.2 应用举例

例 9.2.1 用 URL 获取文本和图像。

利用 URL 可以方便地获取文本和图像,文本数据源可以是网上或者本机上的任何文本文件,只要文本文件的地址表示符合 URL 的标准表示法。如果要利用 URL 来获取图像数据,则不能使用 openStream() 方法,而是要用 getImage(URL) 方法(关于图像文件的获取和显示可以参考第 10 章的有关内容)。这个方法会立即生成一个 Image 对象,并且返回程序对象的引用,但这并不意味着图像文件的数据已经读到内存之中,而是系统在此时产生了另一个线程去读取图像文件的数据,因此就可能存在程序已经执行到了 getImage() 后面的语句部分,而系统还在读取图像文件数据的情形。下面是一个利用 URL 来获取文本文件(.txt)和图像文件(.jpeg、.gif)的例子。

```
import java.net.*;
import java.awt.*;
import java.awt.event.*;
import java.applet.*;
import java.io.*;
public class URL_txtImg extends Applet implements ActionListener {
```

```java
    Button imageDisp,textDisp;
    boolean drawImage=false;
    int i=0;
    String line_str;
    boolean first=true;
    Font font;

    public void init(){
       imageDisp=new Button(" 图像 ");
       textDisp=new Button(" 文本 ");
       add(imageDisp);
       add(textDisp);
       imageDisp.addActionListener(this);
       textDisp.addActionListener(this);

        setBackground(Color.white);        // 设置背景颜色和文本的字体
        font=new Font("System",Font.BOLD,20);

    }

    public void actionPerformed(ActionEvent e){
        if(e.getSource()==imageDisp) {
          drawImage=true;
          doDrawImage();
        }
        else{
          drawImage=false;
          first=true;
          doWrite("LoadImg.txt");
        }
    }

    public void paint(Graphics g) {
      if(drawImage) {
        try{
            //生成一个URL对象，它指向本机上的一个类型为.gif的图像文件
            URL image_URL=new URL(getDocumentBase(),"javalogo.gif");
            Toolkit object_Toolkit=Toolkit.getDefaultToolkit();
            Image object_Image=object_Toolkit.getImage(image_URL);
            g.drawImage(object_Image,50,50,this);
        }catch(MalformedURLException e){}
      }
      else{
        if(first) {
           first=false;
           g.setColor(Color.white);
           g.fillRect(0,0,400,300);
           g.setFont(font);
        }
        if(line_str!=null)
           g.drawString(line_str,10,i*20);
        i++;
      }
    }

    private void doDrawImage(){          // 画图像函数
       repaint();
    }

    private void doWrite(String url_str){   // 写文本函数
       try{
```

```
     // 用参数 url_str 创建一个 URL 对象。它指向本机上的一个文本文件
     URL url=new URL(getDocumentBase(),url_str);
     // 通过 URL 对象的 openConnection() 方法产生 URLConnection 类的对象
     URLConnection connection=url.openConnection();
     // 通过 URLConnection 对象的 getInputStream() 方法产生 InputStream 对象
     InputStream inputstream= connection.getInputStream();
     // 由 inputstream 产生 InputStreamReader 类对象 file
     InputStreamReader file=new InputStreamReader(inputstream);
     BufferedReader in=new BufferedReader(file);
     try{
       i=1;
       line_str=in.readLine();
       while(line_str!=null) {
         paint(getGraphics());
         line_str=in.readLine();
       }
     } catch(IOException e){}
      in.close();                              // 关闭输入流
    } catch(MalformedURLException e1){System.out.println(e1);}
      catch(IOException e2){System.out.println(e2);}
  }
}
```

该例采用了按钮来选择想要获取的内容。程序执行结果显示如图 9-2 所示。

图 9-2 例 9.2.1 运行结果

例 9.2.2 用 URL 获取网上 HTML 文件。

这个例子是应用 URL 获取网络上的 HTML 文件的内容。程序代码如下：

```
import java.net.*;
import java.io.*;
public class UrlHtml{
  public static void main(String args[]){
    try{
      // 根据参数 args[0] 生成一个绝对的 URL 对象
      URL url=new URL(args[0]);
      // 用 URL 对象的 openStream() 方法获得 InputStream 对象
      InputStream inputstream=url.openStream();
      // 通过 inputstream 新建 InputStreamReader 类的对象
      InputStreamReader file=new InputStreamReader(inputstream);
      // 新建 BufferedReader 类的对象 in
```

```
            BufferedReader in=new BufferedReader(file);
            String inputLine;
            // 按行读入 URL 对象指定的 HTML 文件内容
            while((inputLine=in.readLine())!=null) {
                // 将数据信息显示到系统标准输出上
                System.out.println(inputLine);
            }
            in.close();    // 关闭输入流
        }
        catch(MalformedURLException me){}
        catch(IOException ioe){}
    }
}
```

这个例子通过生成一个指向网络上一个特定资源的 URL，用 openStream() 方法打开其输入流，从而读取指定资源的 HTML 文件。在 Eclipse 开发环境下运行该程序时需要输入 http://www.cctv.com 参数，此时可以在打开"Run As"菜单项中选择"Run Configurations…"命令项，打开对应对话框后，在"(x)=Arguments"选页的"Program arguments"框中输入相应的参数。然后单击"Run"按钮运行程序。程序运行结果如图 9-3 所示。

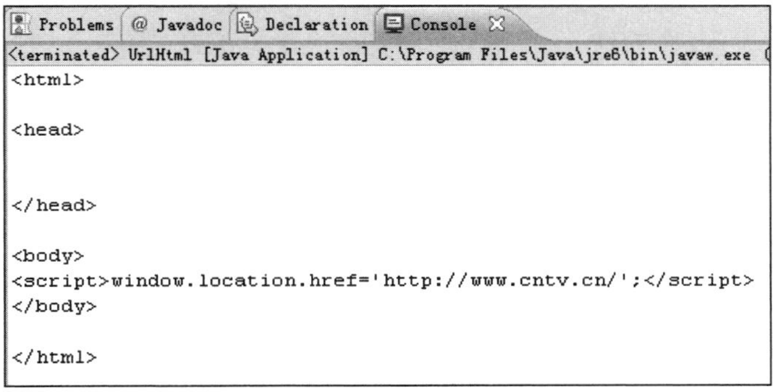

图 9-3　例 9.2.2 执行的结果

例 9.2.3　用 URL 获取 WWW 资源。

在上例中，虽然可以非常方便地抓取网上资源的 HTML 文件，但是看到的仅仅是 HTML 文件本身的内容。实际上在许多应用中，还需要获得 Web 主页，或者到网络上的一个 FTP 服务器上下载文件。下面这个例子就可以实现这些功能。

```
import java.io.*;
import java.net.*;
public class URL_FTP{
    public static void main(String args[]){
        byte data=0;
        URL obj1;
        File obj2;
        DataInputStream inf=null;
        FileOutputStream outf=null;
        if(args.length!=2) {
            System.out.println("Download file!");
            System.out.println("Usage:java URL_FTP file file2");
            return;
        }
        try{
            // 根据参数 args[0] 构造一个绝对的 URL 对象
            obj1=new URL(args[0]);
```

```java
    }
    catch(MalformedURLException e) {
      System.out.println("Open URL"+args[0]+"Error");
      return;
    }
    //根据参数args[1]构造一个File实体对象(文件)
    obj2=new File(args[1]);
    //显示输入文件的有关描述
    System.out.println("Input File Description:");
    System.out.println("\tProtocol:"+obj1.getProtocol());
    System.out.println("\tHost    :"+obj1.getHost());
    System.out.println("\tPort    :"+obj1.getPort());
    System.out.println("\tFile    :"+obj1.getFile());
    System.out.println("\ttoString:"+obj1.toString());
    String s=obj2.getName();      //得到输入文件的文件名字
    System.out.println(s);
    try{
      //用URL类的对象obj1创建一个输入流inf
      inf=new DataInputStream(obj1.openStream());
    }
    catch(FileNotFoundException e) {
      System.out.println("file not found!");
    }
    catch(IOException e) {
      System.out.println("io error");
    }
    try{
      //用File的对象obj2创建文件输出流outf
      outf=new FileOutputStream(obj2);
    }
    catch(FileNotFoundException e) {
      System.out.println("file2 not found!");
    }
    catch(IOException e) {
      System.out.println("Open Data Stream Error");
      return;
    }
    try{
      do{
        //由输入流inf读取数据到data变量
        data=(byte)inf.readByte();
        //输出data变量到文件
        outf.write(data);
        //循环直至输入数据全部完成
      }while(true);
    }
    catch(EOFException e) {
      //一旦输出了所有数据，提示文件已下载完毕
      System.out.println("File Download Complete");
    }
    catch(IOException e) {
      System.out.println("File Download Error");
      return;
    }
    try{
      inf.close();      //关闭输入流
    }
    catch(IOException e){}
  }
}
```

这个例子实际上实现了一个简单的复制功能。在这个复制过程中，源文件是网络上的某一资源，比如一台主机的 WWW 服务器或者 FTP 服务器的主页，目标文件是下载到本机上的文件。当这个程序执行成功时，本机上就得到了一个下载文件。打开这个文件，就得到了我们想要的 WWW 或 FTP 内容。参照例 9.2.2，在"Program arguments"框中输入两个参数"http://www.google.com d:/file1"并运行程序，在 Console 界面中就可以看到如图 9-4 所示的信息。注意在输入参数时，参数之间用空格分隔。

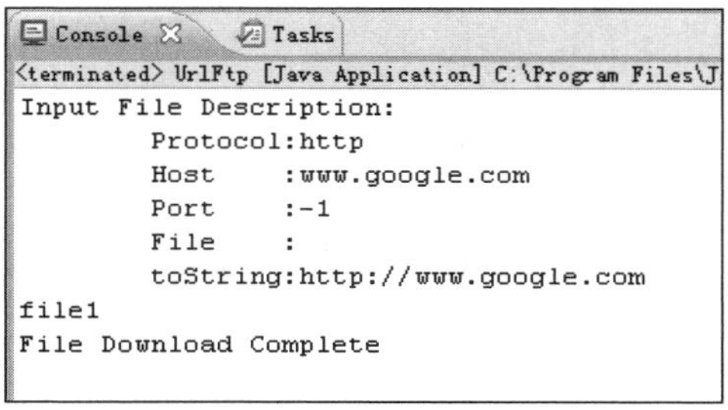

```
Console   Tasks
<terminated> UrlFtp [Java Application] C:\Program Files\J
Input File Description:
        Protocol:http
        Host    :www.google.com
        Port    :-1
        File    :
        toString:http://www.google.com
file1
File Download Complete
```

图 9-4　例 9.2.3 选择参数后执行的界面结果（一）

这时打开 d 盘上的 file1 文件，选择恰当的应用程序如浏览器、记事本等就可以打开这个文件查看所下载的内容。

如果在"Program arguments"框中重新输入两个参数，如"ftp://ftp.pku.edu.cn d:/file2"并运行程序，就可以看到如图 9-5 所示的信息。同样选择合适的应用程序就可以打开 d 盘上的 file2 文件，查看对应文件服务器上所下载的内容。在访问文件服务器时要注意该服务器是否可访问，有的部门只允许局域网内访问，在网外就不能进行访问了。

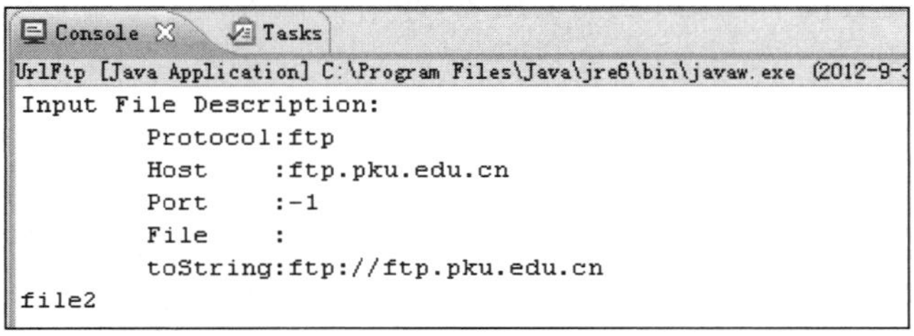

```
Console   Tasks
UrlFtp [Java Application] C:\Program Files\Java\jre6\bin\javaw.exe (2012-9-
Input File Description:
        Protocol:ftp
        Host    :ftp.pku.edu.cn
        Port    :-1
        File    :
        toString:ftp://ftp.pku.edu.cn
file2
```

图 9-5　例 9.2.3 选择参数后执行的界面结果（二）

9.3　Socket 的应用

有关 Socket 的概念在 9.1.4 节中已做过介绍，本节将应用 Java 的 Socket 来实现网络上两个程序之间的通信。实现套接字通信需要两个类，分别是 Socket 和 ServerSocket 类，代表网络通信的两端：客户端和服务器端，它们都位于 java.net 包中。套接字是在网络连接时使用的。当连接成功时，应用程序两端都会产生一个套接字对象，对这个对象进行操作，就可完成所需的通信。对于一个网络连接来说，套接字是平等的，不会因为在服务器端或在客户端而产生不同级别。不管是 Socket 还是 ServerSocket，它们的工作都是通过 Socket 类及其子类完成的。

9.3.1　TCP 套接字通信基本步骤

实现套接字通信的基本步骤如下：

第一步：创建套接字对象。

客户端的常用构造方法如下：

- Socket (String host, int port)
- Socket (InetAddress address, int port)

在以上的构造方法中，host、port、address 是要连接的服务器的主机名、端口号和 IP 地址。

服务器端的常用构造方法如下：

- ServerSocket (int port)
- ServerSocket (int port, int users)

在以上的构造方法中，port 是与客户端定义相同的端口号，users 是服务器端能够接受的最大用户数。

不管在客户端还是在服务器端，创建套接字对象时，都可能发生 IOException 异常，为此可以按以下方式创建套接字对象：

客户端：

```
try{ Socket questsocket = new Socket ("http://www.dhu.edu.cn", 10000);
}catch(IOException e{}
```

服务器端：

```
try{ ServerSocket serversocket = new ServerSocket (10000);
}catch(IOException e){}
```

第二步：建立与套接字的连接。

客户端只要创建了套接字对象，就表示已建立了与套接字的连接。

服务器端除了创建套接字对象外还需要用 accept() 方法等待客户端的呼叫，即接受客户端的套接字对象。如下例所示：

```
try{ Socket socket= serversocket.accept();
}catch (IOException e){}
```

accept() 方法用于产生"阻塞"，直到接收到一个客户端的连接，并且返回一个客户端的套接字对象。"阻塞"是一个术语，它使程序运行暂时"停留"在这个地方，直到一个连接建立，然后程序继续。

第三步：获取套接字的输入流、输出流，并进行读写操作。

获取套接字输入流、输出流的两个方法如下：

1）getInputStream() 方法获得网络连接输入，同时返回一个 InputStream 类对象。

2）getOutputStream() 方法使连接的另一端将得到输入，同时返回一个 OutputStream 类对象。

然后通过 InputStream 和 OutputStream 对象，按照一定的协议进行读写操作。

注意：其中 getInputStream() 和 getOutputStream() 方法均会产生一个 IOException 异常，它必须被捕获，因为它们返回的流对象通常都会被另一个流对象使用。

第四步：关闭套接字。

如：

```
socket.close()
```

9.3.2 服务器端程序设计举例

服务器端使用 ServerSocket 监听指定的端口，端口可以随意指定（由于 1024 以下的端口通常属于保留端口，在一些操作系统中不可以随意使用，所以建议使用大于 1024 的端口），等待客户端连接请求，当客户端连接后，数据交换开始；完成双向通信后，关闭连接。

例 9.3.1 面向单客户的服务器端程序。

```java
import java.net.*;
import java.io.*;

public class SocketS{
  private ServerSocket ss;
  private Socket socket;
  private BufferedReader in;
  private PrintWriter out;

  public SocketS(){

    try{
      try{
          ss = new ServerSocket(10000);           // 创建套接字对象
      }catch(IOException e){
        System.out.println("监听端口出错！"+e);
      }
      try{
        socket = ss.accept();                     // 用 accept() 方法等待客户端的呼叫
      }catch(IOException e){
        System.out.println("连接出错！"+e);
      }
      InputStream ips=socket.getInputStream();    // 获取套接字输入流
      OutputStream ops=socket.getOutputStream();  // 获取套接字输出流
      ops.write("Welcome!".getBytes());           // 向客户端发送字符串
      byte[] buf=new byte[1024];
      int len=ips.read(buf);                      // 接收客户端传送过来的信息
      System.out.println(new String(buf,0,len));
      ips.close();                                // 关闭有关的资源
      ops.close();
      socket.close();
      ss.close();
    }catch (IOException e){
      System.out.println("错误！"+e);
    }
  }

  public static void main(String[] args) {
    new SocketS();
  }
}
```

在这个程序中，我们创建了一个在端口 10000 上等待连接的 ServerSocket 对象，当接收到一个客户的连接请求后，程序从与这个客户建立连接的 Socket 对象中获得输入输出流对象，通过输出流首先向客户端发送一串字符，然后通过输入流读取客户发送过来的信息，并将这些信息存放到一个字节数组中，最后关闭所有有关的资源。

为了验证服务器端程序是否正常工作，可以用 Windows 提供的 Telnet 程序对服务器端程序进行测试。Telnet 程序如同网络连接中的客户端，运行 Telnet 时，指定所要连接的服务器端程序的 IP 地址和端口号，Telnet 程序就会按照指定的参数与服务器端程序进行连接。连接建立后，在 Telnet 程序窗口中键盘输入的内容就会发送到服务器，从服务器端接收到的数据会显示在窗口中。

首先运行服务器端的 SocketS 程序，图 9-6 是服务器端窗口界面。然后在一个命令行窗口中运行 telnet 127.0.0.1 10000，127.0.0.1 是本地主机的保留地址，你也可以用 localhost 来代替。结果如图 9-7 所示。图 9-6 中的 s 字符是在图 9-7 窗口界面中通过键盘输入传送到服务器端窗口界面中的。

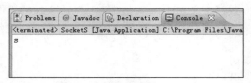

图 9-6　服务器端窗口界面

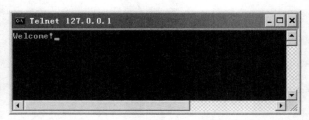

图 9-7　运行 Telnet 并显示运行结果的界面

在实际的网络环境里，同一时间只对一个用户服务是不可行的。一个优秀的网络服务程序除了能处理用户的输入信息，还必须能够同时响应多个客户端的连接请求。在 Java 中实现以上功能并不困难。

设计原理如下：主程序监听一端口，等待客户接入；同时构造一个线程类，准备接收对话。当一个 Socket 对话产生后，将这个对话交给线程处理，然后主程序继续监听。运用 Thread 类或 Runnable 接口来实现是不错的办法。下面是实现多客户通信的服务器端程序的例子。

例 9.3.2　面向多客户的服务器端程序。

```java
import java.io.*;
import java.net.*;

public class Server extends ServerSocket{
    private static final int SERVER_PORT = 10000;

    public Server() throws IOException{
        super(SERVER_PORT);         // 调用 ServerSocket 超类的构造方法
        try{
            while (true) {
                Socket socket = accept();        // 用 accept() 方法等待客户端的呼叫
                // 若有客户端的 socket 连接, 就创建 CreateServerThread 类的对象
                new CreateServerThread(socket);
            }
        }catch (IOException e){}
        finally{
            close();
        }
    }

    class CreateServerThread extends Thread{
```

```java
    private Socket client;
    private BufferedReader in;
    private PrintWriter out;

    public CreateServerThread(Socket s) throws IOException{
      client = s;

      // 应用套接字输入流、输出流分别创建 BufferedReader、PrintWriter 类的对象 in 和 out
      in=new BufferedReader(new InputStreamReader(client.getInputStream(), "GB2312"));
      out = new PrintWriter(client.getOutputStream(), true);
      out.println("--- Welcome ---");
      start();
    }

    public void run(){
      try{
        // 实现数据的输入和输出
        String line = in.readLine();
        while (!line.equals("bye")){
          String msg = createMessage(line);
          out.println(msg);
          line = in.readLine();
        }
        out.println("--- See you, bye! ---");
        client.close();                           // 关闭 socket 对象
      }catch (IOException e){}
    }

    private String createMessage(String line) {
      xxxxxxxxx;
    }
  }

  public static void main(String[] args) throws IOException{
    new Server();
  }
}
```

这个程序监听 10000 端口，并将接入交给 CreateServerThread 线程运行。CreateServerThread 线程接受输入，并将输入回应客户，直到客户输入 "bye"，线程结束。我们可以在 createMessage() 方法中对输入进行处理，并产生结果，然后把结果返回给客户。本程序可以用多个 Telnet 程序同时运行进行测试。

9.3.3 客户端程序设计举例

客户端通过使用 Socket 对网络上某一个服务器的某一个端口发出连接请求，一旦连接成功，开始通信对话；完成对话后，关闭 Socket。客户端不需要指定打开的端口，通常临时、动态地分配一个 1024 以上的端口。

例 9.3.3 实现实时交互对话的客户端程序。

```java
import java.io.*;
import java.net.*;

public class SocketC{

  Socket socket;
  BufferedReader in;
```

```java
    PrintWriter out;

    public SocketC(){
      try{
        socket = new Socket("127.0.0.1", 10000);              // 创建 Socket 对象
        // 应用套接字输入流、输出流分别创建 BufferedReader、PrintWriter 类的对象 in 和 out
        in = new BufferedReader(new InputStreamReader(socket.getInputStream()));
        out = new PrintWriter(socket.getOutputStream(),true);
        // 由键盘输入的 System.in 作为参数创建 BufferedReader 类的 line 对象
        BufferedReader line = new BufferedReader(new InputStreamReader(System.in));

        while(true) {
          String strLine=line.readLine();    // 接收键盘输入的字符串,存放在 strLine 变量中
          out.println(strLine);              // 把 strLine 变量内容向服务器端输出
          if (strLine.equals("bye")) break;// 若键盘输入的字符串是"bye",则结束交互通信
          strLine=in.readLine();             // 接收服务器端的信息输出
          System.out.println("Server:"+strLine); // 在客户端显示服务器端输出的信息
        }

        out.close();                                          // 关闭有关的资源
        in.close();
        socket.close();
      }catch (IOException e){}
    }

    public static void main(String[] args) {
      new SocketC();
    }
}
```

这个客户端程序连接到地址为 127.0.0.1、端口为 10000 的服务器,并从键盘输入一行信息,发送到服务器端,然后等待接收服务器端的返回信息,当服务器端返回信息后再决定是否继续对话,如果继续进行对话则重复前面向服务器端发送信息的过程,否则由键盘输入"bye"字符串结束对话,然后关闭有关资源结束程序。

我们可以运行多个这样的客户程序,每一个客户都可以同服务器单独对话,对服务器端来说都是一视同仁的。

为了实现客户端程序与服务器端程序的交互对话,下面我们把例 9.3.1 的服务器端程序进行了修改。

例 9.3.4 实现实时交互对话的服务器端程序。

```java
import java.net.*;
import java.io.*;

public class SocketSC{
    private ServerSocket ss;
    private Socket socket;
    private BufferedReader in;
    private PrintWriter out;

    public SocketSC(){
      try{
        try{
          ss = new ServerSocket(10000);              // 创建套接字对象
        }catch(IOException e){
          System.out.println("监听端口出错!"+e);
        }
```

```
        try{
            socket = ss.accept();                    // 用 accept() 方法等待客户端的呼叫
        }catch(IOException e){
          System.out.println(" 连接出错!"+e);
        }
        InputStream ips=socket.getInputStream();       // 获取套接字输入流
        OutputStream ops=socket.getOutputStream();     // 获取套接字输出流
        // 由 InputStream 类的对象 ips 创建 BufferedReader 类的对象 in
        in = new BufferedReader(new InputStreamReader(ips));
        // 由 OutputStream 类的 ops 对象创建 PrintWriter 类的对象 out
        out = new PrintWriter(ops, true);
        // 由键盘输入的 System.in 作为参数创建 BufferedReader 类的 line 对象
        BufferedReader line = new BufferedReader(new InputStreamReader(System.in));

        while(true) {
          String strLine=in.readLine();              // 接收客户端的信息输出
          System.out.println("Client:"+strLine);     // 在服务器端显示客户端输出的信息
          if (strLine.equals("bye")) break;          // 若客户端的信息是"bye"，则结束交互通信
          strLine=line.readLine();                   // 接收键盘输入的字符串，存放在 strLine 变量中
          out.println(strLine);                      // 把 strLine 变量内容向客户端输出
        }
        ips.close();                                 // 关闭有关的资源
        ops.close();
        socket.close();
        ss.close();
      }catch (IOException e){
        System.out.println(" 错误!"+e);
      }
  }

  public static void main(String[] args) {
    new SocketSC();
  }
}
```

实现的交互通信，必须同时启动服务器端和客户端的程序，先由客户端向服务器端传送信息，信息内容在服务器端出现，接着由服务器端向客户端发出回答信息，信息内容在客户端出现，就这样，客户端和服务器端交替发送信息，两者以"bye"为通信结束标志。图 9-8 和图 9-9 分别是服务器端和客户端的运行结果。在运行时可以通过在 Console 界面右边的"Display Selected Console"按钮来选择服务器端或客户端的 Console 界面。

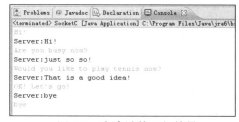

图 9-8　服务器端的运行结果　　　　　　　图 9-9　客户端的运行结果

9.4　网络安全管理

编写安全的 Internet 应用并不是一件轻而易举的事情，只要看看各个专业公告板就可以发现连续不断的安全漏洞报告。你如何保证自己的 Internet 应用不像其他人的应用那样满是漏洞？你如何保证自己的名字不会出现在令人难堪的重大安全事故报道中？

如果你使用 Java Servlet、JavaServer Pages（JSP）或者 EJB，许多难以解决的问题都已经事先解决。当然，漏洞仍有可能出现。下面就来了解一下这些漏洞是如何产生的，以及为什么 Java 程序员不必担心由部分 C 和 Perl 程序员所必须面对的问题。

9.4.1 Java 的安全特性

C 程序员对安全漏洞问题已经很熟悉了。但 Java 语言处理这类问题的经验要比 C 少 20 年，而另一方面，Java 是作为一种客户端编程语言诞生的，客户端对安全的要求比服务器端苛刻得多。这意味着 Java 的发展有着稳固的安全性基础。

Java 原先的定位目标是浏览器。浏览器本身所带的 Java 虚拟机（JVM）虽然很不错，但却并不完美。Java 语言本身提供了网络安全的第一层保护，该层为保护数据结构、限制意外程序出错提供了必不可少的特性。

1）Java 严格遵循面向对象的规范——私有数据结构和方法被封装在 Java 类中。只有通过类所提供的接口才能访问这些资源。面向对象的代码通常具有较好的可维护性，并且具有清晰的设计结构。这保证了用户程序不至于突然自己毁坏，或袭击在同一 JVM 中运行的其他 Java 元素。

2）无指针的运算——Java 引用不能进行增量运算。即不能重置使其指向 JVM 内存指定位置。这意味着用户不会无意识地覆盖掉专用对象的内容，也不可能将数据写入系统内存的敏感部分。另外，任何并非在等待垃圾收集的对象必须有一个引用定义，所以对象不会突然丢失。

3）数组边界检查——Java 中的数组被限制在确定的范围内。在 Java 中，如果用户有一个数组 int[5]，而它试图引用第八号数组元素，则程序将产生一个异常（ArrayIndexOutOfRoundsException）。从历史上看，由于其他语言未能注意到数组的边界问题，出现了大量的安全性问题。例如，一个有问题的应用程序可能是由于循环超出了数组边界，此时程序将引用到不属于该数组的数据。Java 确保对任何一个企图使用数组所定义索引以外的元素的行为都发出一个异常，从而避免了这些问题的发生。

4）Java 的强制类型转换系统——Java 保证任何一个对象类型到另一个类型的转换操作是合法的。但一个对象不能被任意地转换成另一类型。例如，假设有一个对象（如 Thread），若试图将其转换成另一个不兼容的类，如 System（即 System s = (System)new Thread()），则运行时将产生异常（ClassCastException）。Java 语言不检查类型的兼容性，因而在强制两个对象的类型转换中，不正确的对象操作或违反继承限制等问题都是可能发生的。这种情况需要引起重视。

5）语言对线程安全编程的支持——多线程编程是 Java 语言的本质之一，特殊的语法保证了不同的执行线程，以顺序和有控制的形式实现对共享数据的正确操作。

6）Final 类和方法——在 Java API 中，有许多类和方法以 final 声明，这防止了程序进一步派生及特定代码的重载。

9.4.2 缓存溢出

在 C 语言程序中，缓存溢出是最常见的安全隐患。缓存溢出在用户输入超过已分配内存空间（专供用户输入使用）时出现。缓存溢出可能成为导致应用被覆盖的关键因素。C 语言程序很容易出现缓存溢出，但 Java 程序几乎不可能出现缓存溢出。

从输入流读取输入数据的 C 代码通常如下所示：

```
char buffer[1000];
int len = read(buffer);
```

由于缓存的大小在读入数据之前确定，系统要检查为输入保留的缓存是否足够是很困难的。缓存溢出使得用户能够覆盖程序数据结构的关键部分，从而带来安全上的隐患。恶意的攻击者能够利用这一点直接把代码和数据插入正在运行的程序。

在 Java 中，一般用字符串而不是字符数组保存用户的输入。例如与前面 C 代码等价的 Java 代码如下所示：

```
String buffer = in.readLine();
```

在这里，"缓存"的大小总是与输入内容的大小完全一致。由于 Java 字符串在创建之后不能改变，缓存溢出也就不可能出现。退一步说，即使使用字符数组替代字符串作为缓存，Java 也不像 C 语言那样容易产生可被攻击者利用的安全漏洞。例如，下面的 Java 代码将产生溢出：

```
char[] bad = new char[6];
bad[7] = 50;
```

这段代码总是抛出一个 java.lang.ArrayOutOfBoundsException 异常，而该异常可以由程序自行捕获：

```
try {
    char[] bad = new char[6];
    bad[7] = 50;
}
catch (ArrayOutOfBoundsException ex)
{... }
```

这种处理过程永远不会导致不可预料的行为。无论用什么方法溢出一个数组，总是得到 ArrayOutOfBoundsException 异常，而 Java 运行时底层环境却能够保护自身免受任何侵害。一般而言，用 Java 字符串类型处理字符串时，无须担心字符串的 ArrayOutOfBoundsExceptions 异常，因此它是一种较为理想的选择。

Java 编程模式从根本上改变了用户输入的处理方法，避免了输入缓存溢出，从而使得 Java 程序员摆脱了最危险的编程漏洞。

9.4.3 竞争状态

竞争状态（即 Race Condition）是第二类常见的应用安全漏洞。在创建（更改）资源到修改资源以禁止对资源访问的临界时刻，如果某个进程被允许访问资源，此时就会出现竞争状态。这里的关键问题在于：如果一个任务由两个必不可少的步骤构成，不管你多么想要让这两个步骤一个紧接着另一个执行，操作系统却不保证这一点。例如，在数据库中，事务机制使得两个独立的事件"原子化"。换言之，一个进程创建文件，然后把这个文件的权限改成禁止常规访问；与此同时，另外一个没有特权的进程可以处理该文件，欺骗有特权的进程错误地修改文件，或者在权限设置完毕之后仍继续对原文件进行访问。

一般地，在标准 UNIX 和 NT 环境下，一些高优先级的进程能够把自己插入到任务的多个步骤之间，但这样的进程在 Java 服务器上是不存在的；同时，用纯 Java 编写的程序也不可能修改文件的许可权限。因此，大多数由文件访问导致的竞争状态在 Java 中不会出现，但这并不意味着 Java 完全地摆脱了这个问题，只不过是问题转到了虚拟机上。

我们来看看其他开发平台如何处理这个问题。在 UNIX 中，我们必须确保默认文件创建模式是安全的，比如在服务器启动之前执行"umask 200"这个命令。有关 umask 的更多信息，请在 UNIX 系统的命令行上执行"man umask"查看 umask 的 man 文档。在 NT 环境中，我们必须操作 ACL（Access Control List，访问控制表）的安全标记，保护要在它下面创建文件的目录。NT 的新文件一般从它的父目录继承访问许可。请参见 NT 文档了解更多信息。

Java 中的竞争状态大多数时候出现在临界代码区。例如，在用户登录过程中，系统要生成一个唯一的数字作为用户会话的标识符。为此，系统先产生一个随机数字，然后在散列表之类的数据结构中检查这个数字是否已经被其他用户使用。如果这个数字没有被其他用户使用，则把它放入散列表以防止其他用户使用。

```
// 保存已登录用户的 ID
Hashtable hash;
// 随机数字生成器
Random rand;
// 生成一个随机数字
Integer id = new Integer(rand.nextInt());
while (hash.containsKey(id)) {
  id = new Integer(rand.nextInt());
}
// 为当前用户保留该 ID
hash.put(id, data);
```

上面的代码可能带来一个严重的问题：如果有两个线程执行上面的代码，其中一个线程在 hash.put(...) 这行代码之前被重新调度，此时同一个随机 ID 就有可能被使用两次。在 Java 中，我们有两种方法解决这个问题。首先，上面的代码可以改写成下面的形式，确保只有一个线程能够执行关键代码段，防止线程重新调度，避免竞争状态的出现。其次，如果前面的代码是 EJB 服务器的一部分，我们最好有一个利用 EJB 服务器线程控制机制的唯一 ID 服务。由于 EJB（Enterprise Java Bean）是属于 J2EE 的一部分，这里不做进一步讨论。

```
synchronized(hash) {
  // 生成一个唯一的随机数字
  Integer id =new Integer(rand.nextInt());
  while (hash.containsKey(id)) {
    id = new Integer(rand.nextInt());
  }
  // 为当前用户保留该 ID
  hash.put(id, data);
}
```

9.4.4 建立安全性策略

我们也可以建立一个高层的安全性策略。这种安全性策略存在于应用程序层，允许用户指定 Java 程序可以访问和操作的资源。

Java API 提供了 java.lang.SecurityManager 类，用来创建一个明确定义出应用程序能执行和不能执行的任务集合，如访问文件或网络资源的任务。Java 应用程序并非必须使用 SecurityManager，这意味着所有它所限制的资源都可以自由使用。但是，通过实现 SecurityManager，用户可以增加一个非常重要的保护手段。

支持 Java 的浏览器使用 SecurityManager 来建立安全策略，用以明确划分 Java Applet 和 Java 应用程序所能做的事情。

SecurityManager 类是一个抽象类，可以在具体的环境中继承其中的方法以自行实现安全管理机制。下面是一些有关安全性检查的主要方法：

1) checkAccept(String Host, int port);　检查与主机 Host 的端口 port 的 Socket 连接是否被接受。
2) checkAccess(Thread g);　检查线程 g 是否允许修改。
3) checkAccess(ThreadGroup g);　检查线程组 g 是否允许被修改。
4) checkConnect(String Host, int port);　检查一个 Socket 是否已连接到 Host 主机的 port 端口。
5) checkCreateClassLoader();　检查是否创建一个类装载器。
6) checkExec(String cmd);　检查一个系统命令是否由可信赖的代码执行。
7) checkExit(int status);　检查系统是否以 status 为结束码退出虚拟机，status 为 0 表示成功，其他值表示错误。
8) checkLink(string lib);　检查名为 lib 的链接库是否存在。
9) checkListen(int port);　检查是否有一 ServerSocket 在监听本机的 port 端口。
10) checkPropertiesAccess();　检查是否有权限访问系统特性。
11) checkRead(int fd);　检查文件描述符为 fd 的输入文件是否被创建。
12) checkRead(String file);　检查名为 file 的输入文件是否被创建。
13) checkWrite(int fd);　检查文件描述符为 fd 的输出文件是否被创建。
14) checkWrite(String file);　检查名为 file 的输出文件是否被创建。

不难看出，安全性检查主要针对线程与线程组的管理、网络的 Socket 连接、文件的访问、类装载功能及本地系统的一些特征。

自行实现一个安全管理器需要实现一个 SecurityManager 的子类，重载 SecurityManager 各个方法以便加入所需要的限制和处理措施。当程序运行时，该检查机制就会起作用。

前面已介绍过 SecurityManager 类中的许多方法，这里仅以一个方法为例说明如何自行实现安全管理器。

我们看下面一段代码：

```
SecurityManager security=System.getSecurityManager();
if(security!=null) {
   Security.checkAccept(s.getInetAddress.getHostName(), s.getport());
}
```

它首先调用 System 类的方法 getSecurityManager()，如果返回值不是 null，说明运行环境中有一个 SecurityManager 实例对象，于是调用方法 checkAccept() 来检查是否接受该连接。若允许则正常返回，否则产生 SecurityManager 异常而退出。

如果只允许最高域名为 cn 的主机与服务器建立连接，其他主机不允许访问，这时就可以自行建立安全管理器来过滤掉其他机器的连接请求。

首先建立一个 SecurityManager 的子类：

```
Class myhostAcceptSMgr extends SecurityManager
{...}
```

接下来，实现 myhostAcceptSMgr 的方法 checkAccept()：

```
public void checkAccept(String host, int port) {
   if(!host.endsWith(".cn"))
      throw new SecurityException("Host"+host+"was refused at port"+port);
}
```

先使用 String 类的 endsWith() 方法检测该串是否以 ".cn" 结束，如果不是就导致一个安全性异常（SecurityException）。

一般地，实现一个安全管理器需要以下步骤：
1）创建一个 SecurityException 的子类。
2）重载一些方法。

步骤是很简单的，这样就可以使程序员将精力集中到考虑安全管理的策略上去。

当把一个安全管理器加到自己的应用程序中去时，可以在 main() 方法中加入以下代码：

```
Try{
  System.setSecurityManager(new myhostAcceptSMgr());
}
catch(securityException e) {
  System.out.println("securityManager already set! ");
}
```

只要把 ServerSocket 对象加入运行环境，保护机制就会自动生效。

9.4.5 安全基本原则

根据上述讨论，我们得到如下防止出现安全问题的基本原则：
1）对于各个输入域，严格地定义系统可接受的合法输入字符，拒绝所有其他输入内容。
2）应该尽可能早地对用户输入进行检查，使得使用危险数据的区域减到最小。
3）不要依赖浏览器端 JavaScript 进行安全检查（尽管对用户来说这是一种非常有用的功能），所有已经在客户端进行的检查应该在服务器端再进行一次。
4）加入安全管理器，以避免意外的损失。

本节就 Java 语言的安全特性和采用的安全原则进行了初步的讨论，如果读者对该问题有兴趣的话，可以查阅有关的资料做进一步的了解。

9.5 本章概要

1. Java 网络应用的基本知识。
2. URL 类及相关方法的应用。
3. Socket 类在客户端和服务器端实现网络通信。
4. Java 的网络安全对策。

9.6 思考练习

一、思考题
1. 简述基于 TCP 协议下的 Socket 的工作方式。
2. 简述 URL 类访问 Internet 的过程。
3. 简述防止 Java 网络程序出现安全问题的基本原则。

二、填空题
1. _____ 协议是 Internet 所遵循的"既成事实"的网络协议，它广泛应用在大多数的操作系统上，也用于大多数局域网和广域网上。
2. IP 地址在计算机中用 _____ 个字节，也就是 _____ 位的二进制数来表示。
3. 除给一些知名的网络服务和应用使用的专用端口数外，用户的网络应用程序应该使用 _____ 以上的端口数。

4. 在TCP/IP协议中，通过标识号来识别接收和发送数据的计算机，这个标识号就是_____地址。

5. URL是_____的简称。它提供了互联网上资源的统一标识，也就是资源的地址。

6. Java为TCP通信协议提供了对应的编程类，这些类存放在_____包中。

7. URL由两部分组成：_____部分和_____部分，中间用冒号分隔。

8. 通过网络传送数据时，除了需要IP地址指明数据送达的计算机外，还需要一个称为"_____"的部分来保证把数据交给对应的网络应用程序。

9. 获取URL对象主机名的方法为_____。

10. URL类的构造方法都要声明_____异常。

11. Java提供_____类，用于创建一个应用程序能执行和不能执行的任务集合。

第 10 章　Java 的多媒体应用

人们刚开始使用计算机时注重的是其高速计算能力，随着计算机技术的发展，我们开始明白计算机的数据处理能力是同等重要的。Java 程序所提供的多媒体技术就是应用声音、图像、图形和视频使程序栩栩如生。

多媒体程序设计技术提供了许多新的挑战机会，这个空间是广阔的而且将迅速发展。如今出售的计算机都为多媒体技术的应用配备了 CD 或 DVD 驱动器、声卡或视频卡。人们需要高分辨率且彩色的图形和图像，把几千公里以外所发生的事件真实地在你的房间里还原。例如，网上购物的顾客能像在商场中一样正确无误地挑选商品；远隔重洋的医生能对病人做手术；学驾驶的人们可以在家里驾驶模拟器进行练习。

多媒体技术对计算机提出了更高的要求。在硬件方面需要更快的处理器、更大的存储器和更宽的通信带宽来支持多媒体的应用。在程序语言方面要求能容易使用多媒体功能。大多数程序设计语言本身没有多媒体功能，但是 Java 语言提供了丰富的多媒体工具，使用户能够快速开发强有力的多媒体应用程序。

我们将通过对多媒体应用基本方法的介绍，使大家对 Java 语言的多媒体应用有一定了解。本章将分别介绍图像显示、动画实现和声音处理三方面。

10.1　图像显示

Java 多媒体应用的其中一个方面就是显示图像，本节我们将讨论如何用 Java 所提供的有关方法进行图像文件的显示。这里所提到的图像是图像像素的集合，它按一定的文件格式存放。Java 支持以下几种图像文件格式：

- GIF（Graphics Interchange Format）
- JPEG（Joint Photographic Experts Group）
- PNG（Portable Network Graphics）

在 java.awt 中可以按以下步骤进行图像文件的显示。

1. 声明 Image 类的引用

Image 类在 java.awt 包中。

2. 应用 getImage() 方法加载图像

在小应用程序中，getImage() 方法是由 Applet 类定义的方法，它有两种格式：

```
Image getImage (URL loc)
Image getImage (URL loc, String name)
```

getImage() 方法把 Image 对象加载进小应用程序。第一种方法要给出图像文件的绝对 URL 地址，第二种方法则给出图像文件的基地址和图像文件的名字。当把图像文件与小应用程序的字节码文件或嵌有小应用程序的 HTML 文件放在同一个目录下时，可以分别用 Applet 方法 getCodeBase() 或 getDocumentBase() 来获取图像文件的基地址。

在加载图像时，getImage() 方法是立即返回，加载图像的任务由后台的另一个线程来完成，使得程序可以继续执行其他操作。

3. 显示所加载的图像

Graphics 类为图像输出提供了 drawImage() 方法：

```
public boolean drawImage(Image img, int left, int top, ImageObserver imgObj)
public boolean drawImage(Image img, int left, int top, Color bgc, ImageObserver imgObj)
public boolean drawImage(Image img, int left, int top, int width, int height,
    ImageObserver imgObj)
public boolean drawImage(Image img, int left, int top, int width, int height, Color
    bgc, ImageObserver imgObj)
```

其中参数 img 是要显示的 Image 对象。left 和 top 是在程序窗口上显示图像时的左上角 x、y 坐标。width 和 height 确定所显示图像的大小。bgc 为背景色，可以用它控制图像中的透明点。imgObj 是对 ImageObserver 对象的引用，ImageObserver 是程序用来显示图像的对象。一个 ImageObserver 可以是任何实现 ImageObserver 接口的对象，Component 类实现了 ImageObserver 接口，因此所有的 Component 都是 ImageObserver 对象。我们正在使用的 Applet 也是 ImageObserver 的对象。所以可以用 this 作为 imgObj 的参数。imageObserver 对象能够在图像加载时进行监控。

例 10.1.1 在小应用程序中显示 meth.jpeg 图像。

```java
import java.applet.Applet;
import java.awt.*;

public class LoadImg extends Applet {
    private Image img;        // 声明 Image 的对象

    public void init(){
        img = getImage( getDocumentBase(), "meth.jpeg" );    // 加载图像
    }

    public void paint( Graphics g ) {
        g.drawImage( img, 0, 0, this );                      // 按原图像大小显示

        // 把原图像按小应用程序的宽度和高度减 40 像素的大小显示
        g.drawImage( img, 0, 40, getWidth(), getHeight()-40, this );
    }
}
```

由于 Image 类是一个抽象类，所以 Applet 不能直接创建一个 Image 类对象。它通过调用 Applet 类方法 getImage() 来加载 Image。在本例的 init() 方法中使用了 getImage() 方法。在 paint() 方法中调用了 drawImage() 方法的两种形式。其中第二种方法用了 getWidth() 和 getHeight() 方法，它们是从 Component 类继承过来的。程序运行结果如图 10-1 所示。

图 10-1 例 10.1.1 的运行结果

下面的例子是用 Swing 组件显示图像。显示的结果与例 10.1.1 相同。

例 10.1.2 用 Swing 组件显示图像。

```java
import java.applet.Applet;
import java.awt.*;

import javax.swing.*;
public class LoadImg1 extends Japplet {
```

```
    private ImageIcon img1;

    public void init(){
        img1 = new ImageIcon("meth.jpeg" );   // 加载图像
    }

    public void paint( Graphics g ) {
        img1.paintIcon( this, g, 0, 0 );   // 按原图像大小显示
        g.drawImage(img1.getImage(), 0, 40, getWidth(), getHeight()-40, this);
    }
}
```

用 Swing 组件显示图像的方法与用 AWT 类步骤相同。第一步声明 ImageIcon 类的引用。第二步创建一个 ImageIcon 对象，这是与 AWT 类不同之处，因为 ImageIcon 类不是抽象类。第三步显示图像。在本例中，按原图像大小显示采用的是 ImageIcon 的方法 paintIcon()。该方法需要 4 个参数：显示图像的 Component 引用、Graphics 对象的引用以及图像左上角 x 和 y 坐标。由于 paintIcon() 方法不允许改变图像大小，所以用 Graphics 的 drawImage() 方法来显示按比例改变大小的图像。用 getImage() 方法来获得 Image 的引用。

10.2 动画实现

动画（Animation）是利用了人眼的视觉特点，把多幅图像进行连续显示的结果。当人眼看到物体的视觉信号消失后，它在人眼中仍然可以保持 1/20 ～ 1/10 秒的时间。每幅图像按一定的时间间隔进行显示，连续不断地更换图像就形成了动画效果。这里的图像是指由人工或计算机产生的图形。

用动画形式来显示图像序列，可以采用线程的方法来完成图像的显示和更新。例 10.2.1 就是用线程实现动画显示的例子。

例 10.2.1 用线程实现动画显示。

```
import java.awt.*;
import java.awt.event.*;
import java.applet.Applet;

public class Anim1 extends Applet implements Runnable{
    int frameNumber=-1;
    final int number=10;
    Thread animthread;
    Image[] pic=new Image[number];
    Dimension bufDimension;
    Image bufImage;
    Graphics bufGraphics;

    public void init(){
        for (int i=1; i<=number; i++)
            pic[i-1] = getImage( getCodeBase(), "T"+i+".gif" );
    }

    public void start(){
        animthread=new Thread(this);
        animthread.start();
    }

    public void stop(){
        animthread= null;
        bufGraphics=null;
```

```
          bufImage=null;
      }
      public void run(){
         Thread currentThread=Thread.currentThread();
         while(currentThread==animthread) {
             frameNumber++;
             repaint();
             try{
                animthread.sleep(300);
             }
             catch(InterruptedException e) {
                 break;
             }
         }
      }
      public void paint(Graphics g) {
         Dimension d=getSize();
         if (bufGraphics==null)||(d.width!=bufDimension.width)||(d.height!=buf-
            Dimension.height)) {
            bufDimension=d;
            bufImage=createImage(d.width,d.height);
            bufGraphics=bufImage.getGraphics();
         }
         bufGraphics.setColor(getBackground());
         bufGraphics.fillRect(0,0,d.width,d.height);
         bufGraphics.drawImage( pic[frameNumber%10], 10, 10,  this);
         g.drawImage( bufImage, 10, 10,  this);
      }
}
```

在上例中，声明了一个 Image 类的数组 pic，在小应用程序的 init() 方法中加载一组图像文件（T1.gif ～ T10.gif）到该数组中。在 Applet 启动时，产生一个新的动画线程；在 Applet 停止时，结束该线程并释放它所占用的 CPU 资源。在结束动画线程时，是通过设置动画线程为 null，而不是调用 stop()。这是因为如果直接调用 stop() 方法，将会使线程结束所有的工作，而设置线程为 null，则在 run() 方法中，因为不满足循环条件使线程自动退出。为消除动画显示时的闪烁现象，采用在后台生成图像，然后一次性把后台图像显示在屏幕上的方法。为产生后台图像，先要通过 createImage() 产生适当大小的后台缓冲区，然后获得在缓冲区作图的环境，通过它完成后台图像的生成，最后在屏幕上绘制已准备好的后台图像。图 10-2 是程序运行时的几个快照。

除了可以用线程的方法实现动画外，还可以采用时钟（Timer）对象来实现动画。例 10.2.2 是采用了 Swing 组件和时钟对象实现动画的例子。在该例中，通过 HTML 文件中的参数设置来改变 Applet 中的动画特性。

例 10.2.2　用时钟对象实现与例 10.2.1 相同的动画。

AnimTimer.html 文件：

```
<html>
<applet code = "AnimTimer.class" width = "480" height = "200">
<param name = "totalimag" value = "10">
<param name = "imagname" value = "T">
<param name = "animdelay" value = "200">
</applet>
</html>
```

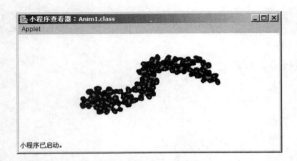
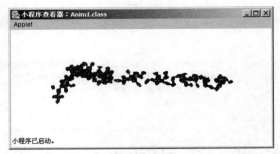

图 10-2　例 10.2.1 运行时的结果

AnimTimer.java 文件：

```java
import java.awt.*;
import javax.swing.*;

public class AnimTimer extends JApplet {

   public void init(){
      String param;

      param = getParameter( "animdelay" );   // 获取动画延迟参数
      int animDelay = ( param == null ? 50 : Integer.parseInt( param ) );

      String imagName = getParameter( "imagname" );   // 从 HTML 文件获取动画图像的基名

      param = getParameter( "totalimag" );   // 从 HTML 文件获取动画图像文件总数
      int totalImag = ( param == null ? 0 : Integer.parseInt( param ) );

      Anim2 animator;
      if (imagName==null || totalImag==0)
         animator = new Anim2();
      else
         animator = new Anim2( totalImag, animDelay, imagName);

      getContentPane().add( animator );
      animator.startAnim();                  // 启动动画

   } // init() 方法结束

}
```

Anim2.java 文件：

```java
import java.awt.*;
import java.awt.event.*;
```

```java
import javax.swing.*;
public class Anim2 extends JPanel implements ActionListener {
    protected ImageIcon imag[];              // 声明图像数组
    protected int totalImag = 10,            // 声明图像文件数
                  curImag = 0,               // 当前图像文件索引
                  animDelay = 50,            // 毫秒延迟时间
                  width,                     // 图像宽度
                  height;                    // 图像高度

    protected String imagName = "T";         // 基图像名
    protected Timer animTimer;               // 定义驱动动画的时钟

    public Anim2(){
        initAnim();
    }

    public Anim2(int count, int delay, String name) {
        totalImag=count;
        animDelay=delay;
        imagName=name;
        initAnim();
    }

    // 动画初始化
    protected void initAnim(){

        imag = new ImageIcon[ totalImag ];       // 声明ImageIcon类的引用数组

        // 装载图像
        for ( int count = 1; count <= imag.length; ++count )
            imag[ count-1 ] = new ImageIcon( getClass().getResource(
                "images/" + imagName + count + ".gif" ) );

        width = imag[ 0 ].getIconWidth();        // 获取图像宽度
        height = imag[ 0 ].getIconHeight();      // 获取图像高度
    }

    public void paintComponent( Graphics g ) {   // 显示当前图像

        super.paintComponent( g );

        imag[ curImag ].paintIcon( this, g, 0, 0 );
        curImag = ( curImag + 1 ) % totalImag;
    }

    public void actionPerformed( ActionEvent e ) {    // 时钟事件
        repaint();
    }

    public void startAnim(){                          // 启动动画
        curImag = 0;
        animTimer = new Timer( animDelay, this );
        animTimer.start();
    }

    public void stopAnim(){           // 终止时钟
        animTimer.stop();
    }
}
```

例10.2.2 首先通过 AnimTimer.html 文件调用小应用程序 AnimTimer，在 Applet 中由 <param> 标志定义了3个参数。每一个参数分别由属性 name 和 value 及它们的值组成。如 <param name = "imagname" value = "T">，它表示属性名为 imagname 的参数值为 "T"。然后在小应用程序 Applet 中就可以通过 getParameter() 方法来获得与指定属性 name 对应的 value 值的字符串。getParameter() 方法的参数就是 <param> 标志中的属性 name 的值。

在 AnimTimer 类中定义了 init() 方法，在这个方法中通过 getParameter() 方法获取3个 HTML 参数，其中有两个整数参数被转化成 int 类型。然后通过条件语句选择不同的构造方法创建 Anim2 的对象。如果 imagName 为 null 或 totalImag 为 0，Applet 调用 Anim2 默认构造方法并使用默认动画参数。否则 Applet 把3个参数 totalImag、animDelay、imagName 传递给 Anim2 的3个参数构造方法。这个构造方法用这些参数来自定义动画参数，接着通过构造方法调用 initAnim() 方法来装载图像文件以及确定动画的宽和高。

在 Anim2 类中，声明了一个 ImageIcon 数组，通过 for 结构创建每一个 ImageIcon 对象，ImageIcon 构造方法装载动画中的每一幅图像。构造方法的参数应用了字符串连接符来组合文件名。动画中所用的图像文件名是 T1.gif～T10.gif。

本例的动画是由 Timer 类的对象来驱动的。时钟将按固定的时间间隔来产生 ActionEvent 事件，时间单位为毫秒。在 startAnim() 方法中设置 curImag 为 0，即表示动画应从 Imag 数组第一个元素的图像开始显示。然后把一个新的时钟对象指定给 animTimer，时钟构造方法接收两个参数：时间间隔和响应时钟 ActionEvent 事件的 ActionListener 接口。因为 Anim2 实现了 ActionListener 接口，所以在时钟构造方法中的第二个参数使用 this 来表示。接着启动时钟对象。只要时钟一启动，它就会每隔 200 毫秒产生一次 ActionEvent 事件。当每一次时钟事件发生时，程序就会执行 actionPerformed() 方法，在该方法中的 repaint() 方法则依次去调用 paintComponent() 方法。为保证 Swing 组件的正确显示，在 paintComponent() 方法中的第一条语句必须调用 paintComponent() 方法的超类。接下来的语句是显示 Imag 数组的第 curImag 个元素，并为下一次的显示做准备。

stopAnim() 方法用于停止动画。它调用了时钟方法 stop() 来控制时钟停止产生 ActionEvent 事件。

10.3 声音播放

Java 多媒体应用的另一个方面是对声音文件的播放。若要播放声音，用户的系统必须安装相应的硬件（如喇叭和声卡）。Java 支持以下几种音频文件格式：

- Au（Sun Audio file format）
- wav（Windows Wave file format）
- aif 或 aiff（Macintosh AIFF file format）
- MIDI 或 rmi（Music Instrument Digital Interface file format）

Applet 类提供了几种方法来播放声音文件。这里将介绍其中一种 Applet 类的实例方法。

可以按以下步骤实现声音文件的播放：

1. 声明 AudioClip 类的引用

声明音频对象，如 AudioClip audio。

2. 用 getAudioClip() 方法加载声音文件

在小应用程序中，getAudioClip() 方法是由 Applet 类定义的实例方法，它有两种格式：

```
AudioClip getAudioClip (URL loc)
AudioClip getAudioClip (URL loc, String name)
```

上面的方法中，参数的含义与加载图像文件的方法 getImage() 是完全一样的。第一种方法需要给出声音文件的绝对 URL 地址，第二种方法需要给出声音文件的基地址以及声音文件的名字。当小应用程序与声音文件存放在同一个目录下时，可以用 Applet 方法的 getCodeBase() 来获取声音文件的基地址；如果声音文件与嵌有小应用程序的 HTML 文件存放在同一个目录下，可以用 getDocumentBase() 来获取声音文件的基地址。

在加载声音文件时，getAudioClip() 方法是立即返回，加载声音文件的任务可以由后台的另一个线程来完成，这样使得小应用程序可以继续执行其他操作。

3. 控制声音文件的播放

获取声音文件以后，通过 AudioClip 类的 3 个方法来控制声音文件的播放：

1) play()：播放声音文件一次。
2) loop()：循环播放声音文件。
3) stop()：结束当前正在播放的声音文件。

例 10.3.1 通过线程装载音频文件进行播放。运行结果见图 10-3。

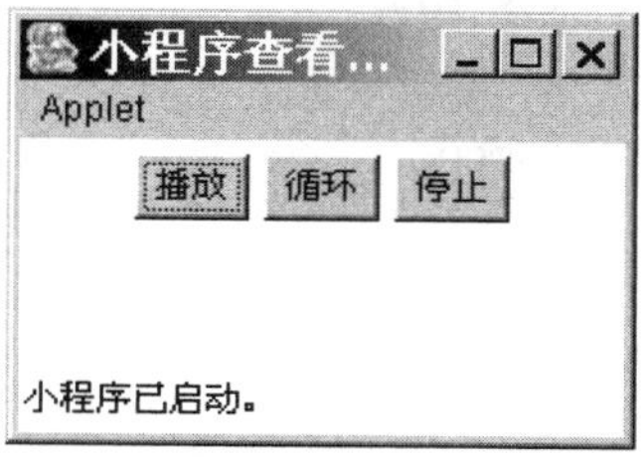

```
import java.applet.*;
import java.awt.*;
import java.awt.event.*;
```

图 10-3 例 10.3.1 的运行界面

```
public class Ex10_5 extends Applet implements ActionListener, Runnable{
    AudioClip audio;
    Thread thread;
    Button playaudio, loopaudio, stopaudio;

    public void init() {
        thread=new Thread(this);
        thread.setPriority(Thread.MIN_PRIORITY);
        playaudio=new Button(" 播放 ");
        loopaudio=new Button(" 循环 ");
        stopaudio=new Button(" 停止 ");
        playaudio.addActionListener(this);
        loopaudio.addActionListener(this);
        stopaudio.addActionListener(this);
        add(playaudio);
        add(loopaudio);
        add(stopaudio);
    }

    public void start(){
        thread.start();
    }

    public void stop(){
        audio.stop();
    }

    public void actionPerformed(ActionEvent e){
        if(e.getSource()==playaudio)
            audio.play();
        else if (e.getSource()==loopaudio)
            audio.loop();
        if  (e.getSource()==stopaudio)
```

```
        audio.stop();
    }
    public void run(){
        audio=getAudioClip(getCodeBase(),"hi.au");
    }
}
```

音频文件可以在 init() 方法中进行加载，然后进行播放。但是如果音频文件大或者网络速度慢会影响小应用程序完成初始化方法中其他的工作，所以可通过创建另外一个低优先级的线程实现音频文件的加载。请注意小应用程序的 stop() 方法。当用户切换 Web 页面时，小应用程序的容器就调用 stop() 方法，使小应用程序停止播放音频文件。否则，即使小应用程序不在浏览器中显示，音频文件也会连续不断地作为背景播放。

例 10.3.2 用 Swing 组件播放多个音频文件，运行结果见图 10-4。

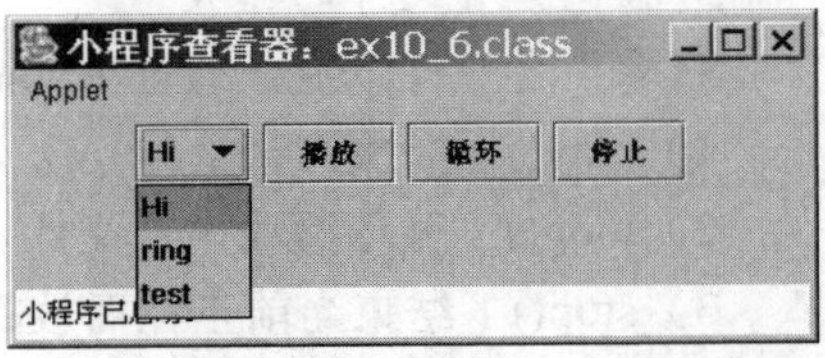

图 10-4 例 10.3.2 的运行界面

```
import java.applet.*;
import java.awt.*;
import java.awt.event.*;

import javax.swing.*;

public class Ex10_6 extends JApplet {
    AudioClip audio1, audio2, audio3, currentaudio;
    JButton playaudio, loopaudio, stopaudio;
    JComboBox choice;

    public void init(){
        Container container = getContentPane();
        container.setLayout(new FlowLayout());

        String choices[] = {"Hi", "ring", "test"};
        choice = new JComboBox(choices);
        choice.addItemListener(new choiceListener());
        container.add(choice);

        ButtonHandler handler = new ButtonHandler();
        playaudio = new JButton(" 播放 ");
        loopaudio = new JButton(" 循环 ");
        stopaudio = new JButton(" 停止 ");
        playaudio.addActionListener(handler);
        loopaudio.addActionListener(handler);
        stopaudio.addActionListener(handler);
        container.add(playaudio);
        container.add(loopaudio);
        container.add(stopaudio);

        // 加载音频文件并设置当前的音频文件
        audio1 = getAudioClip(getDocumentBase(), "hi.au");
        audio2 = getAudioClip(getDocumentBase(), "ring.wav");
        audio3 = getAudioClip(getDocumentBase(), "test.mid");
        currentaudio = audio1;

    }

    // 结束音频文件的播放
    public void stop(){
        currentaudio.stop();
```

```
    }

    // 下拉列表框的事件接收器
    class choiceListener implements ItemListener {

        // 停止当前音频文件的播放并设置当前音频文件为用户的选择
        public void itemStateChanged(ItemEvent e) {
            currentaudio.stop();

            switch (choice.getSelectedIndex()){
                case 0:
                    currentaudio =audio1;
                    break;
                case 1:
                    currentaudio =audio2;
                    break;
                case 2:
                    currentaudio =audio3;
                    break;
            }
        }
    }

    // 播放、循环和停止按钮的事件接收器
    private class ButtonHandler implements ActionListener {

        public void actionPerformed(ActionEvent e) {
            if ( e.getSource()==playaudio)
                currentaudio.play();

            else if (e.getSource()==loopaudio)
                currentaudio.loop();

            else if (e.getSource()==stopaudio)
                currentaudio.stop();
        }
    }
}
```

为方便用户对多个音频文件进行选择播放，采用了下拉列表框来实现选择。本例中，加载音频文件是在 init() 方法中进行的，没有采用线程的方法来实现。用线程的方法实现多个音频文件的播放留给大家作为练习。

10.4 本章概要

1. 图像显示的相关方法和实现步骤。
2. 动画原理和两种典型方法的示例。
3. 声音文件播放的有关方法及实现步骤。

10.5 思考练习

一、思考题

1. 简述图像显示在 java.awt 和 Swing 中的区别。
2. 为什么在结束动画线程时，是通过设置动画线程为 null，而不是调用 stop() 方法？
3. 当小应用程序与声音文件存放在同一个目录下时，可以用什么方法来获取声音文件的基地址？

二、填空题

1. getImage() 方法是由_____类定义的方法。

2. 当把图像文件与小应用程序的字节码文件放在同一个目录下时，可以用 Applet 的_____方法来获取图像文件的基地址。

3. Graphics 类的_____方法用于在小应用程序中显示图像。

4. 动画（Animation）是利用了人眼的_____特点，把多幅图像进行连续显示的结果。

5. 在结束动画线程时，为避免结束所有的工作，设置动画线程为_____而不是直接调用 stop() 方法。

6. Applet 的_____方法可以获取 HTML 文件中指定参数的值，其返回值的类型是字符串。

第 11 章　实验练习

实验一　Java 程序的开发过程与开发环境

一、实验目的与要求

1. 掌握 Java 程序开发过程。
2. 熟悉 Eclipse 集成开发环境的使用。

二、实验内容

1. 熟悉 Eclipse 集成开发环境。
2. 试修改例 1.4.1 程序，使其输出的字符串为 "I'd like to study Java !"，并在 Eclipse 环境下编译与运行该程序。
3. 编辑 Applet 程序，使运行后在 Applet 窗口输出如图 11-1 所示。

图 11-1　Applet 程序

实验二　Java 程序设计的基本概念

一、实验目的与要求

1. 熟悉 Java 的数据类型及有关的取值范围。
2. 掌握不同数据类型的常量、变量的定义与使用方式。
3. 理解 Java 的关键字和自定义标识符的命名规则。
4. 熟悉运算符与表达式的使用以及掌握不同类型数据的转换规则。

二、实验内容

（一）观察与思考

1. 编写声明不同数据类型变量的程序文件 SY2_1.java，源代码如下：

```
 public class SY2_1 {
   public static void main(String args[]) {
      byte mb=050;
      short ms=0xff;
      int mi=1000000;
      long ml=0xffff;
      char c='a';
      float mf=0.25f;
      double md=0.8E-3;
      boolean B=true;
   }
 }
```

在原有代码后面加上相应的输出语句，输出变量的值。编译并运行该程序，仔细观察其运行结果。

程序分析：

在程序的第 3 行至第 6 行的语句中，可以看到：对于 Java 的整型变量，不管以何种数制进行输入，系统总会将其转换为十进制数进行输出。

在程序的第 7 行语句中，Java 的字符型常量值是用单引号引起来的一个字符，双引号用来表示字符串，两者切记不可混用。

在程序的第 8 行语句中，最后加了一个数据类型符 f，为什么要加这个符号呢？这是为了"告诉"编译器将该常数按程序员指定的数据类型（该处为单精度型）进行处理。编译系统在处理类似"0.25"这样的"直接常数"时，有其默认的处理规则：对于整数一律按 int 类型处理；对于浮点数一律按 double 类型处理。第 8 行的语句若是不加 f 的话，编译器就会将数据 0.25 按 double 类型处理，double 类型的数据要赋值给 float 类型的变量，系统不能进行自动转换，因此就会出现编译错误。对于第 6 行的语句，正规的赋值语句应该是"long ml=0xffffL;"，若是后面不加 L，编译器将十六进制数 ffff 转换为十进制数 65 535 后按 int 类型处理，由于 65 535 属于 int 类型的处理范围，因而处理完毕后赋值给长整型变量 ml，int 类型的数据到 long 类型的数据系统可以进行自动转换，因此不会出错。

在程序的第 10 行语句中，Java 的布尔型常量只有两个值：false 和 true，使用时两边不能加任何引号。

2. 建立 SY2_2.java 文件，通过本程序了解变量的使用范围，源代码如下：

```
public class SY2_2 {
   static int a=10;
   public static void main(String args[]) {
     {
        int b=20;
        System.out.println("a="+a);
        System.out.println("b="+b);
     }
     System.out.println("a="+a);
     System.out.println("b="+b);
   }
}
```

观察编辑窗口的提示情况，试修改上面的程序，然后编译并运行该程序。

程序分析：

此时会出现错误提示。因为变量 b 虽然在方法块中已声明，但在方法块之外它是不存在的，所以此时系统会提示出错。修改方法一是将变量 b 作为静态变量声明到第二行（即变量 a 的声明语句）的后面，二是干脆删除第 10 行关于 b 的输出语句。

（二）程序改错

程序中语句前的 #1、#2、……是附加的行号（便于讲解），不是程序内容。

1. 下面的程序为完成变量初始化及赋值的操作，请改正其中错误的语句。

```
#1 public class Getval {
#2     public static void main (String args []) {
#3            int x, y;
#4            float z = 3.414;
#5            double w = 3.1415;
#6            boolean tru = true;
#7            char c;
```

```
#8                String str1 = 'bye';
#9                c = "A";
#10               x = 6;
#11               y = 1000;
#12           }
#13       }
```

2. 下面的程序实现变量的初始化、赋值、运算以及输出的操作，请改正其中错误的语句。

```
#1    public class Statval {
#2       int a, x = 2, y = 4, z = 6;
#3       public static main(String[] args) {
#4          a = x + y - 2*2 + z;
#5          System.out.println(a);
#6          a = (x + y - 2)*(2 + z);
#7          System.out.println(a);
#8       }
#9    }
```

（三）编程题

编写一个 Java Application，其功能为：在程序中取两个（10～300）随机整数，以如图 11-2 所示形式显示它们的和（设两个随机数分别为 204、94）。

图 11-2　程序显示形式

提示：可在 java.lang.Math 类中调用 random() 方法，random() 为实现取 0～1 之间的随机数方法，该方法返回值是正数，类型为 double。如果要得到其他范围的数，则要进行相应的转换。例如要得到（a，b）之间的整数的方法可写为：

```
(int) ((b-a+1)*Math.random()+a);
```

若要得到（0，99）之间的整数，可以使用以下语句：

```
int m = (int) (100*Math.random());
```

实验三　Java 的结构化程序设计

一、实验目的与要求

1. 熟悉 Java 结构化程序设计的基本方法和过程。
2. 掌握顺序、选择、循环结构的语义及编程规律。
3. 理解方法的作用域并掌握方法的定义和调用及参数的传递。
4. 掌握数组的定义和应用。

二、实验内容

（一）程序改错

1. 本程序要求正确的运行结果如图 11-3 所示，以下程序有错，请改正。

```
#1    public class Te21 {
#2       public void main(String[] args) {
#3          int size = 5;
#4          for (int i=0; i<=size; i++) {
#5             for (int j=i; j>=0; j--)
```

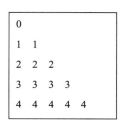

图 11-3　运行结果

```
#6              System.out.print(i);
#7          System.out.print ();
#8        }
#9      }
#10   }
```

2. 本程序实现对一个 16 位的长整数统计 0～9 这 10 个数字每一个出现的次数。以下程序有错，请改正。

```
#1    public class StatNum{
#2      public static void main(String args[]){
#3        int m;
#4        int a[]=new int[10];
#5        long aa=1586488654895649;
#6        for (int i=0;i<=15;i++){
#7          m=aa %10;
#8          a[m]=a[m]+1;
#9          aa=aa/10;
#10       }
#11       for (m=0;m<10;m++)
#12         System.out.println(m+":   "+a[m]);
#13     }
#14   }
```

3. 本程序的功能为实现字符串的连接，在主程序中建立两个字符串数组：{"pen", "pencil", "paper"}、{"computer", "eraser"}，程序运行后正确的输出结果为：pen pencil paper computer eraser。以下程序有错，请改正。

```
#1    public class Te23{
#2      public static void main(String[] args){
#3        String[] strs = {"pen", "pencil", "paper"};
#4        String[] morestrs = {"computer", "eraser"};
#5        String[] result = joinstrs(strs, morestrs);
#6        for (int i = 0; i < result.length; i++)
#7          System.out.print(result);
#8      }
#9      private static String[] joinstrs(String[] a, String[] b) {
#10       String[] result = new String[a.length + b.length];
#11       for (int i = 0; i < a.length; i++)
#12         result = a[i];
#13       for (int i = 0; i < b.length; i++)
#14         result = b[i];
#15       return result;
#16     }
#17   }
```

4. 本程序实现将两个各有 6 个整数的数组合并成一个由小至大排列的数组（该数组的长度为 12）。以下程序有错，请改正。

```
#1    import java.io.*;
#2    public class SortArray{
#3      public static void main(String args[])   throws IOException{
#4        int m,n,k;
#5        int aa[]=new int[6];
#6        int bb[]=new int[6];
#7        int cc[]=new int[12];
#8        for (int i=0;i<=6;i++){                    // 利用产生随机数的方式为数组赋值
#9          m=100*Math.random();
#10         aa[i]=m;
#11         n=100*Math.random();
```

```
#12            bb[i]=n;
#13            System.out.println(aa[i]+"        "+bb[i]);
#14        }
#15    for (int i=0;i<6;i++)                    // 先将两个数组进行排序
#16        for (int j=i;j<6;j++){
#17            if (aa[i]>aa[j])
#18                {int t=aa[i];aa[i]=aa[j];aa[j]=t;}
#19            if (bb[i]>bb[j])
#20                {int t=bb[i];bb[i]=bb[j];bb[j]=t;}
#21        }
#22    m=0;                                      // 用合并法将两个有序数组排序并合并
#23    n=0;
#24    k=0;
#25    while (m==6 && n==6) {
#26       if (aa[m]<=bb[n])
#27          cc[k]=aa[m];m++;
#28       else
#29          cc[k]=bb[n];n++;
#30       k++;
#31    }
#32    while (m==6)
#33       { cc[k]=aa[m];m++;k++;}
#34    while (n==6)
#35       { cc[k]=bb[n];n++;k++;}
#36    for (int i=0;i<12;i++)
#37       System.out.print(cc[i]+"      ");
#38    }
#39 }
```

5. 本程序以递归的方式实现 1+2+3+…+n（$n = 200$）的计算。以下程序有错，请改正。

```
#1  class RecuSum{
#2     long Sum1(int n){
#3        if (n==1)
#4           Sum1= 1;
#5        else
#6           Sum1= n+Sum1(n-1);
#7     }
#8     public static void main(String args[]) {
#9        int n=200;
#10       System.out.println("Sum="+Sum1(n));
#11    }
#12 }
```

（二）编程题

1. 由键盘输入两个字符串"12"与"24"，将它们转换成整数，然后计算并输出这两个数的和。
2. 由键盘输入一个百分制成绩，要求按等级 A、B、C 和 D 的形式输出成绩，90 分以上为 A，75～89 分为 B，60～74 分为 C，60 分以下为 D。
3. 求一个 10 项所组成的等差数列，其奇数项之和为 135，偶数项之和为 150。
4. 用 for 语句输出下列数字金字塔：

```
            1
          1 3 1
        1 3 5 3 1
      1 3 5 7 5 3 1
    1 3 5 7 9 7 5 3 1
```

5. 由键盘输入一正整数，求出小于且等于这个数的所有质数。

6. 由键盘输入一整数，求出该数所有的因子，如输入 6，则输出的 6 的所有因子为 1、2、3、6。

7. 假设有一条钢材长 2000 米，每天截取其中的一半，编程求出多少天后钢材的长度开始短于 5 米。

8. 利用数列 $4*(1-\frac{1}{3}+\frac{1}{5}-\frac{1}{7}+\frac{1}{9}-\frac{1}{11}+\cdots)$ 来取得 π 的近似值，并计算在得到 3.141 59 之前，这个数列要取到第几项？

9. 声明一数组来存放 12 个月的英文名称，由用户从键盘输入月份，如输入 8，则程序输出相应的月份名称：August。同时请大家考虑：若用户输入了 1 ~ 12 以外的内容，你的程序将如何应对？

实验四　Java 的面向对象程序设计

一、实验目的与要求

1. 进一步理解类的相关知识。
2. 掌握程序调试的技术和类的设计方法。
3. 通过分析和上机调试，找出并修改程序的错误。
4. 根据要求自己设计一个类，并上机调试。

二、实验内容

（一）程序改错

下面两个程序都有三个错误，按题目中的要求，纠正错误并调试程序。

1. 问题描述：类 Student 定义了学生的姓名（name）、测验分数（testMark）和考试分数（examMark）。程序产生的正确输出应如图 11-4 所示。

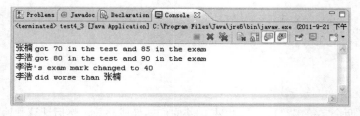

图 11-4　程序正确输出

程序如下：

```
#1   class Student {
#2     private String name;
#3     private int testMark;
#4     private int examMark;
#5     public Student(String theName) {
#6       name = theName;
#7     }
#8     public Student(String theName, int test, int exam) {
#8       name = theName;
#9       testMark = test;
#10      examMark = exam;
#11    }
```

```
#12      public void setExamMark(int exam) {
#13        testMark = exam;
#14        System.out.println(name + "\'s exam mark changed to " + examMark);
#15      }
#16      public int getTestMark() {
#17        return testMark;
#18      }
#19      public void displayInfo() {
#20        System.out.println(name + " got " + testMark + " in
#21                the test and " + examMark + " in the exam");
#22      }
#23      public void compareTo(other) {
#24        if (examMark > other.examMark)
#25          System.out.println(name + " did better than " + other.name);
#26        else
#27          System.out.println(name + " did worse than " + other.name);
#28      }
#29    }
#30    public class test4_3 {
#31      public static void main(String[] args) {
#32        Student student1;
#33        Student student2;
#34        student1 = new Student("张楠", 70, 85);
#35        student2 = new Student("李浩", 80, 90);
#36        student1.displayInfo();
#37        student2.displayInfo();
#38        student1.setExamMark(40);
#39        student2.compareTo(student1);
#40      }
#41    }
```

2. 问题描述：应用程序正确执行后输出的结果应如图 11-5 所示。

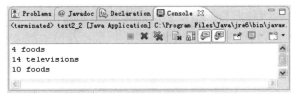

图 11-5　程序正确输出

程序如下：

```
#1     public class test2_2 {
#2       public void main(String[] args) {
#3         Item t1 =Item("food");
#4         System.out.println(t1);
#5         Item t2 = new Item("television");
#6         System.out.println(t2);
#7         t2.setValue(10);
#8         System.out.println(t1);
#9       }
#10    }
#11    class Item {
#12      private name;
#13      private static int value = 0;
#14      public Item(String theName) {
#15        name = theName;
#16        value = value + theName.length();
#17      }
#18      public void setValue(int newValue) {
```

```
#19          value = newValue;
#20      }
#21      public String toString() {
#22          return value + " " + name + "s";
#23      }
#24 }
```

（二）编程题

1. 声明一个类 Person，成员变量有姓名、出生年月、性别，有成员方法以显示姓名、年龄和性别。

2. 声明一个矩形类 Rectangle，其中有多个构造方法。用不同的构造方法创建对象，并输出矩形的周长和面积。

3. 创建两个 String 类的对象 str1 和 str2，判断 str2 是否是 str1 的子串。如果是，输出 str1 中在子串 str2 前和后的字符串。如："Action"是"addActionListener"的子串，在此子串前是字符串"add"，后面是字符串"Listener"。

实验五　Java 的图形用户界面

一、实验目的与要求

1. 掌握 AWT 包中常用组件的使用方法。
2. 熟悉布局管理器的适用场合，采用布局管理器进行界面的布局。
3. 理解事件处理机制，对不同的事件使用相应的事件处理方法。
4. 熟悉含有菜单的窗口程序设计方法。
5. 熟悉对话框的用法。
6. 熟悉 java.awt.Graphics 类进行二维图形设计的方法。
7. 记录编译和执行程序过程中的错误信息和提示信息，并给出解决办法和提示含义。

二、实验内容

（一）程序改错

下列程序都有三个错误，按题中的要求，纠正错误并调试程序。

1. 问题描述：下面程序执行时会发生错误，请修改并调试程序。程序的功能是在屏幕上显示如图 11-6 所示的界面，当用户输入密码后以"*"方式显示，密码输入完毕按"Enter"键后，密码原值在"显示用户密码："右边文本域内显示。

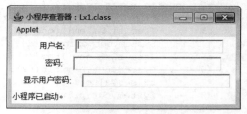

图 11-6　程序运行结果

程序如下：

```
#1    import java.awt.*;
#2    import java.applet.*;
#3    import java.awt.event.*;
#4    public class Lx1 extends Applet{
#5       TextField name=new TextField(30);
#6       TextField pw=new TextField(30);
#7       TextField pw1=new TextField(30);
#8       Label la1=new Label();
#9       Label la2=new Label();
```

```
#10     Label la3=new Label();
#11     public void actionPerformed(ActionEvent e) {
#12         pw.setText(pw1.getText( ));
#13     }
#14     public void init() {
#15         this.setLayout(new FlowLayout());
#16         la1.setText("       用户名:");
#17         this.add(la1);
#18         this.add(name);
#19         la2.setText("         密码:");
#20         this.add(la2);
#21         pw.setEchoChar('*');
#22         this.add(pw);
#23         pw.addActionListener();
#24         la3.setText("    显示用户密码:");
#25         this.add(la3);
#26         this.add(pw1);
#27     }
#28 }
```

2. 问题描述：下面程序执行时会发生错误，请修改并调试程序。程序的功能是在屏幕上显示如图 11-7 所示的界面。窗口中有一个简单菜单"文件"，"文件"菜单中有"打开"和"保存"两个菜单项。（程序无事件处理功能。）

图 11-7 程序运行结果

程序如下：

```
#1  import java.awt.*;
#2  class MyWindow extends Frame{
#3      MenuBar mb=new MenuBar();
#4      Menu file=new Menu(" 文件 ");
#5      MenuItem  open=new MenuItem(" 打开 ");
#6      MenuItem  save=new MenuItem(" 保存 ");
#7      MyWindow(){
#8          super(s);
#9          setBounds(200,200,300,200);
#10         add(mb);
#11         mb.add(file);
#12         file.add(open);
#13         file.add(save);
#14         setVisible(true);
#15     }
#16 }
#17 public class Lx2{
#18     main(String args[]){
#19         new MyWindow(" 一个带菜单的窗口 ");
#20     }
#21 }
```

3. 问题描述：下面程序执行时会发生错误，请修改并调试程序。程序的功能是在屏幕上显示如图 11-8 所示的界面（初始状态）。当单击上面的按钮时，下面的按钮会放大，当下面的按钮放大到与上面按钮等宽时自动恢复到初始状态，程序能处理窗口关闭事件。

程序如下：

```
#1  import java.awt.*;
```

图 11-8 程序运行结果

```
#2  import java.awt.event.*;
#3  public class Lx1
#4  { public static void main(String args[])
#5      {
#6      MyFrame f=new MyFrame();
#7          f.setBounds(12,12,300,300);
#8          f.setVisible(true);
#9          f.setTitle("按钮放大");
#10         f.validate();
#11         f.addWindowListener(new WindowAdapter()
#12         {
#13             public void windowClosing(WindowEvent)
#14             {
#15                 System.exit(0);
#16             }
#17         });
#18     }
#19 }
#20 class MyFrame extends Frame implements ActionListener{
#21     int x=80,y=40;
#22     Button b1,b2;
#23     public MyFrame(){
#24         b1=new Button("放大下面的按钮");
#25         b1.addActionListener(this);
#26         b2=new Button("被放大按钮");
#27         b2.setBackground(Color.cyan);
#28         setLayout();
#29         add(b1);
#30         add(b2);
#31         b1.setBounds(100,50,130,30);
#32         b2.setBounds(100,120,80,40);
#33     }
#34     public void actionPerformed(ActionEvent 2)
#35     {
#36         b2.setBounds(100,120,x+=5,y+=5);
#37         if(x>=0){
#38           x=80;
#39           y=40;
#40         }
#41     }
#42 }
```

4. 问题描述：下面程序执行时会发生错误，请修改并调试程序。程序的功能是在屏幕上显示如图 11-9 所示的界面，当单击性别上"男"或"女"单选按钮时，项目所对应的下拉列表自动调整列表中的项目（男女同学可选项目不同）。当对项目列表进行选择时，"结果"文本域将显示相应的内容（注意：在没有输入姓名就选择项目时显示的内容如图 11-10 所示）。

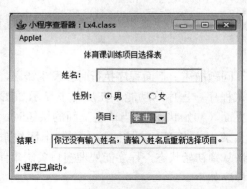

图 11-9　程序运行结果　　　　　　　　图 11-10　程序运行结果

程序如下：

```
#1  import java.applet.Applet;
#2  import java.awt.*;
#3  import java.awt.event.*;
#4  public class Lx4 extends Applet implements ActionListener
#5  {
#6  Label la1=new Label("体育课训练项目选择表");
#7  Label la2=new Label("         姓名：");
#8  Label la3=new Label("         性别：");
#9  Label la4=new Label("         项目：");
#10 Label la5=new Label("         结果：");
#11 TextField name=new TextField(20);
#12 TextField result=new TextField(40);
#13 Choice ch=new Choice();
#14 CheckboxGroup xb=new CheckboxGroup();
#15 Checkbox m=new Checkbox("男",true,xb);
#16 Checkbox w=new Checkbox("女",false,xb);
#17 Panel pa1=new Panel();
#18 Panel pa2=new Panel();
#19 Panel pa3=new Panel();
#20 Panel pa4=new Panel();
#21 String txt="";
#22 String txt1="";
#23 public void init(){
#24   ch.add("足球");
#25   ch.add("拳击");
#26   ch.add("游泳");
#27   ch.add("网球");
#28   pa2.setLayout(new GridLayout(1,3));
#29   pa1.add(la2); pa1.add(name);
#30   pa2.add(la3); pa2.add(m); pa2.add(w);
#31   pa3.add(la4);pa3.add(ch);
#32   pa4.add(la5);pa4.add(result);
#33   add(la1);
#34   add(pa1);
#35   add(pa2);
#36   add(pa3);
#37   add(pa4);
#38   m.addItemListener(this);
#39   w.addItemListener(this);
#40   ch.addItemListener(this);
#41 }
#42 public void itemStateChanged(ItemEvent e){
#43  if (e.getSource()==m||e.getSource()==w){
#44      if(m.getState()==true){
#45         ch.removeAll();
#46         ch.add("足球");
#47         ch.add("拳击");
#48         ch.add("游泳");
#49         ch.add("网球");
#50         txt1=m.getLabel();
#51      }else{
#52         ch.removeAll();
#53         ch.add("跳绳");
#54         ch.add("体操");
#55         ch.add("游泳");
#56         ch.add("网球");
#57         txt1=w.getLabel();
#58      }}
#59  else if (e.getSource()==ch) {
#60      if(name.getText()=="")
```

```
#61            {       result.setText("你还没有输入姓名，请输入姓名后重新选择项目。");
#62            }else{
#63                    txt=name.getText()+":"+txt1+"同学选择的训练项目是："+ch.getSelectedItem();
#64                    setText(txt);
#65            }}}
#66 }
```

5. 问题描述：下面程序执行时会发生错误，请修改并调试程序。程序的功能是通过 swing 组件在屏幕上显示如图 11-11 所示的界面（初始状态）。当单击"打开颜色对话框"按钮时，打开如图 11-12 所示的调色板，在调色板中选择的颜色用于"打开颜色对话框"按钮的背景色（如图 11-13 所示）。当单击"打开确认对话框"按钮时，打开如图 11-14 所示的确认对话框，单击"是(Y)"后，窗口中标签显示"你在确认对话框中按下的是 YES！"，如图 11-15 所示。如果单击"否(N)"，则标签显示"你在确认对话框中按下的是 NO！"。

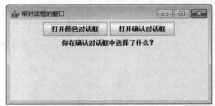

图 11-11　程序运行结果

程序如下：

```
#1  import java.awt.event.*;
#2  import java.awt.*;
#3  import javax.swing.*;
#4  class MyWindow extends JFrame implements
        ActionListener {
#5      JButton b1=new JButton("打开颜色对话框");
#6      JButton b2=new JButton("打开确认对话框");
#7      JLabel la=new JLabel("你在确认对话框中选择了什么？");
#8      MyWindow() {
#9          b1.addActionListener(this);
#10         b2.addActionListener(this);
#11         setLayout(new FlowLayout());
#12         add(b1);
#13         add(b2);
#14         add(la);
#15         setBounds(60,60,400,200);
#16         setVisible();
#17         setDefaultCloseOperation(JFrame.EXIT_
                ON_CLOSE);
#18     }
#19     public void actionPerformed(ActionEvent e)
#20     {
#21         if(e.getSource()==b1)
#22         {
#23         Color newColor=JColorChooser.showDialog
                (this,"调色板",b1.getBackground());
#24             if(newColor!=null)
#25             {
#26                 setBackground(newColor);
#27             }
#28         }
#29         else if(e.getSource()==b2)
#30         {
#31             int n=JOptionPane.
                    showConfirmDialog(this,"确认正确吗？
                    ","确认对话框", JOptionPane.YES_NO_
                    OPTION);
```

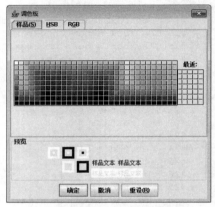

图 11-12　颜色对话框

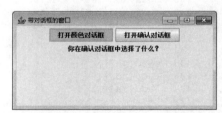

图 11-13　按钮背景色发生变化

图 11-14　打开确认对话框

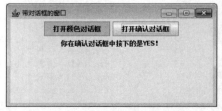

图 11-15　按下"是(Y)"的界面

```
#32            if(n==JOptionPane.YES_OPTION)
#33            {
#34                    la.setText("你在确认对话框中按下的是YES！");
#35            }
#36            else if(n=JOptionPane.NO_OPTION)
#37            {
#38                    la.setText("你在确认对话框中按下的是NO！");
#39            }
#40        }
#41    }
#42 }
#43 public class Lx5 {
#44     public static void main(String args[]) {
#45        MyWindow win=new MyWindow();
#46        win.setTitle("带对话框的窗口");
#47     }
#48 }
```

（二）编程题

1. 完成一小应用程序实现用 BorderLayout 布局摆放 4 个按钮、一个标签。

2. 完成一小应用程序实现用 CardLayout 布局摆放 3 个按钮（每张卡片上一个按钮，点击按钮换卡片）。

3. 在小应用程序中画圆，分别用单选钮、列表（List）、下拉列表（Choice）、菜单实现颜色选择并用该颜色填充圆，参考界面如图 11-16～图 11-20 所示。

4. 完成一程序判断键 A 是否被按下。

5. 完成一程序实现在 TextArea 中输出最后一次鼠标单击的 X、Y 坐标和连续单击次数。

图 11-16 单选钮

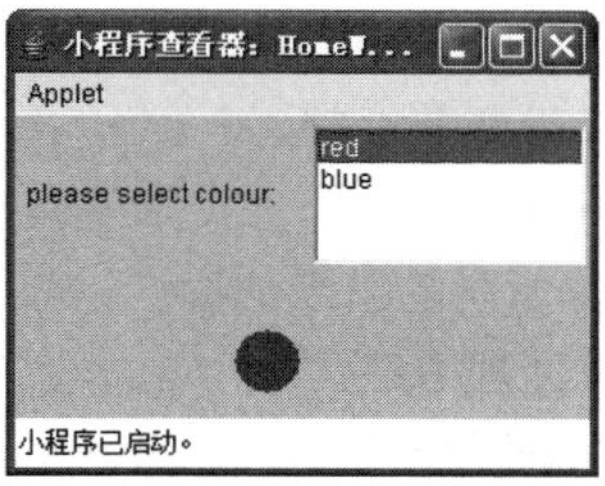

图 11-17 列表

图 11-18 下拉列表

图 11-19 采用菜单实现的初始界面

图 11-20 菜单

6. 编写一个猜数字游戏程序，初始界面如图 11-21 所示，用户首先操作"获取随机数"按钮，在文本域内填写所猜的数字，然后按"确定"按钮，如果猜大了、猜小了、猜对了均会出现相应的界面，如果输入的不是数字，要求能捕获异常并显示相应的界面，如图 11-22～图 11-25 所示。所猜随机数范围是 1～9，对窗口要求有关闭功能。

7. 编写一个对输入的英文单词按字典排序的程序，界面如图 11-26 所示，当我们在一个文本区中输入若干英文单词（分隔符可为空格、逗号等）后，单击"字典排序"按钮，另一个文本区对输入的英文单词按字典排序；当按"清空"按钮后，两个文本区内容同时清空。要求通过 swing 组件来完成本程序的编写。

图 11-21　初始界面

图 11-22　"猜大了"界面

图 11-23　"猜小了"界面

图 11-24　"猜对了"界面

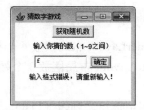
图 11-25　输入格式错误界面

图 11-26　程序运行结果

实验六　Java 的异常处理

一、实验目的与要求

1. 掌握异常处理的基本概念及异常处理机制。
2. 掌握异常处理的编程方法和特点。
3. 熟悉常见异常类，了解 Java 异常类的组织结构。
4. 初步掌握自定义异常的定义及处理方法。
5. 通过对自定义异常的编程，正确区分 throw 与 throws 语句的功能、区别和用法。
6. 记录编译和执行程序过程中的错误信息和提示信息，并给出解决办法和提示含义。

二、实验内容

（一）程序改错

下列程序都有三个错误，按题中的要求，纠正错误并调试程序。

1. 问题描述：下面程序执行时会发生错误，请修改并调试程序。程序功能实现对人为抛出异常的方法进行测试，程序正常运行后的结果如图 11-27 所示。

程序如下：

```
#1  public class Lx1{
#2      public void main(String[] args)
#3      {
#4          Lx1 x=new Lx1;
#5          x.test();
#6      }
#7      void test() {
#8          try {
```

```
#9                oneMethod();
#10               System.out.println("在try中");
#11         } catch (ArrayIndexOutOfBoundsException e) {
#12               System.out.println("在catch1中");
#13         } catch(Exception e) {
#14               System.out.println("在catch2中");
#15         } finally {
#16               System.out.println("在finally中");
#17         }
#18       }
#19       void oneMethod() throws Exception{
#20         throw ArithmeticException();
#21    }
#22 }
```

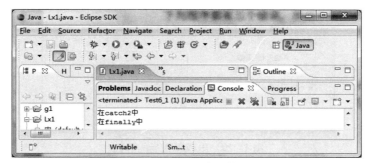

图 11-27 出现异常后的界面

2. 问题描述：下面程序执行时会发生错误，请修改并调试程序。程序功能是用文件字节流的方式对文件进行读写。要求读出保存在 c:\ks 下的 read.txt 文件中的内容，在屏幕上显示，同时将内容写入 c:\ks 下的 write.txt 文件中。如果 read.txt 文件不存在时对文件进行读写，程序要求能对系统找不到文件进行异常处理（在屏幕上显示）。

程序如下：

```
#1 import java.io;
#2 public class Lx2
#3 {
#4    public static void main(String arg[]){
#5      try{
#6         FileInputStream in = new FileInputStream("c:\\ks\\read.txt");
#7         FileOutputStream out = new FileOutputStream("c:\\ks\\write.txt");
#8         int b;
#9         while ((b=read())!=-1){
#10                System.out.println((char)b);
#11                out.write(b);
#12        }
#13        in.close();
#14        out.close();
#15    }
#16    catch(ArithmeticException e)
#17    {
#18        System.out.println("文件未找到："+e);
#19   }}
#20 }
```

（二）编程题

问题描述：编写一个小应用程序，界面如图 11-28 所示，第一个文本域要求输入的是十进制数据，当输入十进制数据后，按"转换"按钮，就会把十进制数转换为二进制数并在第二个文本域内显示。当输入有格式错误时要求抛出异常并给出相应的显示（见图11-29）。

图 11-28　小应用程序界面

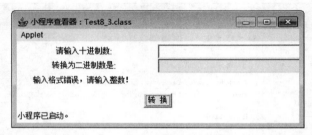

图 11-29　出现异常后的界面

实验七　Java 的多线程程序设计

一、实验目的与要求

1. 通过上机实验进一步理解进程的知识。
2. 学习实验样例，对样例进行分析并上机调试。
3. 对于样例和自己编写的程序可反复运行，观察结果并分析。
4. 根据实验要求，自己编写程序，创建线程并上机调试。

二、实验内容

1. 编写一个程序，创建两个线程对象，分别在屏幕上显示 1～50 之间的奇数和偶数。观察一共有几个线程在运行，各个线程是怎样被处理器执行的。
2. 编写程序同上题，利用 Java 对线程的调度技术，使屏幕上先显示 1～50 之间的奇数，再显示 1～50 之间的偶数。

实验八　Java 的输入输出流

一、实验目的与要求

1. 掌握文件字节流对文件进行读写的方法和步骤。
2. 掌握文件字符流对文件进行读写的方法和步骤。
3. 掌握文件处理过程中数据随机访问的方法。
4. 掌握文件处理过程中异常处理的方法。

实 验 练 习

5.记录编译和执行程序过程中的错误信息和提示信息,并给出解决办法和提示含义。

二、实验内容

（一）程序改错

下列程序都有三个错误,按题中的要求,纠正错误并调试程序。

1.问题描述：下面程序正确执行时的功能是将字符串"欢迎参加上海市高校计算机等级考试！"转化为一个字节数组,然后通过字节方式将该字符串写入"c:\welcome.txt"文件中,最后从文件中将字符串读出并显示在屏幕上（见图11-30）,请修改并调试程序。

说明：程序中用到了String类的方法public byte[] getBytes()，该方法的功能是使用平台默认的字符编码,将当前字符串转化为一个字节数组。

图11-30 程序运行结果

程序如下：

```
#1   import java.io.*
#2   public class Lx1{
#3     public static void main(String args[ ]) {
#4     int n=0;
#5     File file=new File("c:\welcome.txt");
#6       byte b[]=" 欢迎参加上海市高校计算机等级考试！".getBytes();
#7       try{
#8           FileOutputStream  out=new  FileOutputStream(file);
#9           out.write(b);
#10          out.close();
#11          FileInputStream  in=new FileInputStream(file);
#12          while((n=in.read(b,0,2))!=-1) {
#13              String str=new String(b);
#14              System.out.print(str);
#15          }
#16          in.close();
#17      }
#18      catch(IOException e) {
#19        System.out.println(e);
#20      }
#21    }
#22  }
```

2.问题描述：下面程序正确执行时的功能是,通过文件字符流和字符缓冲流将c:\hello.txt文件中的内容（见图11-31）读出,重新整理后保存到c:\temp.txt文件中。整理要求：将原文件中4行文字连接起来并在每行文字前加上相应的行号（见图11-32）,请修改并调试程序。

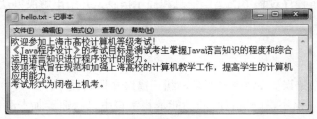

图 11-31　原文件内容

图 11-32　整理后文件内容

程序如下：

```
#1  import java.io.*;
#2  public class Lx2{
#3      public static void main(String args[ ]) {
#4          File file1=new File("c:\\hello.txt");
#5          File file2=new File("c:\\temp.txt");
#6          try{
#7            int i=0;
#8            String s=null;
#9            FileReader  in1=new FileReader(file1);
#10           BufferedReader in= new BufferedReader(in1);
#11           FileWriter  out1=new FileWriter(file2);
#12           BufferedWriter out= new BufferedWriter(out1);
#13           s=in.read();
#14           while(s!=null) {
#15               i++;
#16               out.write(s);
#17               s=in.readLine();
#18           }
#19           in1.close();
#20           in.close();
#21           out.flush();
#22           out1.close();
#23           out.close();
#24        }
#25        catch(e) {
#26            System.out.println(e);
#27        }
#28     }
#29  }
```

3. 问题描述：下面程序正确执行时的功能是，通过 RandomAccessFile 流、文件字符流和字符缓冲流将 c:\hello.txt 文件中的内容（见图 11-33）读出，以倒序方式重新保存到 c:\temp.txt 文件中（见图 11-34），请修改并调试程序。

说明：程序中 RandomAccessFile 类的方法 public final void readFully(byte b[ ]) 的功能是从数据输入流中读取 b.length 个字节的数据，写到 b 数组中。

图 11-33　原文件内容

图 11-34　倒序后文件内容

程序如下：

```
#1   import java.io.*;
#2   public class Lx3 {
#3     public static void main(String args[]){
#4       File file1=new File("d:\\javabook\\hello.txt");
#5       File file2=new File("d:\\javabook\\temp.txt");
#6       String s=null;
#7       try{
#8         RandomAccessFile random=new RandomAccessFile(file1,"rw");
#9         FileWriter  out1=new FileWriter(file2);
#10        BufferedWriter out= new BufferedWriter(file2);
#11        random.seek(0);
#12        long m=random.length;
#13        while(m>0) {
#14          m=m-1;
#15          random.seek(m);
#16          int c=random.readByte();
#17          if(c<=255&&c>=0) {
#18            out.write((char)c);
#19          }
#20          else{
#21            m=m-1;
#22            random.seek(m);
#23            byte cc[]=new byte[2];
#24            random.readFully(cc);
#25            s=new String(cc[0]);
#26            out.write(s);
#27          }
#28          out.flush();
#29        }
#30        out1.close();
#31        out.close();
#32      }
#33      catch(Exception e) {
#34        System.out.print(e.toString());
#35      }
#36    }
#37  }
```

（二）编程题

1. 从键盘输入若干个字符，当输入字符"#"时中止输入。统计输入字符的个数，并将它们按输入时的逆序输出。如：

输入：inputstream#
输出：maertstupni

2. 用字符输入输出流，将一个文本文件从硬盘某个文件夹复制到另外一个文件夹中。

3. 在屏幕上显示 c:\windows 目录下扩展名为 *.txt 的所有文件。

4. 在磁盘文件中有 10 个整数按从小到大的顺序排列，在其中插入一个整数，插入后数据依然有序。

实验九 Java 的网络应用

一、实验目的与要求

1. 掌握 Java 网络应用的基本知识。
2. 熟悉 URL 类及相关方法的应用。
3. 理解 Socket 类在客户端和服务器端的网络通信机制。

二、实验内容

（一）程序改错

下列程序有三个错误，按题中的要求，纠正错误并调试程序。

问题描述：该程序正确运行时将获取指定网址的 HTML 代码。

```
#1    import java.net.*;
#2    import java.io.*;
#3    public class ExURLHttp{
#4       static public void main(String args[]){
#5          try{
#6             URL url=new URL("http://www.renren.com/");
#7             InputStreamReader file=new InputStreamReader(openStream());
#8             BufferedReader in=new BufferedReader(file);
#9             String inputLine;
#10            while((inputLine=in.readLine())!=null)
#11               System.out.println(inputLine);
#12            url.close();
#13         }
#14         catch(MalformedURLException e){}
#15         catch(IOException e){}
#16      }
#17   }
```

（二）编程题

1. 修改例 9.2.1 程序。采用 URL 类的 openStream() 方法来获取文本文件。

2. 程序实现用 URLConnection 类获取用户指定的 HTML 文件。程序界面如图 11-35 所示。其中，文本框接收用户输入的 URL，文本区显示 HTML 文件内容。

图 11-35 程序界面

实验十 Java 的多媒体应用

一、实验目的与要求

1. 掌握图像显示的基本概念和方法。
2. 了解动画原理和实现方法。
3. 理解声音文件播放的基本方法。

二、实验内容

（一）程序改错

下列程序都有三个错误，按题中的要求，纠正错误并调试程序。

1. 问题描述：程序正确运行时一个红色小球反复地从屏幕的左上方以 45°向右下方运动，并逐渐缩小至消失。

程序如下：

```
#1  import java.awt.*;
#2  import java.applet.*;
#3  public class MoveSmall extends Applet{
#4     int i=0;
#5     public void paint(){
#6        g.setColor(Color.red);
#7        g.fillOval(10, 20+i*10, 50-i, 50-i);
#8        i=i+2;
#9        if (20+i*10>500)
#10          i=0;
#11       try{
#12          Thread.sleep(200);
#13       }catch(Exception e)}
#14       { }
#15       repaint;
#16    }
#17 }
```

2. 问题描述：程序正常运行时将在屏幕上显示背景和前景两幅图，背景图先显示，前景图后显示。

程序如下：

```
#1   import java.awt.*;
#2   import java.applet.*;
#3   import java.net.url;
#4   public class TwoImage extends Applet{
#5      Image imageB, imageF;
#6      String path="file:/c:/java/Book/lx10/bin/";
#7      URL url;
#8      public void init(){
#9         imageB=getImage(getDocumentBase(),"Background.gif");
#10        try{
#11           url=new URL(path);
#12           imageF=getImage(url,"Foreground.gif");
#13        }catch(Exception e)
#14        {}
#15     }
#16     public void paint(g){
#17        g.drawImage(imageB, 0, 0, this);              // 按原图大小显示背景
```

```
#18        g.drawImage(imageB, 50, 50, 100, 100, this); // 按指定大小和位置显示前景图
#19     }
#20 }
```

（二）编程题

1. 设计一个 Applet，加载和显示图像 "student.gif"。图像文件与包含 Applet 的 HTML 文件在同一个目录下。

2. 修改例 10.2.1 程序，使小应用程序中的动画显示速度可以通过 HTML 文件中的参数改变实现控制。

3. 用线程的方法实现多个音频文件的播放。

附录1　部分参考答案

第1章

二、填空题

1. java, class　　　　　　2. Application, Applet
3. 编写源程序, 编译源程序, 解释运行字节码文件
4. 成员变量, 成员方法　　5. 字节码

第2章

二、填空题

1. long var=10000000000L; 或 long var=(long)1e10;　　2. 3
3. false　　　　4. 23　　　　5. 8　　　　　6. false
7. true　　　　8. false　　　9. 9.6　　　　10. 24
11. true　　　 12. 8　　　　 13. false　　　14. −45, −15.4
15. max=(x>y) ? x : y , min=(x<y) ? x : y
16. n % 7= =0　　　17. 6, 24

第3章

二、填空题

1. y=1　x=0　　　2. *#*#*　　　3. x1=10　　x2=6　　4. 72

第4章

二、填空题

1. private　　　2. static　　　3. import java.util.*;
4. 后期, 前期　　5. Math.cos(300*3.14/180)

第5章

二、填空题

1. 3　　　　　　2. java.applet.Applet　　　3. init(),destroy（；start(),paint(),stop()
4. java.awt.Panel　　5. 将字符串显示在组件中
6. 设置文本域中的回显字符, 即无论输入何字符都将显示成该字符
7. addKeyListener(监听类对象)　　　8. 7, 3
9. TextArea 对象有多行　　　　10. CheckboxGroup 类
11. 返回复选框的状态　　　　　12. 返回事件源
13. 返回是否被选中（返回常量 SELECTED、DESELECTED）
14. 返回引发事件的的选项　　　15. 返回指定位置处的选项的内容

16. getSelectedItem() 17. isSelect(int index) 18. Frame
19. Menu,MenuBar,MenuItem 20. Dialog 21. JApplet，JDialog，JFrame
22. JTabbedPane、JPanel 23. add(Component component, Object constraints, int index)
24. ChangeEvent 25. getSelectedComponent
26. 滚动框、分隔框、工具栏 27. TreeSelectedEvent
28. getFirstIndex()，getLastIndex() 29. 字体 30. java.awt

第7章

二、填空题
1. 处理器 2. 线程名 3. 启动已创建的线程对象
4. notify/notifyall 5. 10，10

第8章

二、填空题
1. 向显示器输出错误信息 2. 关闭输入或输出流
3. 用户设定的缓冲区大小 4. 实际读取的字符个数
5. GetFilePointer()

第9章

二、填空题
1. TCP/IP 2. 4，32 3. 1024
4. IP 5. 统一资源定位器 6. java.net
7. 协议，资源地址 8. 端口 9. public String GetHost()
10. MalformedURLException 11. java.lang.SecurityManager

第10章

二、填空题
1. Applet 2. getCodeBase() 3. drawImage()
4. 视觉 5. null 6. getParameter()

附录2　2012年上海市高等学校计算机等级考试（二级）

——《Java程序设计》考试大纲

一、考试性质

上海市高等学校计算机等级考试是上海市教育委员会组织的全市高校统一的教学考试，是检测和评价高校计算机应用基础知识教学水平和教学质量的重要依据之一。该项考试旨在规范和加强上海高校非计算机专业的计算机教学工作，提高非计算机专业学生的计算机应用能力。考试对象主要是上海高等学校非计算机专业学生，每年举行一次，为当年的十月下旬或十一月上旬的星期六或星期日。凡考试成绩达到合格者或优秀者，由上海市教育委员会发给相应的证书。

本考试由上海市教育委员会统一领导，聘请有关专家组成考试委员会，委托上海教育考试院组织实施。

二、考试目标

Java程序设计语言是目前国内外广泛应用的计算机程序设计语言。它是面向对象技术成功应用的范例，而面向对象技术已成为计算机应用开发领域的主流趋势。学生通过该课程的学习，应能了解程序设计语言的基本知识、面向对象的基本概念，掌握程序设计的基本方法与思路，这包括了Java程序设计语言中的结构化程序设计、面向对象程序设计、图形用户界面设计、异常处理、多线程程序设计、输入输出流等，并能综合应用这些知识解决简单实际问题。

《Java程序设计》的考试目标是测试考生掌握Java程序设计语言知识的程度和综合运用该语言知识进行程序设计的基本能力。

三、考试细则

考试采用基于网络环境的无纸化上机考试系统。考试时间为120分钟。试卷总分为100分。

试题由四部分组成：单选题、程序填空题、程序调试题和编程题。试卷从局域网的服务器下载，考试结果上传到服务器，若不按照要求上传到服务器，则考试无效。考试阅卷采用机器和人工相结合方式。

四、试卷参考样式

序号	题型	题量	计分	考核目标
一	单选题	10题	15分	基本概念 语义知识 常用方法
二	程序填空题	2~3题	20分	基本概念 基本语句 程序理解

序号	题型	题量	计分	考核目标
三	程序调试题	3题	30分	常用算法 程序设计 程序调试
四	编程题	1～2题	35分	综合应用 常用算法
合计		16～18题	100分	

五、考试内容和要求

序号	内容	要点和考点	要求
1	Java 程序设计基础		
	Java 的特点与结构	• Java 程序设计语言的特点 • 应用程序、小应用程序的结构与书写格式	知道 掌握
	Java 程序的开发	• Java 的开发步骤 • Java 的开发工具和资源	掌握 理解
	标识符	• 用户自定义标识符规则 • 系统专用标识符（关键字）	掌握 理解
	数据类型与变量、常量	• 基本数据类型：整数型、实型、字符型和布尔型 • 复合数据类型：类、接口、数组 • 常量和变量的定义形式及各种类型的表示方法	掌握 理解 掌握
	运算符	• 赋值、算术、递增/减、关系、逻辑、复合、位运算、条件运算符 • 运算符的优先级和结合性	理解 掌握
	表达式	• 表达式的组成规则和求值顺序 • 表达式运算中的自动类型转换和强制类型转换	掌握 掌握
2	Java 结构化程序设计		
	顺序结构及语句	• 隔开语句：； • 注释语句：//，/*…*/，/**…*/ • 输入语句	掌握 理解 掌握
	选择结构及语句	• if 语句、if…else 语句、if…else if 语句 • if 语句嵌套 • switch 语句	掌握 掌握 掌握
	循环结构及语句	• for 语句、while 语句、do…while 语句 • 循环语句嵌套	掌握 掌握
	转移语句	• break 语句、continue 语句	掌握
	程序模块化与方法	• 方法的定义，参数传递，作用域	掌握
	数组	• 一维数组的定义及应用 • 二维数组的定义及应用 • 字符串处理	掌握 掌握 掌握
3	Java 面向对象程序设计		
	面向对象程序设计的基本概念	• 类、对象及关系	理解
	类的创建	• 类的基本形式和声明 • 成员变量，成员方法 • 类成员，类方法	掌握 掌握 掌握

（续）

序号	内容	要点和考点	要求
	对象的创建和使用	• 对象的声明和实例化 • 构造方法 • 成员变量、成员方法的引用 • 对象的生命周期	掌握 掌握 掌握 知道
	封装	• 四种访问权限含义及应用	理解
	继承	• 子类继承超类（父类）的概念 • 创建子类 • 子类的构造方法 • null、this、super 对象运算符 • 最终类和最终方法 • 抽象类和抽象方法	理解 掌握 掌握 理解 理解 理解
	多态	• 方法重载，方法覆盖	掌握
	接口	• 声明和实现	理解
	包	• 引用 Java 定义的包 • 自定义包	理解 理解
4	图形用户界面设计		
	小应用程序概念	• 小应用程序安全模型 • java.applet.Applet 与其他类的关系 • 小应用程序生命周期	知道 知道 知道
	小应用程序与 HTML 语言	• HTML 语言中的 applet 标记的语法 • Applet 与 HTML 通信 • getDocumentBase()，getCodeBase()，getParameter()	理解 理解 知道
	用 java.awt 设计图形用户界面	• 常用组件：标签、文本域、按钮、布局、面板、文本区域、复选框、单选钮、下拉列表、列表、窗口、菜单、对话框以及对应的事件处理机制	掌握
	用 Swing 设计图形用户界面	• 常用组件：标签、文本域、按钮、文本区域、复选框、单选钮、单选按钮、菜单、密码域、格式化文本区域、树、表格、分隔框、滚动框、滑动条以及对应的事件处理机制	知道
	2D 图形设计	• 坐标系统，设置字体、颜色，各种绘图方法	掌握
5	异常处理		
	异常处理及语句	• 异常类的继承关系 • try…catch…finally 语句 • throw，throws 语句 • 异常处理准则	知道 理解 理解 知道
6	多线程程序设计		
	线程的概念与创建	• 线程与进程、多任务的区别 • 创建方法，Thread 类，Runnable 接口	知道 理解
	线程控制与优先级	• 控制线程的方法 • getPriority(), setPriority() 方法	理解 知道
	线程组与线程的同步	• ThreadGroup 类和方法，同步控制，synchronized	知道
7	输入输出流		
	流的概念	• 字节流、字符流、缓冲流	知道
	输入/输出流与文件的操作	• 标准输入输出，顺序、随机文件读写，文件操作	理解
8	网络应用		
	URL 应用	• 创建 URL 对象，获取 URL 对象的信息	理解
	Socket 应用	• 通过 TCP 套接字实现服务器端和客户端的通信	知道
	网络安全	• Java 的安全特性、安全策略、安全原则	知道

（续）

序号	内容	要点和考点	要求
9	多媒体应用		
	图像显示	• 用 java.awt 和 swing 组件实现	理解
	动画设计	• 用线程方法和时钟对象实现	知道
	声音播放	• 多音频文件	理解

六、几点说明

（一）建议考试对象：理、工、农、医专业类非计算机专业本科生。

（二）建议学时数：72～80 学时，其中 32 学时为实验课。

（三）建议系统配置

1. 硬件

中央处理器：Pentium III 550MGHz 以上。

内存：128MB 以上。

硬盘：20GB 以上。

2. 软件

操作系统：Windows 2000 及以上。

编程环境：SDK 1.4 版及以上；建议使用集成开发环境，如 Eclipse 中文版或其他 Java 开发环境。

（四）考试环境

安装并使用"上海市高校计算机等级考试通用平台"。客户端安装 SDK 1.4 版及以上，并设置 SDK 的操作环境。建议安装集成开发环境 Eclipse 中文版或其他 Java 开发环境。

（五）参考教材

《Java 程序设计教程（第 3 版）》（机械工业出版社出版）施霞萍，王瑾德，史建成，马可幸，张欢欢编著。

附录3 上海市高等学校计算机等级考试试卷（二级）

——《Java 程序设计》（样卷）

（本试卷考试时间 120 分钟）

一、单选题（本大题 10 道小题，每小题 1.5 分，共 15 分），从下面题目给出的 A、B、C、D 四个可供选择的答案中选择一个正确答案。

1. 下面 _____ 的论述是正确的。 答案：B
   A. 用 Java 语言编写的代码可以直接让计算机理解并被执行
   B. Java 虚拟机是一种可以运行 Java 程序的软件
   C. Java 使用编译器执行代码
   D. Java 的源程序必须以".jav"扩展名保存

2. 在 Java 程序语言中，字符流与字节流的区别是 _____。 答案：C
   A. 这两种类型的数据流处理的字节数不同
   B. 前者带有缓冲，后者没有
   C. 前者用于处理字符的输入输出，后者为处理字节的输入输出提供了便利的方法
   D. 二者没有区别，可以互换使用

3. 关于线程的错误说法是 _____。 答案：C
   A. 可以通过继承 Thread 方法创建线程
   B. 可以通过实现 Runnable 接口创建线程
   C. 在一个支持线程的系统中，线程就是进程
   D. 一个线程要从 run 方法开始执行

4. 对于一个三位正整数 n，得到其十位数位上数字的表达式为 _____。 答案：B
   A. n/100
   B. (n–n/100*100)/10
   C. n%10
   D. n/100%10

5. 关于类的说法，错误的是 _____。 答案：C
   A. 类是一种复合数据类型
   B. 类中包含了变量和与变量有关的操作
   C. 类具有封装性，所以类的数据是不能被访问的
   D. 类可以看做具有共同属性和行为事物的抽象

6. 在下面方法定义中，_____ 不可能是类 Apple 的构造方法。 答案：C
   A. Apple(){…}

B. Apple(…){…}

C. public void Apple(){…}

D. public Apple(){…}

7. 关于类的继承，错误的说法是 _____。 答案：D

   A. 通过继承可以重用已有的代码，同时增加新的代码来进行功能的扩展

   B. 被继承的类称为超类，从超类派生出来的新类称为子类

   C. Java 中只支持单重继承，不支持多重继承，所以一个类只能有一个超类

   D. 子类必须继承父类的所有成员

8. 下面语句的执行结果为 _____。

   system.out.println(6+3+3*5/2+" "+4+4); 答案：A

   A. 16+44

   B. 16.5+8

   C. 15+44

   D. 16+8

9. 当下列语句被执行后，arr 变量的值是 _____。

   int [] number={4,3,2,1,5};

   int arr=number[number[1]+number[3]]; 答案：D

   A. 2

   B. 3

   C. 4

   D. 5

10. 关于类成员的正确说法是 _____。 答案：C

   A. 实例方法不可以使用类变量

   B. 类方法中可以使用实例变量

   C. 实例方法不可以用类名直接调用

   D. 类方法只能用类名调用，不能用对象名调用

二、程序填空题（本大题 3 道小题，每空 2 分，共 20 分）。

1. 本程序功能如下：将用户输入的分钟数转换成天数、小时数和分钟数的形式，并显示结果。下面是运行该程序的两个例子。请将程序补充完整。（图示是用 Eclipse 运行的显示效果，在此仅作参考）。

例 1：

```
<terminated> ConvertMinutes (1) [Java Application]
请输入分钟数：3002
天数：2，小时数：2，分钟数：2
```

例 2：

```
<terminated> ConvertMinutes (1) [Java Application]
请输入分钟数：81
天数：0，小时数：1，分钟数：21
```

```java
import java.io.*;
public class ConvertMinutes {
 public static void main(String[] args) throws IOException {
    int minutes, hours, days;
    BufferedReader buf;
```

```
        String str;
        System.out.print("请输入分钟数: ");
        buf=new BufferedReader(new InputStreamReader(System.in));
        str=buf.readLine();
        minutes = Integer.parseInt(str);
        hours =_____(1)_____;
        days = hours / 24;
        minutes = minutes % 60;
        hours =_____(2)_____;
        System.out.println("天数: "+days+", 小时数: "+hours+", 分钟数: "+ minutes);
    }
}
```

(1):【minutes / 60】

(2):【hours % 24】

2. 补充完成下面的方法。该方法的功能是找出整数数组中最小值的下标值，整数数组作为此方法的参数。

例如：给定数组如下：

```
int [] arr={6, 5, 3, 1, 7};
```

调用该方法 smallestPosition(arr) 后，方法的返回值为 3。

```
private static int smallestPosition(_____(1)_____) {
    int smallestIndex = 0;
    for (int i = 1; i <_____(2)_____; i++) {
        if (nums[i] < nums[smallestIndex])
            smallestIndex =_____(3)_____;
    }
    return smallestIndex;
}
```

(1):【int[] nums】【int nums[]】

(2):【nums.length】

(3):【i】

3. 下面的 Applet 实现在窗体上按输入值作为半径画圆的功能（如图），该程序界面上有一个标签、一个文本框和两个命令按钮；当在文本框中输入圆半径（整数）并单击"绘图"按钮后，将在窗体上画出一个红色圆，单击"清除"按钮则清除所画内容，请将程序补充完整。（图示是用 Eclipse 运行的显示效果，在此仅作参考）。

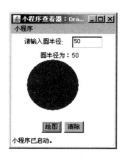

```
import java.awt.*;
import java.awt.event.*;
import java.applet.*;
public class Drawing extends Applet{
    TextField te=new TextField(5);
```

```
    Label la1=new Label("请输入圆半径:");
    Button draw=_____(1)_____;
    Button clear=new Button("清除");
    Panel p1=new Panel(new FlowLayout());
    Panel p2=new Panel(new FlowLayout());
    int r;
    public void init(){
      this.setLayout(new BorderLayout());
      p1.add(la1);
      p1.add(te);
      this.add(p1,"North");
      p2.add(_____(2)_____);
      p2.add(clear);
      this.add(p2,"South");
        draw.addActionListener(_____(3)_____);
        clear.addActionListener(new clearL());
    }
    public void paint( Graphics  g ){
      g.setColor(new Color(255,0,0));
      g.fillOval(30,50,_____(4)_____);
      g.setColor(new Color(0,0,0));
      g.drawString("圆半径为:"+r,56,46);
    }

    class drawL implements ActionListener{
    public void actionPerformed(ActionEvent e){
       int j=Integer.parseInt(te.getText());
       _____(5)_____;
       repaint();
    }
    }
    class clearL implements ActionListener{
    public void actionPerformed(ActionEvent e){
       te.setText(null);
       r=0;
       repaint();
     }
    }
}
```

(1):【new Button("绘图")】

(2):【draw】

(3):【new drawL()】

(4):【2*r,2*r】

(5):【r=j】

三、操作题

注意:

1. 所有例子的图示都以 Eclipse 运行环境为例,在此仅作参考。

2. 编程所需的常用方法参考见最后。

(一) 程序调试题(本大题 3 小题,共 10 个错误,每改正一个 3 分,共 30 分)

1. 从"C:\素材"中取出 Test.java 文件,该程序有 3 个错误。程序的功能是求解 1! + 2! + … + 10! 的值。

请按题中的要求调试修改该程序,并将结果(包括源文件、字节码文件)保存到 C:\KS 目录中。请务必在所修改的语句后加上注释语句：//*****。

```
Test.java:
class Test{
  public static main(String args[]){
    int fact,sum=0;
    for(int i=1, i<=10;i++){
      fact=1;
      for(int j=1;j<=i;j++)
        fact=j;
      sum+=fact;
    }
    System.out.println("1 到 10 的阶乘之和是:"+sum);
  }
}
```

2. 从"C:\素材"中取出 ForWea.java 文件，该文件中的 forecastTemperature 方法有 3 个错，该方法实现一个天气温度预测模拟器的功能，它能模拟预报第二天温度。第二天温度值的预测是通过给定的当天温度值随机地加或减 0～5 之间的随机数来获得的。下面是运行正确的程序所产生的输出结果，此处例子是假设当天温度为 20 所得出的两个结果：

```
<terminated> ForWea [Java Application]
15
21
```

请按题中的要求调试修改该程序，并将结果（包括源文件、字节码文件）保存到 C:\KS 目录中。请务必在所修改的语句后加上注释语句：//*****。

```
ForWea.java:
public class ForWea{
  public static void main(String args[]){
    System.out.println(forecastTemperature(20));
    System.out.println(forecastTemperature(20));
  }

  private int forecastTemperature(int tempToday){
    int tempTomorrow=tempToday;
    int number =(int)(Math.random()*8);
    if (Math.random()<0.5{
      number=-number;
    }
    tempTomorrow=tempTomorrow+number;
    return tempTomorrow;
  }
}
```

3. 从"C:\素材"中取出 Car.java 文件，Car 类中的每个方法各有一个错，当运行正确程序时，其输出如下：

```
<terminated> Car [Java Application]
奔驰: 180
长城: 135
```

请按题中的要求调试修改该程序，并将结果（包括源文件、字节码文件）保存到 C:\KS 目录中。请务必在所修改的语句后加上注释语句：//*****。

```
Car.java:
public class Car{
  private String make;
```

```java
    private int speed;
    public Car(String newMake,int initSpeed){
        newMake = make;
        speed = initSpeed;
    }
    public void accelerate( howMuch){    //对汽车对象按给定参数加速
        speed += howMuch;
    }
    public int getSpeed(){       //获取汽车对象的速度
        return ;
    }
    public static void main(String[] args){
        Car a; b;
        a = new Car("奔驰",80);
        b = new Car("长城",60);
        a.accelerate(100);
        b.accelerate(75);
        System.out.println(a.make+": "+a.getSpeed());
        System.out.println(b.make+": "+b.getSpeed());
    }
}
```

（二）编程题（本大题 2 小题，第 1 题 15 分，第 2 题 20 分，共 35 分）

1. 从"C:\素材"中取出 Student.java 文件，该程序通过创建对象，调用相关方法，完成给定要求的输出。程序正确运行的结果如下图所示。

```
<terminated> Student [Java Application]
张明：86分
```

具体要求：
（1）根据输出结果，完成 main 方法。
（2）程序中必须调用 Student 类实例方法至少一次。
（3）不能改变已给定的程序语句。

程序完成后将程序编译及运行所需要的所有文件（包括源程序文件、字节码文件）存放到 C:\KS 目录下。

```java
Student.java:
public class Student {
    private String name;
    private int testScore;
    public Student(String initName){
        name = initName;
        testScore = 0;
    }
    public void setTestScore(int score){
        testScore = score;
    }
    public int getTestScore() {
        return testScore;
    }
    public static void main(String[] args){

        //在此处完成对应方法


        System.out.println(s1.name+": "+sc+"分");
    }
}
```

2. 从"C:\素材"中取出 TestPal.java 文件，编写判断字符串是否是回文的方法 palindrome()。所谓"回文"是指正向读和反向读都一样的一个字符串。如：字符串"rotor"、"321123"就是回文。TestPal.java 已给出程序框架，要求完成指定的方法体。正确程序运行后的界面如下图所示：

```
<terminated> TestPal [Java Application]
rotor  是回文字符串
abcdefghijk 不是回文字符串
```

程序完成后将程序编译及运行所需要的所有文件（包括源程序文件、字节码文件）存放到 C:\KS 目录下。

```java
TestPal.java:
public class TestPal {
    static boolean palindrome(String stt){

        //在此处完成对应方法

    }
    public static void main(String[] args){
        String str1="rotor";
        if (palindrome(str1))
            System.out.println(str1+" 是回文字符串 ");
        else
            System.out.println(str1+" 不是回文字符串 ");

        String str2="abcdefghijk";
        if (palindrome(str2))
            System.out.println(str2+" 是回文字符串 ");
        else
            System.out.println(str2+" 不是回文字符串 ");
    }
}
```

编程常用方法参考：

1）int length()：返回当前字符串中的字符个数。

2）int compareTo(String str)：按字典顺序比较两个字符串大小。

3）boolean equals(String str)：区分大小写比较两个字符串的内容是否相等。

4）boolean equalsIgnoreCase(String str)：不区分大小写比较两个字符串的内容是否相等。

5）char charAt(int index)：返回当前字符串中 index 处位置的字符。

6）String toLowerCase()：将当前字符串中所有字符转换为小写形式。

7）String toUpperCase()：将当前字符串中所有字符转换为大写形式。

8）String substring(int BIndex, int EIndex)：截取当前字符串中从 BIndex 开始且长度为 EIndex–BIndex 的子串。

9）boolean startsWith(String str)：测试当前字符串是否以 str 字符串为开头。

10）char replace(char c1, char c2)：当前字符串中的 c1 字符转换为 c2 字符。

11）String trim()：返回去掉了当前字符串前后空格的字符串。

12）int indexOf(String str, int i)：在当前的字符串中从 i 处查找 str 子串，若找到，返回子串第一次出现的位置，否则返回 –1。

参 考 文 献

[1] （美）文纳斯．深入 Java 虚拟机 [M]．曹晓钢，蒋靖，译．2 版．北京：机械工业出版社，2003．

[2] （美）Daniel Liang．Java 语言程序设计 [M]．李娜，译．北京：机械工业出版社，2011．

[3] 陆迟．Java 语言程序设计 [M]．北京：电子工业出版社，2010．

[4] 张跃平，耿祥义．Java 2 实用教程 [M]．北京：清华大学出版社，2006．

[5] 于万波，等．Java 程序设计 [M]．北京：清华大学出版社，2009．

[6] 陈丹丹，等．Java 学习手册 [M]．北京：电子工业出版社，2011．

[7] 印旻．Java 与面向对象程序设计教程 [M]．北京：高等教育出版社，1999．

[8] （美）莱利．Java 程序设计：对象和软件工程方法 [M]．苏钰涵，等译．北京：机械工业出版社，2007．

[9] H．M．Deitel，P．J．Deitel．Java 大学教程 [M]．北京：电子工业出版社，2007．

[10] （美）Bruce Eckel．Java 编程思想 [M]．陈昊鹏，译．4 版．北京：机械工业出版社，2007．